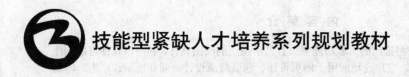

技能型紧缺人才培养系列规划教材

中文 CorelDRAW X5 案例教程

万 忠 沈大林 主 编

王浩轩 张 伦 王爱赖 赵 玺 副主编

中国铁道出版社

CHINA RAILWAY PUBLISHING HOUSE

内 容 简 介

CorelDRAW 是 Corel 公司推出的一款功能强大且易学易用的绘图软件，利用该软件可以制作和编辑矢量图形与位图图像。它广泛地应用于网页设计、包装装潢设计、商业展示、广告、印刷物等各领域。本书介绍的 CorelDRAW 是中文版 CorelDRAW X5。

本书共分 8 章，通过 35 个案例（其中 7 个为综合实例），较全面地介绍了中文 CorelDRAW X5 的基本使用方法和使用技巧。本书采用案例驱动的教学方式，以节为一个教学单元，对知识点进行了细致的编排，通过实例的制作带动相关知识的学习，使知识和实例相结合。

本书可以作为中等职业学校计算机专业或高等职业院校非计算机相关专业的教材，也可作为初学者自学的读物。

图书在版编目（CIP）数据

中文 CorelDRAW X5 案例教程 / 万忠，沈大林主编.
—北京：中国铁道出版社，2014.7
技能型紧缺人才培养系列规划教材
ISBN 978-7-113-18649-4

Ⅰ. ①中…　Ⅱ. ①万…　②沈…　Ⅲ. ①图形软件—教材　Ⅳ. ①TP391.41

中国版本图书馆 CIP 数据核字（2014）第 109893 号

书　　名：中文 CorelDRAW X5 案例教程
作　　者：万　忠　沈大林　主编

策　　划：崔晓静　尹　娜　　　　　　　读者热线：400-668-0820
责任编辑：崔晓静　何　佳
封面制作：白　雪
责任印制：李　佳

出版发行：中国铁道出版社（100054，北京市西城区右安门西街 8 号）
网　　址：http://www.51eds.com
印　　刷：三河市宏盛印务有限公司
版　　次：2014 年 7 月第 1 版　　2014 年 7 月第 1 次印刷
开　　本：787mm×1092mm　1/16　印张：16.25　字数：388 千
印　　数：1～3 000 册
书　　号：ISBN 978-7-113-18649-4
定　　价：31.00 元

技能型紧缺人才培养系列规划教材

丛书序

PREFACE

本丛书依据教育部办公厅和原信息产业部办公厅联合颁发的《中等职业院校计算机应用与软件技术专业领域技能型紧缺人才培养指导方案》进行规划。

根据我们多年的教学经验和对国外教学的先进方法的分析，针对目前职业技术学校学生的特点，采用案例引领，将知识按节细化，案例与知识相结合的教学方式，充分体现了我国教育学家陶行知先生"教学做合一"的教育思想。通过完成案例的实际操作，学习相关知识、基本技能和技巧，让学生在学习中始终保持学习兴趣，充满成就感和探索精神。这样不仅可以让学生迅速上手，还可以培养学生的创作能力。从教学效果来看，这种教学方式可以使学生快速掌握知识和应用技巧，有利于学生适应社会的需要。

每本书按知识体系划分为多个章节，每一个案例是一个教学单元，按照每一个教学单元将知识细化，每一个案例的知识都有相对的体系结构。在每一个教学单元中，将知识与技能的学习融于完成一个案例的教学中，将知识与案例很好地结合成一体。在保证一定的知识系统性和完整性的情况下，体现知识的实用性。

每个教学单元均由"案例效果"、"操作步骤"、"相关知识"和"思考与练习"四部分组成。在"案例效果"栏目中介绍案例完成的效果；在"操作步骤"栏目中介绍完成案例的操作方法和操作技巧；在"相关知识"栏目中介绍与本案例单元有关的知识，起到总结和提高的作用；在"思考与练习"栏目中提供了一些与本案例有关的思考与练习题。对于程序设计类的教程，考虑到程序设计技巧较多，不易于用一个案例带动多项知识点的学习，因此采用先介绍相关知识，再结合知识介绍一个或多个案例的编写方式。

丛书作者努力遵从教学规律、面向实际应用、理论联系实际、便于自学等原则，注重训练和培养学生分析问题和解决问题的能力，注重提高学生的学习兴趣和培养学生的创造能力，注重将重要的制作技巧融于案例介绍中。每本书内容由浅入深、循序渐进，使读者在阅读学习时能够快速入门，从而达到较高的水平。读者可以边进行案例制作，边学习相关知识和技巧。采用这种方法，特别有利于教师进行教学和学生自学。

为便于教师教学，丛书均提供了实时演示的多媒体电子教案，将大部分案例的操作步骤实时录制下来，让教师摆脱重复操作的烦琐，轻松教学。

参与本丛书编写的作者不仅有教学一线的教师，还有企业中项目开发的技术人员。他们将教学与学生就业工作需求紧密地结合起来，通过完全的案例教学大大提高了学生的应用操作能力，并为我国职业技术教育探索做出了积极贡献。

沈大林

FOREWORD

前言

　　CorelDRAW 是 Corel 公司推出的一款功能强大且易学易用的图形/图像制作与设计软件，是众多矢量绘图和图像处理软件中的佼佼者。它广泛应用于网页设计、多媒体画面制作、包装和装潢设计、海报和广告设计、印刷出版物设计等领域。应用较多且较新版本的是本书介绍的中文版 CorelDRAW X5。

　　本书共分 8 章，通过 35 个案例（其中 7 个为综合实例）较全面地介绍了中文 CorelDRAW X5 的基本使用方法和使用技巧。第 1 章主要介绍了中文 CorelDRAW X5 的工作区和基本操作，为全书的学习打下一个良好的基础；第 2 章通过 5 个案例介绍了绘制和编辑基本图形的方法；第 3 章通过 4 个案例介绍了图形填充和透明处理的方法；第 4 章通过 5 个案例介绍了图形的交互式处理；第 5 章通过 5 个案例介绍了输入文本和编辑文本的方法，将文字填入路径的方法等；第 6 章通过 4 个案例介绍了对象的组织与变换的方法；第 7 章通过 5 个案例介绍了位图图像的处理方法；第 8 章通过介绍 7 个应用型综合案例，来提高读者应用 CorelDRAW X5 设计作品的能力。

　　本书结构合理、条理清楚、通俗易懂，便于初学者学习。本书采用案例驱动的方式，以节为一个教学单元，对知识点进行了细致的编排，通过案例的制作带动相关知识的学习，使知识和案例制作相结合，达到做中学的目的。

　　本书主编：万忠、沈大林。副主编：王浩轩、张伦、王爱赪、赵玺。参加本书编写的主要人员还有：张秋、许崇、陶宁、沈昕、肖柠朴、郑淑晖、曾昊、郭政、郑原、郑鹤、郝侠、丰金兰、袁柳、王加伟、孔凡奇、李宇辰、苏飞、王小兵等。

　　本书可以作为中等职业学校计算机专业或高等职业院校非计算机专业的教材，也可作为初学者的自学读物。

　　由于作者水平有限，加上编写、出版时间仓促，书中难免有疏漏和不妥之处，恳请广大读者批评指正。

编　者

2014 年 3 月

目录

CONTENTS

第1章 中文 CorelDRAW X5 工作区和基本操作

CorelDRAW 是 Corel 公司推出的一款功能强大且易学易用的图形图像制作与设计的软件。利用该软件可以制作矢量图形，编辑和处理位图图像，制作各种标识符号、LOGO、网页界面、印刷出版物封面，制作矢量动画等。CorelDRAW X5 版本比起以前的各种版本，具有功能更强大和更容易学习等优点。

1.1 中文 CorelDRAW X5 工作区

1.1.1 "欢迎屏幕"页面和工作区简介

中文 CorelDRAW X5 的工作区非常友好，它为用户绘制和编辑各种图形对象提供了一整套工具，这些工具除了有形象的图标外，还有文字提示，当鼠标指针在一个工具上停留一段时间后，该工具的文字提示就会出现。利用这些工具可以绘制和编辑各种图形。

1. 启动 CorelDRAW X5 和 "欢迎屏幕"页面

单击"开始"→CorelDRAW Graphics Suite X5→CorelDRAW X5 命令，可以启动中文 CorelDRAW X5，屏幕上显示一个 CorelDRAW X5 的"欢迎屏幕"页面。在 CorelDRAW X5 窗口中有 5 个选项卡和 2 个复选框，默认的是"欢迎屏幕"页面的"快速入门"选项卡，如图 1-1-1 所示。单击右边的标签，可以在 5 个选项卡之间切换。单击左上角的"欢迎"超链接，可以切换到 CorelDRAW X5 上一级"欢迎屏幕"页面，如图 1-1-2 所示。2 个复选框的作用如下。

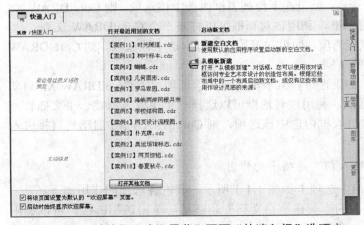

图 1-1-1 默认的"欢迎屏幕"页面"快速入门"选项卡 　　图 1-1-2 "欢迎屏幕"页面

（1）"将该页面设置为默认的'欢迎屏幕'页面"复选框：单击右边的标签，切换到相应的选项卡，选中该复选框，即可设置该选项卡为默认的"欢迎屏幕"页面。以后再启动中文 CorelDRAW X5 时会显示"欢迎屏幕"页面的该选项卡。通常将"快速入门"选项卡设置为默认的"欢迎屏幕"页面选项卡。

（2）"启动时始终显示欢迎屏幕"复选框：选中该复选框，则在启动中文 CorelDRAW X5 时会显示 CorelDRAW X5 的"欢迎屏幕"页面，否则不显示 CorelDRAW X5 的"欢迎屏幕"页面，直接进入 CorelDRAW X5 工作区。

（3）启动 CorelDRAW X5 的常规设置：单击"工具"→"选项"命令或单击"标准"工具栏内的"选项"按钮 ，调出"选项"对话框，在其左侧窗格中选择"常规"选项，右侧窗格会切换到"常规"选项卡，如图 1-1-3 所示。利用该选项卡可以进行 CorelDRAW X5 启动后状态设置、撤销级别设置和用户界面设置。进行设置后，单击"确定"按钮，即可完成常规设置。

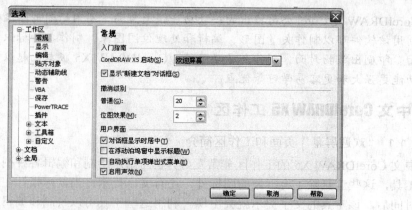

图 1-1-3 "选项"对话框"常规"选项卡

"CorelDRAW X5 启动"下拉列表框用来设置 CorelDRAW X5 启动后的状态。该下拉列表框中有 7 个选项，部分选项的作用简介如下。

◎"欢迎屏幕"选项：如果在下拉列表框内选中该选项，则 CorelDRAW X5 启动后进入默认的"欢迎屏幕"页面的选项卡，通常是"快速入门"选项卡，如图 1-1-1 所示。

◎"开始一个新文档"选项：如果在下拉列表框内选中该选项，则 CorelDRAW X5 启动后直接新建一个默认参数的文档。

◎"打开一个已有的文档"选项：如果在下拉列表框内选中该选项，则 CorelDRAW X5 启动后直接调出"打开绘图"对话框，利用该对话框可以打开一个 CorelDRAW 文档。

◎"打开最近编辑过的文献"选项：如果在下拉列表框内选中该选项，则 CorelDRAW X5 启动后直接调出最近编辑过的文档。

◎"选择一个模板"选项：如果在下拉列表框内选中该选项，则 CorelDRAW X5 启动后直接调出"从模板新建"对话框，利用该对话框可以选择一个模板来新建一个文档。

◎"无"选项：如果在下拉列表框内选中该选项，则 CorelDRAW X5 启动后直接进入 CorelDRAW X5 工作区。

2. "欢迎屏幕"页面"快速入门"选项卡的作用

"欢迎屏幕"页面"快速入门"选项卡如图 1-1-1 所示，其内各选项的作用如下。

（1）"启动新文档"选项组内的"新建空白文档"超链接：单击该超链接，可以调出"创建新文档"对话框，如图 1-1-4 所示。将鼠标指针移到各个选项的名称之上，即可在"描述"栏显示相应的说明文字。例如，将鼠标指针移到"名称"文本框的文字之上，即可在"描述"栏显示关于"名称"文本框的说明文字，如图 1-1-4 所示。

在该对话框内可以设置新建文档的大小、宽度、高度、原色模式和渲染分辨率等，单击"添加预设"按钮 🔒，可以调出"添加预设"对话框。在其内的组合框中输入预设名称（如"预设 1"），单击"确定"按钮，即可将当前设置以输入的名称保存，以后可以在"预设目标"下拉列表框内选择该预设选项。在"预设目标"下拉列表框内选中预设名称选项后，"移除预设"按钮 🔲 变为有效，单击该按钮，可以删除选中的预设。

单击"创建新文档"对话框内的"确定"按钮，即可创建一个新的图形文件。

如果选中"创建新文档"对话框内的"不再显示此对话框"复选框，则以后启动中文

CorelDRAW X5 时，单击"欢迎屏幕"页面"快速入门"选项卡中的"新建空白文档"超链接，不会调出"创建新文档"对话框，直接创建一个采用默认设置的新图形文件。

　　单击"工具"→"选项"命令或单击"标准"工具栏内的"选项"按钮，调出"选项"对话框"常规"选项卡，如图 1-1-3 所示。如果选中其内的"显示'新建文档'对话框"复选框，则可以设置在单击"新建空白文档"超链接后显示"创建新文档"对话框。

　　（2）"打开最近用过的文档"选项组：其内列出了以前曾打开过的几个图形文件的名称，将鼠标指针移到图形文件的名称之上，即可在该选项组左侧的上边区域显示选中图形文件的图形，其下边区域显示选中图形文件的名称、路径和创建日期、大小字节数等信息，如图 1-1-5 所示。单击图形文件的名称，可以打开相应的图形文件。

图 1-1-4　"创建新文档"对话框

图 1-1-5　"打开最近用过的文档"栏

　　（3）"启动新文档"选项组内的"从模板新建"超链接：单击该超链接，可以调出"从模板新建"对话框，如图 1-1-6 所示。利用它可以选择一种系统提供的或者自己制作的绘图模板，单击"打开"按钮，即可打开选中的模板。

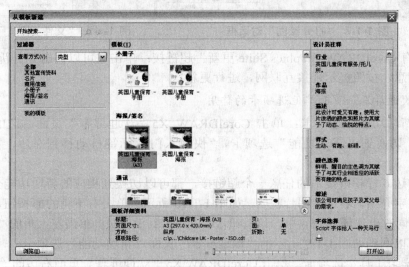

图 1-1-6　"从模板新建"对话框

　　（4）"打开其他文档"按钮：单击该按钮，会调出"打开绘图"对话框，如图 1-1-7 所示。在"文件类型"下拉列表框内选中一种文件类型，如图 1-1-8 所示；在"查找范围"

中文 CorelDRAW X5 案例教程

下拉列表框内选中保存文件的文件夹，在打开的"文件"列表框中选中一个图形文件名称，也可以在"文件名"组合框中选择或者输入一个图形文件名称；选中"预览"复选框，可在"预览"框内显示选中图形文件的缩小图形，其下边会显示文件的参数，选中"保持图层和页面"复选框，可以使打开的图形文件保留其图层和页面；在"排序类型"下拉列表框中可以选择一种排序类型，通常选择"默认"类型；在"代码页"下拉列表框中选择代码类型。然后单击"打开"按钮，即可打开选中的图形文件。

按住【Ctrl】键，同时单击"文件"列表框中的图形文件名称，可以选中多个图像文件名称；按住【Shift】键的同时单击起始图像文件名称和终止图像文件名称，可以选中连续的多个图像文件名称。然后单击"打开"按钮，可以同时打开选中的多个图形文件。

图 1-1-7 "打开绘图"对话框

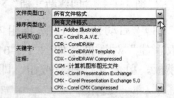
图 1-1-8 "文件类型"下拉列表框

（5）"有 CorelDRAW Graphics Suite 更新"超链接：单击它可以调出"更新"对话框，获得更新消息，按照提示连接互联网，进行更新。

3. "欢迎屏幕"页面其他选项卡的作用

（1）"新增功能"选项卡：单击 CorelDRAW X5"欢迎屏幕"页面右边的"新增功能"标签，切换到"新增功能"选项卡，"快速入门"标签自动移到左边，如图 1-1-9 所示。

单击右边 6 行超链接中的任意一个超链接，都可以切换到相应的新增功能介绍窗口，其左边是文字介绍，右边是图片说明，如图 1-1-10 所示。单击右下角的 ● 按钮，可以切换到下一页，同时出现 ◀ 按钮，单击该按钮，可以切换到上一页。单击左上角的"新增功能"超链接，可以回到如图 1-1-9 所示的"欢迎屏幕"页面"新增功能"选项卡。

（2）"学习工具"选项卡：单击 CorelDRAW X5"欢迎屏幕"页面右边的"学习工具"标签，切换到"学习工具"选项卡，如图 1-1-11 所示。单击其内的一些超链接，可以通过连接的 DVD 光盘或互联网获取大量有关学习的信息。

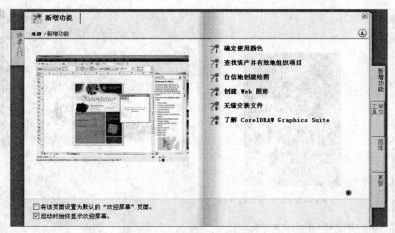

图 1-1-9　"欢迎屏幕"页面的"新增功能"选项卡之一

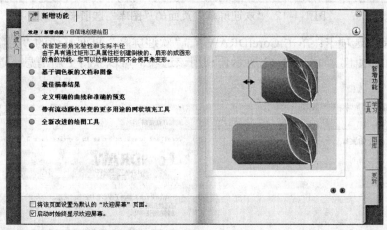

图 1-1-10　"欢迎屏幕"页面的"新增功能"选项卡之二

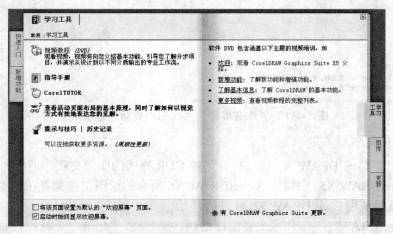

图 1-1-11　"欢迎屏幕"页面的"学习工具"选项卡

（3）"图库"选项卡：单击 CorelDRAW X5"欢迎屏幕"页面右边的"图库"标签，切换到"图库"选项卡，如图 1-1-12 所示。单击右下角的●按钮，可以切换到下一页；单击左下角的●按钮，可以切换到上一页。拖动选中的图像到 CorelDRAW X5 文档窗口，即可将选中的图像导入绘图页面。

图 1-1-12 "欢迎屏幕"页面的"图库"选项卡

（4）"更新"选项卡：单击 CorelDRAW X5"欢迎屏幕"页面右边的"更新"标签，切换到"更新"选项卡，如图 1-1-13 所示。利用该选项卡可以获得更新消息，连接互联网即可进行更新。

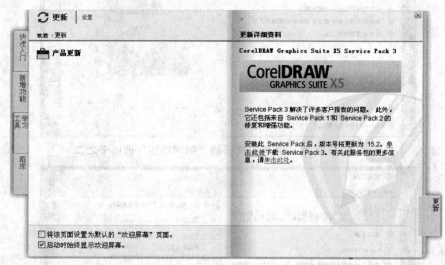

图 1-1-13 "欢迎屏幕"页面的"更新"选项卡

4．工作区简介

当启动中文 CorelDRAW X5 后，打开一幅 CDR 格式的图像文档，调出如图 1-1-14 所示的中文 CorelDRAW X5 工作区。CorelDRAW X5 所有的绘图工作都是在这里完成的，熟悉该工作区就是使用 CorelDRAW X5 软件的开始。

中文 CorelDRAW X5 工作区主要由标题栏、菜单栏、"标准"工具栏、属性栏、工具箱、调色板、泊坞窗、绘图页面、状态栏和页计数器等组成。单击"窗口"→"工具栏"菜单，可以显示或隐藏相应的工具栏；单击"窗口"→"调色板"命令，可以显示或隐藏调色板；单击"窗口"→"泊坞窗"菜单，可以调出或关闭相应的泊坞窗。泊坞窗是 CorelDRAW X5 特有的一种窗口，位于泊坞窗停靠位处，具有较强的智能特性，类似于 Photoshop 中的面板。

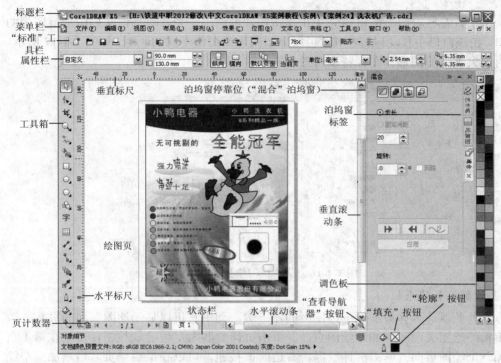

图 1-1-14　中文 CorelDRAW X5 的工作区

1.1.2　标题栏、菜单栏和绘图区等

1. 标题栏和菜单栏

（1）标题栏：单击标题栏最左边的 图标，可调出一个快捷菜单，利用该快捷菜单可以调整 CorelDRAW X5 工作区的状态。图标的右边显示当前图像文件的名称和路径。标题栏的右边有"最小化"按钮 、"最大化"按钮 或"还原"按钮 、"关闭"按钮 ，这些按钮和标题栏快捷菜单的作用与其他 Windows 程序相应的按钮和快捷菜单的作用一样。

（2）菜单栏：它有 12 项主菜单选项，单击菜单栏左边的 图标，调出一个快捷菜单，可用来调整当前文档的状态。将鼠标指针移到菜单栏内 图标的右边，当鼠标指针呈双箭头状 时拖动菜单栏，可将菜单栏移出成一个独立的"菜单栏"，如图 1-1-15 所示。该菜单栏是标准的 Windows 程序菜单，其使用方法与其他 Windows 程序菜单栏的使用方法一样。

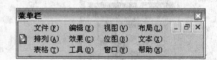

图 1-1-15　独立的菜单栏

（3）快捷菜单：右击工具栏、工具箱、"标准"工具栏、绘图页面、泊坞窗、调色板等，可以调出相应的快捷菜单。其内集中了相关的命令，可以方便地进行相关操作。

例如，右击菜单栏内的一个菜单选项，可以调出它的快捷菜单，如图 1-1-16 所示。利用该快捷菜单可以打开或关闭相应的工具面板、设置菜单栏内菜单选项的标题和图标的大小等。如果快捷命令左边有 标志，表示相应的工具栏已经调入到工作区中。

2. 绘图区和绘图页面

绘图区通常在属性栏的下边，它相当于一块画布。可以在绘图区中的任意位置绘图，并可以保存，但如果要将绘制的图形打印输出到纸上，就必须将图形放在绘图页面内。

绘图区的上边是水平标尺，左边是垂直标尺，右边是垂直滚动条，下边的左半部分是页计数器，右半部分是水平滚动条，中间是绘图页面，如图 1-1-14 所示。在水平滚动条的右侧有一个"查看导航器"按钮 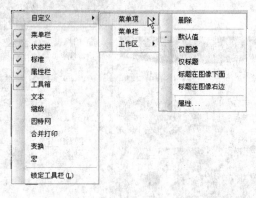，单击该按钮，可调出一个含有当前文档图形或图像的迷你窗口，在该窗口中移动鼠标指针，可以显示图形或图像不同的区域，如图 1-1-17 所示。该功能对放大编辑的图形和图像特别有效。

图 1-1-16　菜单栏的快捷菜单

3. 页计数器和状态栏

（1）页计数器：页计数器位于绘图区的左下边，利用它可以显示绘图页面的页数、改变当前编辑的绘图页面和增加新绘图页面。单击页计数器内左边的 按钮，可以在第 1 页之前增加一个绘图页面；单击页计数器内右边的 按钮，可以在最后一页之后增加一个绘图页面。右击页计数器中的页面页号，调出页计数器的快捷菜单，如图 1-1-19 所示。利用该快捷菜单中的命令可以重新给页面命名，在右击的页面后面或前面插入新的绘图页面，复制页面（可以复制该页面内的图形和图像），删除右击的页面，切换页面方向，发布页面等。

单击 或 按钮，可以使当前编辑的绘图页面向后或向前跳转一页。图 1-1-18 中的"2/3"表示共有 3 个绘图页面，当前的绘图页面是第 2 页，此时当前被选中的页号标签为"页面 2"。单击"页 1"、"页 2"……中的任一标签，即可切换到相应的绘图页面。单击 按钮，可切换到第 1 页；单击 按钮，可切换到最后一页。

图 1-1-17　导航器窗口　　　　　图 1-1-18　页计数器　　　　　图 1-1-19　快捷菜单

（2）状态栏：它通常在绘图区的下边，其作用是用来显示被选定对象或操作的有关信息，以及鼠标指针的坐标位置等。调出"选项"对话框，切换到"命令栏"选项卡，选中"状态栏"选项，在"停放后的行数"数值框内输入 2，如图 1-1-20 所示，可以使状态栏内有两行文字显示。

状态栏内第 1 行可以显示对象细节（选中对象的宽度、高度、中心坐标值、图形类型和图层等）或鼠标指针位置文字信息；第 2 行可以显示颜色或所选工具文字信息（选中对象的颜色信息等），如图 1-1-21 所示。通过单击 按钮，调出它的快捷菜单，再单击该菜单内的命令，可以切换到要显示的信息类型。

1.1.3　"标准"工具栏、调色板和属性栏

1. "标准"工具栏

标准工具栏通常在菜单栏的下边，它提供了一些按钮和下拉列表框，用来完成一些常用的操作。将鼠标指针移到"标准"工具栏左边的 图标处，当鼠标指针呈双箭头状 时进行拖动，可以将"标准"工具栏移出，成为一个独立的"标准"工具栏。将鼠标指针移到"标准"工具栏的按钮上，屏幕上会显示出该按钮的名称和快捷键提示信息。"标准"工具栏内各工具按钮和下拉列表框的名称、图标与作用如表 1-1-1 所示。单击其中一个按钮，就是选择了该工具。

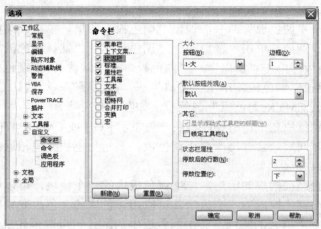

图 1-1-20　"选项"对话框"命令栏"选项卡

| 宽度: 16.467 高度: 20.451 中心: (44.047, 191.443) 毫米 ▶ | 椭圆形 于 图层 1 |
| 文档颜色预置文件: RGB: sRGB IEC61966-2.1; CMYK: Japan Color 2001 Coated; 灰度: Dot Gain 15% ▶ | |

图 1-1-21　状态栏

表 1-1-1　"标准"工具栏内各按钮和下拉列表框的名称、图标和作用

名称	选项	作　用
新建		单击该按钮，可以新建一个绘图页面
打开		单击该按钮，可调出"打开绘图"对话框，利用它可以打开图形文件
保存		单击该按钮，可以将当前编辑的图形以原文件名保存到磁盘中
打印		单击该按钮，可调出"打印"对话框，进行打印设置并打印当前绘图文件
剪切		单击该按钮，可以将选中的对象剪切到剪贴板中
复制		单击该按钮，可以将选中的对象复制到剪贴板中
粘贴		单击该按钮，可以将剪贴板内的对象粘贴到当前的绘图页面内
撤销		单击该按钮，可以撤销一步操作；单击它的 ▾ 按钮，可撤销以前的多步操作
重做		只有在执行"撤销"操作后，该按钮才有效，可以恢复刚刚撤销的操作
导入		单击该按钮，可调出"导入"对话框，利用它可以导入外部图形文件
导出		单击该按钮，可以调出"导出"对话框，利用它可以将当前图形文件导出
启动器		单击该按钮，可调出一个菜单，它包含与 CorelDRAW X5 配套的应用程序命令
欢迎屏幕		单击该按钮，可调出 CorelDRAW X5 "欢迎屏幕"页面
缩放级别	100%	利用该下拉列表框选择选项或输入数值，可调整绘图页面的显示比例
贴齐	贴齐 ▾	单击该按钮，调出"贴齐"菜单，单击其内的命令，可以设置不同的贴齐方式
选项		单击该按钮，可调出"选项"对话框，利用该对话框可设置默认选项

2. 调色板和设置颜色

调色板：调色板位于工作区的右侧时，单击调色板上边或下边的滚动按钮与，可以改变调色板中显示的色块；单击最下边的按钮，可以使单列调色板变为多列调色板，单击调色板以外的任何地方，可变回单列调色板。拖动调色板上边的图标，将调色板从绘图区的右边移到任意处时，可以形成一个调色板面板。

默认的调色板有“默认调色板”、“默认 RGB 调色板”和“默认 CMYK 调色板”三种。在新建图形文档时，可以设置“原色模式”为 RGB 或 CMYK 模式。如果设置“原色模式”为 RGB，则默认调色板为 RGB 调色板；如果设置的“原色模式”为 CMYK，则默认调色板为 CMYK 调色板。

单击“窗口”→“调色板”命令，调出“调色板”菜单，单击该菜单内的命令，可以调出相应的调色板。例如，单击“窗口”→“调色板”→“默认调色板”命令，可以调出“默认调色板”调色板；单击“窗口”→“调色板”→“默认 RGB 调色板”命令，可以调出“默认 RGB 调色板”调色板；单击“窗口”→“调色板”→“默认 CMYK 调色板”命令，可以调出“默认 CMYK 调色板”调色板，如图 1-1-22 所示。

将鼠标指针移到色块之上，稍等片刻后，会显示 RGB 或 CMYK 数值，如图 1-1-23 所示。按下色块一段时间后，会弹出一个小调色板，显示与色块颜色相近的一些色块，供用户选择，如图 1-1-24 所示。

选中一个由闭合路径构成的图形，单击调色板内的一个色块，可以用该色块的颜色填充选中的对象；右击调色板内的一个色块，可以用该色块的颜色改变轮廓线颜色。单击调色板中的☒，可以取消填充的颜色；右击调色板中的☒，可以取消轮廓线的颜色。

单击调色板中的调色板菜单按钮，可以调出调色板的菜单。利用该菜单中的命令可以改变轮廓色和填充色，编辑调色板，新建、保存、打开或关闭调色板等。单击调色板内的按钮，鼠标指针呈吸管状，将鼠标指针移到屏幕的任何颜色上，都会显示该处颜色的数值，如图 1-1-25 所示。单击该处颜色后即可将此处的颜色添加到调色板内。

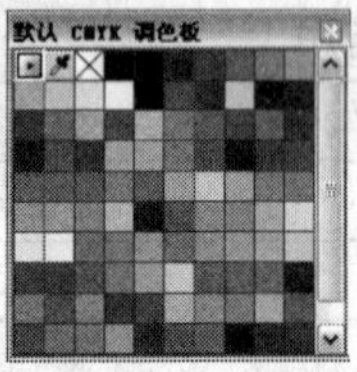

图 1-1-22　调色板

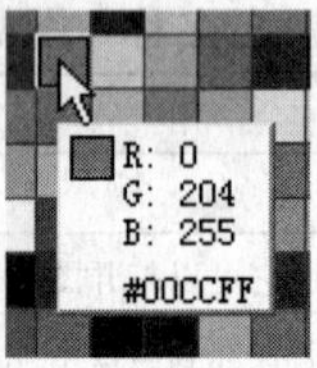

图 1-1-23　颜色数值

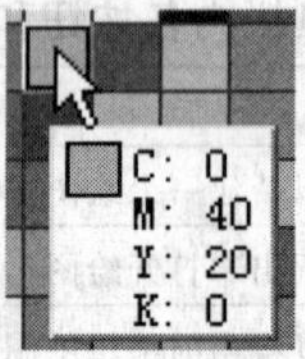

图 1-1-24　小型调色板

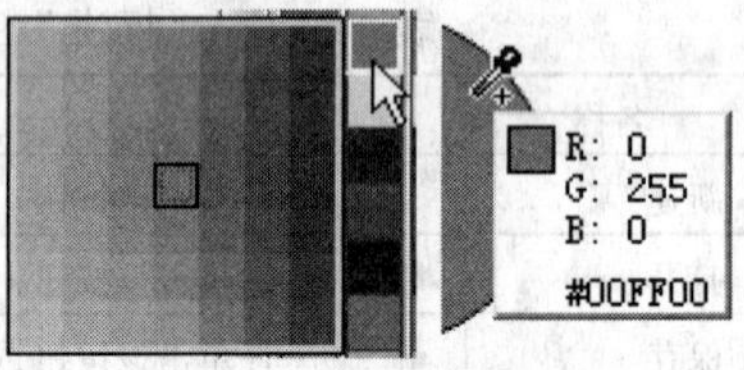

图 1-1-25　颜色数值

工作区右下角的“填充”按钮右边会显示设置填充颜色的数值，双击该按钮，可以调出“均匀填充”对话框，用来设置各种颜色；工作区右下角的“轮廓”按钮右边会显示设置轮廓颜色的数值，双击该按钮，可以调出“轮廓笔”对话框，用来设置各种轮廓。

3. 属性栏

属性栏中提供了一些按钮和列表框，它是一个感应命令栏，会随着选定对象和工具的不同，而显示出相应的命令按钮和列表框等，这给绘图操作带来了很大的方便。中文 CorelDRAW X5 的属性栏相当于 Photoshop 中的选项栏，将鼠标指针移到属性栏内的各选项之上，会显示该选项作用的文字提示信息。

例如，单击工具箱中的“选择工具”按钮，单击绘图页面内的空白处，此时的属性栏如图 1-1-26 所示。再例如，单击工具箱中的“椭圆形”按钮，在绘图页面内拖动绘制一幅椭圆形，此时的“属性栏：椭圆形”属性栏如图 1-1-27 所示，以后简写为“椭圆形”属性栏。

图 1-1-26　属性栏　　　　　　　　　　　图 1-1-27　"椭圆形"属性栏

1.1.4　工作区设置

1. 使用快捷菜单设置命令栏

命令栏是"标准"工具栏、菜单栏、属性栏和工具箱等的统一称呼，它们其中都有一些命令按钮或命令选项，单击都可以执行一个命令，进行一个相应的操作。

（1）设置命令栏单个按钮（含命令）外观：右击命令栏内的单个按钮或选项，调出其快捷菜单，单击其内的"工具栏项"或"菜单项"命令，调出快捷菜单，单击该菜单内的命令。

例如，右击"标准"工具栏的任一工具按钮，调出它的快捷菜单，单击该菜单内的"自定义"→"工具栏项"命令，调出"工具栏项"菜单，如图 1-1-28 所示，单击其内的命令，可以设置工具箱内右击的工具按钮的表现形式和大小等。

（2）设置多个工具按钮和命令外观：右击命令栏内的按钮，调出快捷菜单，单击其内的"菜单栏"、"标准工具栏"或"工具箱 工具栏"命令，调出快捷菜单，单击该菜单内的命令。

例如，右击"标准"工具栏中的任一按钮，调出它的快捷菜单，单击该菜单内的"自定义"→"标准 工具栏"命令，调出"标准工具栏"菜单，如图 1-1-29 所示，单击其内的命令，可以设置"标准"工具栏内所有按钮工具的表现形式和大小。

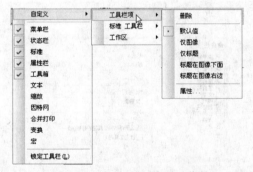

图 1-1-28　"工具栏项"菜单　　　　　　　图 1-1-29　"标准 工具栏"菜单

单击"自定义"→"标准 工具栏"→"标题在图像下面"命令，使该按钮命令图标下边显示相应的标题。拖动"标准"工具栏内的 图标，使"标准"工具栏独立出来，如图 1-1-30 所示。

图 1-1-30　独立的按钮图像下边显示标题的"标准"工具栏

单击"工具栏项"或"标准 工具栏"菜单内的"锁定工具栏"命令，使该命令左边出现 标志，即可将相应的命令栏锁定，相应的命令栏上边或左边的 或 消失，则工具栏不能再被移动；再单击该菜单内的"锁定工具栏"命令，使该命令左边的 标志消失，相应命令栏上边或左边的 ⋯⋯ 或 显示，拖动 ⋯⋯ 或 可以调整相应命令栏的位置。

2. 使用"选项"对话框设置命令栏

单击"工具"→"选项"命令或单击属性栏内的"选项"按钮 ，调出"选项"对话框。该对话框左边是它的目录栏，右侧是它的参数设置区。单击目录名称左边的 图标，可以展开该目录；单击目录名称左边的 图标，可以折叠该目录下的展开目录。单击目录名称，会在右边的参数设置区显示相应目录的参数设置选项。单击该对话框中目录栏内"自定义"目录下的"命令栏"选项，在"命令栏"栏内选中"属性栏"选项，此时"选项"对话框如图 1-1-31 所示。

在命令栏内可以查看和设置所有命令栏（即工具栏）的名称列表和属性栏，选中不同的工具栏名称左边的复选框，即可在工作区内显示相应的工具栏；选中不同的工具栏名称后，可以在其参数设置区内设置选中工具栏按钮的大小和外观等属性。

在"大小"选项组内的"按钮"下拉列表框中可以选择按钮的大小，在"边框"数值框中可以调整工具箱的边框大小，在"默认按钮外观"下拉列表框内可以选择按钮的外观；如果选中"显示浮动式工具栏的标题"复选框，则选中栏有标题栏，否则没有标题栏；如果选中"锁定工具栏"复选框，则会锁定选中命令栏，选中命令栏上边或左边的 ⋯⋯ 或 消失，不能移动命令栏；如果在"命令栏"栏内选中"属性栏"或"菜单栏"选项，在"属性栏模式"或"菜单栏模式"下拉列表框中可以选择不同类型的属性栏或菜单栏。

如果在"命令栏"栏内选中"标准"选项，则"选项"对话框的"命令栏"栏如图 1-1-32 所示；如果在"命令栏"栏内选中"状态栏"选项，则"选项"对话框内"命令栏"栏的"状态栏"选项卡如图 1-1-20 所示，利用该栏可以设置状态栏停靠的位置和行数。

在调整上述选项时可以随时看到调整设置的效果。

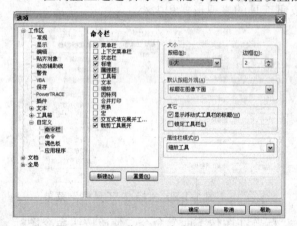
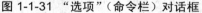

图 1-1-31 "选项"（命令栏）对话框　　　　图 1-1-32 "命令栏"内的"标准"工具栏设置

例如，选中"选项"对话框"命令栏"栏内的"属性栏"选项，在"按钮"下拉列表框中选择"1-大"选项，在"边框"数值框内选择数值 3，在"默认按钮外观"下拉列表框内选择"标题在图像下面"选项，在"属性栏模式"下拉列表框中选择"椭圆形"选项，如图 1-1-33 所示。此时的属性栏内按钮图像的下边会显示标题文字。单击工具箱内的"椭圆形"按钮，在绘图页面内拖动绘制一个椭圆图形，其"椭圆形"属性栏如图 1-1-27 所示。

3. 创建新工具栏

单击"工具"→"选项"命令，调出"选项"对话框，利用"选项"对话框的"命令栏"栏可以创建新工具栏，其内放置一些常用的工具。具体操作方法如下。

图 1-1-33　"选项"对话框

（1）单击"选项"对话框"命令栏"内的"新建"按钮，在"命令栏"列表框中新建一个"新工具栏 1"工具栏名称，如图 1-1-34（a）所示，同时显示新建的"新工具栏 1"空白工具栏，如图 1-1-34（b）所示。

（2）此时在"命令栏"列表框中新建的"新工具栏 1"名称处可以修改新工具栏的名称，例如，修改为"文件工具"。以后连续两次单击该名称，即可进入名称的编辑状态。

（3）选中左边栏内"自定义"目录下的"命令"选项，在右侧的"命令"栏内的下拉列表框中选择工具类型（例如，选中"从文档新建"选项），如图 1-1-35 所示，将选中的工具拖动到新建的"文件工具"空白工具栏内。继续在"命令"栏内的列表框中选择其他工具，依次将它们拖动到"文件工具"工具栏内，创建自定义工具栏。

图 1-1-34　命令栏和空白工具栏

图 1-1-35　"选项"（命令）对话框

（4）4 次将"命令"栏列表框中需要的命令（即工具）拖动到工作区新建的"文件工具"工具栏中，创建自定义工具栏。然后，选中"自定义"目录内的"命令栏"选项，设置按钮外观为"标题在图像下面"，单击"确定"按钮。新建的"文件工具"工具栏如图 1-1-36 所示。

4．工作区基本操作

单击"工具"→"选项"命令，调出"选项"对话框，单击该对话框内左边目录栏中的"工作区"目录名称，将右侧的参数设置区切换到"工作区"栏，如图 1-1-37 所示。利用"选项"对话框的"工作区"栏可以选择、设置、导入和导出工作区，具体方法如下。

（1）选择工作区：在"工作区"栏内选择不同的复选框（只可以选择一个），如图 1-1-37 所示，可以切换不同的工作区，而且立即看到工作区的变化。单击"确定"按钮，即可完成选择工作区的任务。

（2）创建新工作区：调整完工作区后，调出"选项"对话框，单击"工作区"目录名称，如图 1-1-37 所示。单击"新建"按钮，调出"新工作区"对话框，如图 1-1-38 所示（在"新工作区的名字"栏内还没有"工作区 A"选项）。在"新工作区"对话框内的"新工作区的名字"文本框中输入新工作区的名称（例如，"工作区 A"），在"新工作区的描述"文本框中输入新工作区的描述文字"按钮添加标题"，如图 1-1-38 所示。单击"确定"按钮，回到"选项"对话框，可以看到，在"工作区"栏内已经添加了设置的新工作区，如图 1-1-37 所示。

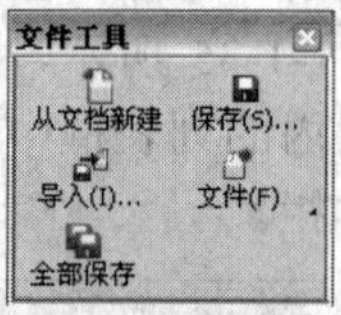

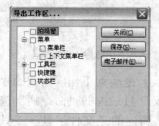

图 1-1-36 "文件工具"工具栏

图 1-1-37 "选项"对话框

（3）导出工作区：调出"选项"对话框，单击"工作区"目录名称，如图 1-1-37 所示。单击"导出"按钮，调出"导出工作区"对话框，如图 1-1-39 所示。选中要保存的内容左边的复选框，单击"保存"按钮，调出"另存为"对话框。利用该对话框输入文件名（例如，工作区 A.xslt），单击"保存"按钮，即可保存工作区。

图 1-1-38 "新工作区"对话框

（4）导入工作区：单击"导入"按钮，调出导入工作区对话框，如图 1-1-40 所示。

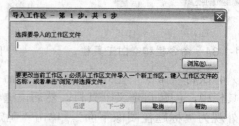

图 1-1-39 "导出工作区"对话框

图 1-1-40 导入工作区对话框

按照导入工作区对话框中的提示，单击"浏览"按钮，调出"打开"对话框，选择工作区文件（例如，工作区 A.xslt），单击"打开"按钮，关闭"打开"对话框，回到导入工作区对话框。

再单击"下一步"按钮，调出下一个导入工作区对话框，选择要导入的项目。以后继续单击"下一步"按钮，共分 5 步完成。在最后一步单击"完成"按钮，即可导入外部保存的新工作区。

设置好后，单击"选项"对话框内的"确定"按钮，关闭该对话框，完成相应的工作。

思考与练习1-1

1．安装并启动中文 CorelDRAW X5，进入新建图形的工作状态，了解中文 CorelDRAW X5 工作区的组成。依次关闭和调出"标准"工具栏、属性栏、默认 RGB 调色板和"立体化"泊坞窗。

2．将"标准"工具栏、属性栏和调色板调整成独立的面板形式，使属性栏内的按钮以小图标形式显示，按钮下边显示相应的标题。再将这种工作区以名称"工作区 B"保存。

3．使"标准"工具栏内的所有工具按钮图标的右边显示标题文字。

4．新建一个名称为"第 1 组工具栏"的工具栏，其内放置常用的 6 个工具按钮。

5．建立一个 CorelDRAW 文档，在该文档内创建 3 页，在第 1 页内绘制一幅红色轮廓线的圆形图形，在第 2 页内绘制一幅蓝色轮廓线、填充黄色的矩形图形，在第 3 页内绘制一幅黄色轮廓线、填充绿色的多边形图形。

1.2　工具箱概述

工具箱的默认位置是在绘图区的左边。如果工具按钮的右下角有黑色三角形标识◢，表示这是一个工具组。单击该黑色三角形◢，可以展开该组工具栏，其内有相关的工具按钮。拖动展开的工具栏上边的┉┉图标，可改变该工具栏的位置。将鼠标指针移到工具箱内的工具按钮之上，即可显示该工具按钮的名称和作用说明。单击工具按钮，即可使用相应的工具。例如，单击工具箱椭圆形工具展开工具栏内的"椭圆形"按钮〇，再在画布窗口内拖动，即可绘制一幅椭圆形图形。

工具箱内的常用工具简介如下。

1.2.1　绘制几何图形和曲线工具

1．椭圆形工具展开工具栏

椭圆形工具展开工具栏中有 2 个工具，如图 1-2-1 所示。其中各工具的作用如下。

（1）"椭圆形"工具〇：单击"椭圆形"按钮〇后拖动，即可绘制一幅椭圆形图形。按住【Shift】键并拖动，可以绘制一幅椭圆图形，只是拖动的单击点为椭圆的中点。按住【Ctrl】键并拖动，可以绘制一幅圆形图形。同时按住【Shift】和【Ctrl】键拖动，可以绘制一幅以单击点为中心点的圆形图形。

（2）"3 点椭圆形"工具🖉：该工具是用三个点来确定一个椭圆，单击"3 点椭圆形"按钮后，拖动绘制一条直线，形成椭圆的长轴或短轴；松开鼠标左键再拖动，即可绘制一个椭圆形图形；单击空白处，完成椭圆形图形轮廓线的绘制，单击调色板内的一个色块，给椭圆形轮廓线填充该颜色。使用"3 点椭圆形"工具🖉绘制椭圆的过程如图 1-2-2 所示。

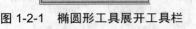

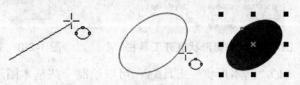

图 1-2-1　椭圆形工具展开工具栏　　　图 1-2-2　使用"3 点椭圆形工具"绘制椭圆图形的过程

2．矩形工具展开工具栏

矩形工具展开工具栏中有 2 个工具，如图 1-2-3 所示。其中各工具的作用如下。

（1）"矩形"工具□：使用该工具后拖动，即可绘制一幅矩形图形。按住【Shift】键并拖动，也可以绘制一幅矩形，只是拖动的单击点是矩形的中心点。按住【Ctrl】键并拖动，可以绘制一幅正方形。同时按住【Shift】和【Ctrl】键拖动，可以绘制一幅以单击点为中心点的正方形图形。

（2）"3 点矩形"工具□：该工具是用三个点确定一个矩形，第 1 个点和第 2 个点确定矩形任意一边的倾斜角度，第 3 个点用来确定矩形的形状。单击"3 点矩形"按钮拖动，绘制一条直线，形成矩形的一条边；松开鼠标左键后再拖动，可绘制一个矩形框；单击，完成矩形轮廓线的绘制；单击调色板内的一个色块，给矩形轮廓线填充该颜色。使用"3 点矩形"工具□绘制矩形图形的过程如图 1-2-4 所示。

 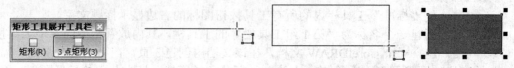

图 1-2-3　矩形工具展开工具栏　　　图 1-2-4　使用 3 点矩形工具绘制矩形图形

3．对象展开式工具栏

对象展开式工具栏中有 5 个工具，如图 1-2-5 所示。使用其中一个工具后，在其属性栏内进行设置，再拖动，即可绘制相应的图形，如图 1-2-6 所示。该栏内各工具的作用如下。

（1）"多边形"工具○：可以绘制正多边形。通过属性栏的参数设置，可以调整多边形的边数。

（2）"星形"工具☆：可以绘制各种星形图形，用户可以调整星形的角点数。

（3）"复杂星形"工具❀：可以绘制各种复杂的星形图形。复杂星形填充和星形的填充结果不太一样，复杂星形的自相交区域没有填充。用户可以调整星形的角点数。

（4）"图纸"工具▦：也称为网格工具，可以绘制棋盘格图形。用户可以调整网格数目。

（5）"螺纹"工具◎：可以绘制对称式或对数式螺纹状图形。用户可以调整螺纹个数。

图 1-2-5　对象展开式工具栏　　　图 1-2-6　对象展开式工具栏工具绘制的图形

4．完美形状展开工具栏

完美形状展开工具栏中有 5 个工具，如图 1-2-7 所示。使用其中一个工具后，单击其属性栏内的"完美形状"按钮，弹出一个下拉面板，单击该面板内的一种图案，并进行其他设置，再拖动，即可绘制出相应的图形，如图 1-2-8 所示。该栏中各工具的作用如下。

 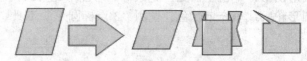

图 1-2-7　完美形状展开工具栏　　　图 1-2-8　完美形状展开工具绘制的图形

（1）"基本形状"工具囹：可以绘制一些基本图形，例如，人脸、心形和梯形等图形。

（2）"箭头形状"工具 🖾：可以绘制各种箭头图形。

（3）"流程图形状"工具 🖘：可以绘制各种流程图形状的图形。

（4）"标题形状"工具 🖾：可以绘制旗帜、不规则星形等形状的图形。

（5）"标注形状"工具 🖵：可以绘制各种标注形状的图形。

以上工具的共同特点是，按住【Shift】键的同时拖动，可以以单击点为中心点进行绘制；按住【Ctrl】键的同时拖动，可以绘制等比例图形；按住【Shift+Ctrl】组合键的同时拖动，可以以单击点为中心点绘制等比例图形。

5．曲线展开工具栏

曲线展开工具栏中有 8 个工具，如图 1-2-9
所示。其中各工具的作用如下。

图 1-2-9　曲线展开工具栏

（1）"手绘"工具 🖊：可以像使用笔在纸上绘图一样绘制直线与曲线。在绘图页面上拖动，可以绘制曲线。单击直线起点处，再单击直线终点处，可以绘制一条直线。

（2）"2 点线"工具 🖉：选择该工具后在绘图页面上拖动，即可绘制一条直线。

（3）"贝塞尔"工具 🖋：可以绘制折线与曲线。单击折线起点处，依次单击折线转折点处，再单击折线终点处，然后按空格键，即可绘制一条折线。

单击曲线的起点，再单击曲线的下一个转折点，在不松开鼠标左键的情况下拖动，即可绘制一条曲线；再单击曲线的下一个转折点，在不松开鼠标左键的情况下拖动，如此不断，最后按空格键，即可绘制一条曲线。

（4）"艺术笔"工具 🖋：也称为自然笔工具。单击"艺术笔"按钮 🖋 后，在其属性栏内选择各种艺术笔触图案，然后在绘图页面内拖动，即可绘制由各种艺术笔触图案组成的曲线。

（5）"钢笔"工具 🖋：可以像"折线"工具 🖊 和"贝塞尔"工具 🖋 的使用方法一样绘制折线，还可以通过单击和拖动鼠标绘制连接多个锚点的曲线，并可以增加或删除锚点。

（6）B-Spline 工具 🖋：单击 B-Spline 按钮 🖋 后，拖出一条直线，单击后拖动到第 3 点，单击后再移到下一点，如此继续，最后双击，完成曲线的绘制。

（7）"折线"工具 🖊：可以通过单击折线起点、各转折点，最后双击终点结束来绘制折线。另外，还可以像使用手绘工具那样拖动绘制曲线。

（8）"3 点曲线"工具 🖧：单击"3 点曲线"按钮 🖧 后，先拖动绘制一条直线，从而确定曲线的起点和终点，再拖动到第 3 点，同时将直线变为曲线，可以调整曲度的大小。

6．连接工具展开栏

连接工具展开栏中有 4 个工具，如图 1-2-10 所示。其中各工具的作用如下。

（1）"直线连接器"工具 🖾：单击"直线连接器"按钮 🖾 后，在其"连接器"属性栏进行设置，再在两幅图形之间拖动，可以绘制连接两幅图形的直线，如图 1-2-11 所示。

（2）"直角连接器"工具 🖾：单击"直角连接器"按钮 🖾 后，在其属性栏进行设置，再在两个图形之间拖动，可以绘制连接两幅图形的直角折线，如图 1-2-12 所示。

图 1-2-10　连接工具展开栏　　图 1-2-11　直线　　图 1-2-12　直角折线

（3）"直角圆形连接器"工具 🖾：单击"直角圆形连接器"按钮 🖾 后，在其属性栏进行设置，再在绘图页内拖动，可以绘制连接两幅图形的圆角折线，如图 1-2-13 所示。

（4）"编辑锚点"工具 ⬚：单击"编辑锚点"按钮 ⬚ 后，单击连接的图形，显示连接线的锚点，拖动锚点可以调整连接线的起点和终点以及线的形状，如图 1-2-14 所示。

图 1-2-13　圆角折线　　　　　　　　　图 1-2-14　编辑锚点

1.2.2　编辑工具

1．选择工具

"选择工具" ▨ 用来选择图形等对象。大多数对象进行操作时都应先选中，再编辑。

单击"选择工具"按钮 ▨ 后再单击对象，可以选中该对象，使该对象成为当前的编辑对象；拖动一个矩形围住多个对象或按住【Ctrl】键的同时依次单击多个对象，可以选中多个对象，选中的对象周围有 8 个黑色控制柄，中间有一个中心标记 ✖。

2．文本和表格工具

（1）"文本工具"字：单击"文本工具"按钮 字 后，再单击绘图页面，可以输入美工文字；拖动一个矩形后，即可形成文本框，然后可以在文本框内输入段落文字。在其属性栏内可以设置文字的字体、大小、颜色和旋转角度等属性。

（2）"表格工具" ▦：单击"表格工具"按钮 ▦ 后，在绘图页面内拖动，即可绘制一个表格，在其属性栏内可以设置该表格的行数和列数等表格参数。

3．形状编辑展开式工具栏

形状编辑展开工具栏中有 4 个工具，如图 1-2-15 所示。其中各工具的作用如下。

图 1-2-15　形状编辑展开式工具栏

（1）"形状"工具 ▨：也叫"节点编辑"工具。单击"形状"按钮 ▨ 后，可以拖动调整曲线节点的位置和改变图形的形状，还可以进行增加、删除、合并、拆分节点等操作。

（2）"涂抹笔刷"工具 ✐：单击"涂抹笔刷"按钮 ✐ 后，可以使曲线对象沿拖出的轮廓变形。使用该工具前需要将曲线对象转换成曲线。

（3）"粗糙笔刷"工具 ✄：单击"粗糙笔刷"按钮 ✄ 后，可以使曲线对象的轮廓变得粗糙。使用该工具前需要将曲线对象转换成曲线。

（4）"自由变换"工具 ▨：单击"自由变换"按钮 ▨ 后，可以以任意点为轴心自由旋转对象，产生镜像图形。

4．缩放工具栏

缩放工具栏中有 2 个工具，如图 1-2-16 所示。其中各工具的作用如下。

图 1-2-16　缩放工具栏

（1）"缩放"工具 ◌：单击"缩放"按钮 ◌ 后，鼠标指针变为 ◌ 状，单击绘图页面，可放大绘图页面；按住【Shift】键，鼠标指针变为 ◌ 状，单击绘图页面，可缩小绘图页面。

（2）"平移"工具 ✋：单击"平移"按钮 ✋ 后，鼠标指针变为小手状，此时在绘图页面内拖动，可以改变绘图页面的位置。

5. 裁剪工具展开栏

裁剪工具展开栏中有 4 个工具，如图 1-2-17 所示。其中各工具的作用如下。

（1）"裁剪"工具　：单击"裁剪"按钮　后可以裁切

图像，从而快速移除对象、位图和矢量图形中不需要的区域。
可裁剪的对象包括图形、位图、段落文本和美术字等。

图 1-2-17　裁剪工具展开栏

（2）"刻刀"工具　：单击"刻刀"按钮　后，可以将
单个对象分割成多个对象。

（3）"橡皮擦"工具　：选中要进行擦除的图形对象，然后单击"橡皮擦"按钮　，
再在图形之上拖动，即可擦除图形。

（4）"虚拟段删除"工具　：单击"虚拟段删除"按钮　后，在图形的一部分拖动，
可以删除这部分的图形。

6. 滴管工具展开栏

滴管工具展开栏中有 2 个工具，如图 1-2-18 所示。其中各工具的作用如下。

（1）"颜色滴管"工具　：单击"颜色滴管"按钮　后，鼠标指针变为滴管状，单击
对象的填充色，即可将当前颜色改为该颜色。将鼠标指针移到其他对象上，鼠标指针呈油
漆桶状　，单击图形对象，即可将图形的填充色改为当前颜色。

例如，单击如图 1-2-19 所示的右边心形图的红色，可将当前颜色改为红色，再单击左
边五角星形的黄色填充色，可以填充红色，如图 1-2-20 所示。

（2）"属性滴管"工具　：单击"属性滴管"按钮　后，鼠标指针变为滴管状，单击
源对象，再单击目标对象，即可将源对象的一些属性应用于目标对象。

图 1-2-18　滴管工具展开栏　　　图 1-2-19　不同颜色的图形　　　图 1-2-20　改变图形颜色

1.2.3　高级绘图工具

1. 尺度工具栏

尺度工具栏中有 5 个工具，如图 1-2-21 所示。其中各工具的作用如下。

（1）"平行度量"工具　：单击"平行度量"按钮　，其"尺度工具"属性栏如图
1-2-22 所示。此时鼠标指针呈　状。在两个要测量的点之间拖出一条直线，松开鼠标左键
后，向一个垂直方向拖动，绘制出两条平行的注释线，单击后的效果如图 1-2-23 所示。在
其属性栏内可以设置线的粗细、线的类型、数值的进制类型等，还可以给数字添加前缀与
后缀等。

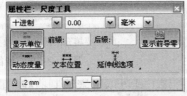

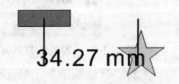

图 1-2-21　尺度工具栏　　　图 1-2-22　"尺度工具"属性栏　　　图 1-2-23　尺度标注

单击按下"显示单位"按钮　后，可以在数字后边显示单位；"显示单位"按钮　抬

起后，在数字后边不显示单位。单击"文本位置"按钮 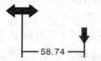，调出它的面板，单击该面板内的按钮，可以调整注释的数字文本的相对位置。

（2）"水平或垂直度量"工具 ：单击"水平或垂直度量"按钮 ，其"尺度工具"属性栏与如图 1-2-22 所示的属性栏基本一样。鼠标指针呈 状。

从第 1 个测量点垂直向下拖动一段距离，再水平拖动到第 2 个测量点，松开鼠标左键后再垂直向下拖动一段距离，松开鼠标左键后，效果如图 1-2-24 所示。

（3）"角度量"工具 ：单击"角度量"工具 ，其"尺度工具"属性栏与如图 1-2-23 所示的属性栏基本一样，只是第 1 个下拉列表框变为无效，"度量单位"下拉列表框内的选项变为角度单位选项。鼠标指针呈 状。从角的一边沿边线拖动一段距离，松开鼠标左键后，再顺时针或逆时针拖动到角的另一边的边线延长线处，双击后效果如图 1-2-25 所示。

（4）"线段度量"工具 ：单击"线段度量"按钮 ，其"尺度工具"属性栏与如图 1-2-22 所示的属性栏基本一样，只是新增一个"自动连续度量"按钮。鼠标指针呈 状。在线段间拖动，绘制一个矩形，松开鼠标左键后再朝与注释线垂直的方向拖动，单击后即可产生线段的尺度标注效果，如图 1-2-26 所示。

单击"自动连续度量"按钮后，可以同时自动生成各条线段的尺度标注。

（5）"3 点标注"工具 ：单击第 1 个点并按住鼠标左键，再拖动到第 2 个点，松开鼠标左键后拖动到第 3 个点，单击空白处后即可绘制一条折线。

| 图 1-2-24　水平或垂直尺度标注 | 图 1-2-25　角度标注 | 图 1-2-26　线段尺度标注 |

2．智能工具展开栏

智能工具展开栏中有 2 个工具，如图 1-2-27 所示。其中各工具的作用如下。

（1）"智能填充"工具 ：该工具可对任何封闭的对象进行填色，也可以对任意两个或多个对象重叠的区域填色，还可以自动识别相重叠的多个交叉区域，并对其进行颜色的填充。

使用该工具后，在其属性栏内可以设置图形填色区域的颜色和轮廓线的粗细及颜色，再单击对象重叠的区域，即可给重叠区域填色，如图 1-2-28 所示（移出了填充的图形）。在填充时，先自动推测由图形各边界线生成的相交区域，再将要填色的区域复制一份（注意，是独立的封闭填色区域），同时对复制的图形进行填充。使用智能填充工具可以创建基础图形，实现对不同区域填充的变化，相同区域不同颜色的变化，两者结合不同区域和不同颜色的组合变化，外轮廓线粗细不同和有无的变化，外轮廓线颜色有无以及不同颜色的变化。

图 1-2-27　智能工具展开栏

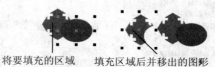

图 1-2-28　智能填充工具的应用

（2）"智能绘图"工具 ：该工具可以用来绘制曲线、直线、折线、矩形、椭圆形等图形。使用该工具后，在其属性栏内设置形状识别等级和智能平滑等级等参数，然后拖动绘制图形。绘制完图形后，CorelDRAW X5 可以自动调整绘制的图形，使它成为标准图形。

例如，使用该工具后，在其属性栏内的"形状识别等级"和"智能平滑等级"下拉列表框中均选中"中"选项，在"轮廓宽度"下拉列表框中选择 1mm，如图 1-2-29 所示。然后在画布中拖动绘制一个三角形，如图 1-2-30 左图所示，当松开鼠标左键后，图形会自动成为标准的三角形，如图 1-2-30 右图所示。

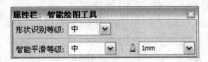

图 1-2-29　"智能绘图工具"属性栏

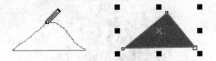

图 1-2-30　使用智能绘图工具绘制图形

另外，使用智能绘图工具可以沿着一个图形或图像的轮廓线绘制一个轮廓线图形，在绘制完图形后，绘制的图形会自动调整为与图形或图像的轮廓线一样或相近的图形。

3. 轮廓展开工具栏

轮廓是指封闭或不封闭图形的路径曲线。使用轮廓展开工具栏可以对轮廓的形状、粗细、颜色等进行调整。轮廓展开工具栏中有 3 个工具和 10 个选项，如图 1-2-31 所示，10 个选项用来设置对象图形轮廓线的有无与粗细。其中各工具的作用如下。

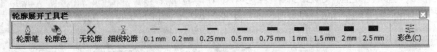

图 1-2-31　轮廓展开工具栏

（1）轮廓线选项工具按钮━：轮廓线选项工具按钮共有 10 个，其中左起第 1 个按钮是"无轮廓"按钮✕，单击该按钮可以取消图形对象的轮廓线；后面的 9 个按钮用来确定轮廓线的粗细，单击其中任意一个按钮，即可将轮廓线改变为该按钮所定义的粗细。

（2）"轮廓笔"工具🖋：单击该工具按钮，可以调出"轮廓笔"对话框，如图 1-2-32 所示。利用该对话框可以调整轮廓笔的笔尖大小、颜色和形状。

（3）"轮廓色"工具🖌：单击该工具按钮，可以调出"轮廓颜色"对话框，如图 1-2-33 所示。利用该对话框可以对图形轮廓线的颜色进行细致的设置。

（4）"彩色"工具▦：单击该工具按钮，可以调出"颜色"泊坞窗，如图 1-2-34 所示。利用该泊坞窗可以设置图形填充色和轮廓线的颜色。

图 1-2-32　"轮廓笔"对话框

图 1-2-33　"轮廓颜色"对话框

4. 交互式展开式工具栏

交互式展开式工具栏中有 7 个工具，如图 1-2-35 所示。其特点就是可以拖动调整，以改变图形颜色或形状。其中各工具的作用如下。

图 1-2-34 "颜色"泊坞窗

图 1-2-35 交互式展开式工具栏

（1）"调和"工具 ：也叫渐变工具。使用该工具可以绘制一个形状与颜色逐渐变化的图形。调整其开始和结束控制柄及滑块，均可以改变图形调和的状况。例如，绘制 2 幅图形，如图 1-2-36 所示，再单击"调和"按钮 ，然后从一个对象拖动到另一个对象，即可产生形状与颜色逐渐变化的图形，如图 1-2-37 所示。

调整其中的开始控制柄、结束控制柄和滑块，均可以改变图形渐变的状况。

图 1-2-36 五角星和红色多边形图形

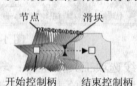

图 1-2-37 调整控制柄和滑块

（2）"轮廓图"工具 ：使用轮廓图工具可以绘制逐渐变化的颜色和同心轮廓线。调整其开始控制柄、结束控制柄和透镜滑块，都可以改变图形的轮廓线形状。例如，绘制一个红色五角星，再单击"轮廓图工具"按钮 ，然后在图形上拖动，可给图形填充渐变色和同心轮廓线，再拖动调色板内的黄色色块到图形的结束控制柄之上，使渐变色为红色到黄色，如图 1-2-38 所示。调整控制柄和透镜滑块，可改变图形的轮廓线的形状。

（3）"变形"（也叫"扭曲"）工具 ：单击该工具按钮，然后将鼠标指针移到图形的轮廓线上，再拖动出一个箭头，会显示两个调节控制柄和蓝色变形的轮廓线，如图 1-2-39 左图所示。松开鼠标左键，即可改变对象的形状，如图 1-2-39 右图所示。

图 1-2-38 轮廓图工具使用效果

图 1-2-39 变形工具使用效果

（4）"阴影"工具 ：单击"阴影工具"按钮 ，再在对象上拖动出一个箭头，即可沿箭头方向产生该对象的阴影，如图 1-2-40 所示。可以调整阴影的位置、颜色和颜色深浅等。

（5）"封套"工具 ：单击"封套工具"按钮 ，再单击一个图形，在图形周围会显示封装线，如图 1-2-41 所示。拖动封装线可以改变对象的形状，如图 1-2-42 所示。

（6）"立体化"工具 ：选中一个图形，单击"立体化"按钮 ，再在对象上拖动出一个箭头，即可使图形对象沿箭头方向产生三维立体形状效果，如图 1-2-43 所示。

图 1-2-40 对象的阴影 　　图 1-2-41 封装线 　　图 1-2-42 改变对象的形状

（7）"透明度"工具 　：在一幅矩形图形之上绘制一幅心形图形，如图 1-2-44 左图所示。单击"透明度"按钮 　，在心形图形之上水平拖动出一个箭头，即可使图形对象沿箭头方向产生透明度逐渐变化的透明效果，如图 1-2-44 右图所示。拖动调整开始控制柄、结束控制柄和透镜滑块的位置，可以改变填充色透明度逐渐变化的状况。

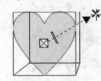   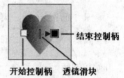

图 1-2-43 三维立体形状 　　图 1-2-44 给对象填充透明度渐变色

5. 填充展开工具栏栏

填充展开工具栏如图 1-2-45 所示。它有 7 个工具，可以通过不同的方式给图形填充图案或不同的颜色。其中各工具的作用如下。

（1）"均匀填充"工具 　：单击该工具按钮，可以调出"均匀填充"对话框（与图 1-2-33相似），利用该对话框可以设置更多的颜色作为填充颜色，并可以添加到调色板内。

图 1-2-45 填充展开工具栏

（2）"渐变填充"工具 　：单击该工具按钮，可以调出"渐变填充"对话框，利用该对话框可以为图形对象填充各种不同的颜色渐变效果。

（3）"图样填充"工具 　：单击该工具按钮，可以调出"填充图案"对话框，利用该对话框可以给图形对象填充"双色"、"全色"和"位图"等各种图案。

（4）"底纹填充"工具 　：单击该工具按钮，可以调出"底纹填充"对话框，利用该对话框可以给图形对象填充预置的纹理样式，还可以改变预置的纹理样式，使纹理填充的内容更加丰富。

（5）"PostScript 填充"工具 　：单击该工具按钮，可以调出"PostScript 底纹"对话框，利用该对话框也可以给图形对象填充预置的纹理样式，其底纹效果是用 PostScript 语言编写的。

（6）"无填充"工具 　：选中图形，再单击该工具按钮，可取消这个图形中的填充颜色。

（7）"彩色"工具 　：单击该工具按钮，可以调出"颜色"泊坞窗。

6. "交互式填充展开工具"栏

交互式填充展开工具栏有两个工具，如图 1-2-46 所示。

（1）"交互式填充"工具 　：选中对象，单击调色板中的某一种颜色块，再单击"交互式填充工具"按钮 　，然后在图形上拖动，即可给图形填充饱和度逐渐变化的颜色，如图 1-2-47 所示。此时，在其属性栏中的"填充类型"列表内可以选择不同的填充类型。

图 1-2-46 交互式填充
展开工具栏

拖动调整图 1-2-47 中的开始控制柄和结束控制柄的位置，透镜滑块的位置，可以改变填充色饱和度逐渐变化的状况。还可以将调色板中的色块拖动到开始和结束控制柄处，以改变渐变填充色。

（2）"网状填充"工具 ：选中要填充的图形，单击该按钮，则图形内会出现许多网格，如图 1-2-48（a）所示。网格密度可在属性栏中调整。选中网格内的一个节点，同时也选中与节点连接的网格线，单击调色板中的一个色块，可在选中的节点周围填充选中颜色，颜色的饱和度按网状曲线形状逐渐变化，如图 1-2-48（b）所示。拖动调色板中的色块到网格内，也可以给网格填充选定颜色。拖动网状曲线可改变填充状况，如图 1-2-48（c）所示。

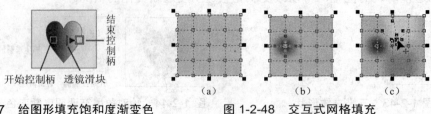

图 1-2-47　给图形填充饱和度渐变色　　　图 1-2-48　交互式网格填充

思考练习1-2

1. 建立一个 CorelDRAW 文档，在该文档内创建 3 个页面，在第 1 页内绘制一幅红色轮廓线旋转 5 圈的对称形螺旋管图形，在第 2 页内绘制一幅红色轮廓线、填充黄色的 6 行 5 列棋盘格图形，在第 3 页内绘制一幅黄色轮廓线、填充绿色的箭头图形。

2. 在绘图页中绘制一幅红色轮廓线（线粗 3mm）、填充红色的心脏图形，一幅黄色轮廓线（线粗 1mm）、填充绿色的梯形，一幅红色轮廓线、填充黄色的人脸图形。

3. 绘制如图 1-2-49 所示的多幅图形。

图 1-2-49　绘制的各种图形

4. 创建一个 CorelDRAW 文档，绘制 4 幅不同的图形。第 1 幅图形是红色轮廓线（线粗 2mm）、填充黄色的心脏图形；第 2 幅图形是"北京 2008 年奥运"蓝色立体文字；第 3 幅图形是黄色轮廓线（线粗 3mm）、填充紫色的梯形；第 4 幅图形是由红色五边形逐渐向金色椭圆形渐变的图形。

5. 尝试使用工具箱内的各种工具绘制一些图形。

1.3　文件基本操作

1.3.1　新建与打开文件和导入图像

1. 新建图形文件

新建图形文件有两类，一类是新建一个空绘图页面的图形文件，另一类是创建模板绘图页面的图形文件，下面介绍这两类新建图形文件的方法。

（1）创建空绘图页面的图形文件：在本章第 1.1 节中介绍了在如图 1-1-1 所示的"欢迎

屏幕"页面"快速入门"选项卡内单击"启动新文档"栏内的"新建空白文档"超链接，可以调出如图 1-1-4 所示的"创建新文档"对话框。利用该对话框进行相关参数的设置，单击"确定"按钮，即可创建一个新的图形文件。

另外，单击"文件"→"新建"命令或单击"标准"工具栏的"新建"按钮，即可调出"创建新文档"对话框，从而创建只有一个空绘图页面的图形文件。

如果选中"创建新文档"对话框内的"不再显示此对话框"复选框，则以后不会调出"创建新文档"对话框，直接创建一个采用默认设置的新图形文件。

（2）创建模板绘图页面的图形文件：在本章第 1.1 节中介绍了在如图 1-1-1 所示的"欢迎屏幕"页面"快速入门"选项卡内单击"启动新文档"栏内的"从模板新建"超链接，调出如图 1-1-6 所示的"从模板新建"对话框。利用它可以选择一种系统提供的或者自己制作的绘图模板，单击"打开"按钮，即可创建一个基于该模板的图形文件。

单击"文件"→"从模板新建"命令，调出"根据模板新建"对话框，它与如图 1-1-6 所示的"从模板新建"对话框基本一样。

新建一个图形文件后，它只有一个绘图页面，可以根据需要再创建一个或多个绘图页面，在各绘图页面内绘制图形，然后将文件保存为图形文件。创建多个绘图页面的方法可参看本章第 1.1 节关于页计数器的有关内容。

2．打开图形文件

（1）如果要打开的图形文件是在上几次使用中文 CorelDRAW X5 软件时最后保存的图形文件，则在如图 1-1-1 所示的"快速入门"选项卡中直接单击该图形文件，即可将其打开。

（2）单击"文件"→"打开"命令或单击"标准"工具栏的"打开"按钮，调出"打开绘图"对话框，它与通过单击"欢迎屏幕"页面"快速入门"选项卡中的"打开其他文档"按钮调出的是同一个"打开绘图"对话框，如图 1-1-7 所示。在该对话框内选择文件类型、文件目录和文件名，选中"预览"复选框，可以显示选中的图形文件的图形内容。然后，单击"打开"按钮，即可将选定的图形文件打开。

CorelDRAW X5 图形文件的扩展名为".cdr"，模板文件的扩展名为".cdt"。

3．导入图像

（1）单击"文件"→"导入"命令，调出"导入"对话框，在右下角的下拉列表框中选择"全图像"默认选项，选中一幅图像，如图 1-3-1 所示。单击"导入"按钮，关闭"导入"对话框。单击绘图页，即可导入选中图像，图像大小与原图像一样。另外，在绘图页拖出一个矩形，可导入一幅与拖出的矩形大小一样的选中图像。

（2）如果在"导入"对话框右下角的下拉列表框中选择"重新取样"选项，则单击"导入"按钮后会关闭该对话框，调出"重新取样图像"对话框，如图 1-3-2 所示。可以在该对话框内的"宽度"和"高度"栏设置导入图像的大小，如果选中"保持纵横比"复选框，在调整宽度或高度时可以保证宽高比不变。单击"确定"按钮，关闭该对话框。

然后，在绘图页内拖动或单击，都可导入选中的图像，图像大小与设置的大小一样。

（3）如果在"导入"对话框右下角的下拉列表框中选择"裁剪"选项，则单击"导入"按钮后，关闭"导入"对话框，调出"裁剪图像"对话框，如图 1-3-3 所示。在该对话框内显示导入的图像，拖动 8 个黑色控制柄，可以调整裁切图像的大小和部位，在"选择要裁剪的区域"栏内可以精确调整裁剪后图像的上边与右边距原图像上边缘和左边缘的距离，还可以调整裁剪图像的宽度与高度。单击"全选"按钮，可以去除裁剪调整。

图 1-3-1 "导入"对话框

图 1-3-2 "重新取样图像"对话框

图 1-3-3 "裁剪图像"对话框

  单击"确定"按钮,关闭"裁剪图像"对话框。然后在绘图页内拖出一个矩形,可导入裁剪的图像,其大小决定于矩形大小;单击绘图页,可以导入裁剪后的图像。

1.3.2 保存和关闭文件

1. 保存文件

  (1)文件的另存:单击"文件"→"另存为"命令,调出"保存绘图"对话框,如图 1-3-4 所示。在"保存在"下拉列表框中选择保存的文件夹,在"保存类型"下拉列表框中选择文件类型,在"文件名"组合框中输入文件名称,再单击"保存"按钮保存文件。

  (2)文件的保存:单击"文件"→"保存"命令或单击"标准"工具栏内的"保存"按钮 ￼,即可将当前的图形文件(包括该文件的所有绘图页面)以原来的文件名保存。如果当前的图形文件还没有保存过,则也会调出"保存绘图"对话框,如图 1-3-4 所示。

图 1-3-4　"保存绘图"对话框

（3）自动备份存储设置：单击"工具"→"选项"命令，调出"选项"对话框。选择左边目录栏内的"保存"选项，切换到"保存"选项卡，如图 1-3-5 所示。选中"自动备份间隔"复选框，并选择自动备份存储的间隔时间和保存文件的默认文件夹等，然后单击"确定"按钮，即可完成自动备份存储的设置。

图 1-3-5　"选项"（保存）对话框

2. 关闭文件

（1）关闭当前文件：单击"文件"→"关闭"命令，或单击标题栏右边的"关闭"按钮✕，或者单击绘图页面内右上角的"关闭"按钮✕，都可以关闭当前的图形文件（包括该文件的所有绘图页面）。如果当前的图形文件在修改后没有保存，会弹出一个提示框。单击"是"按钮后可以保存该图形，然后关闭当前图形文件。

（2）关闭全部窗口：单击"文件"→"全部关闭"命令，或者单击"窗口"→"全部关闭"命令，都可以关闭所有打开的图形文件。

（3）退出程序：单击"文件"→"退出"命令或单击标题栏右边的"关闭"按钮✕，都可以关闭所有打开的图形文件，同时退出 CorelDRAW X5 应用程序。

1.3.3　绘图页面设置

单击工具箱内的"选择工具"，单击页面空白处，可调出用于页面设置的属性栏，如图 1-3-6 所示。页面的参数可以通过该属性栏来设置。将鼠标指针移到属性栏内的下拉列表框、数值框和按钮等选项上后，会显示该选项作用的文字提示。

图 1-3-6　用于页面设置的属性栏

单击"布局"菜单项，调出"布局"菜单，如图 1-3-7 所示。利用该菜单可以进行绘图页面的设置。右击"页计数器"中的某一页号（例如，页 1），调出"页计数器"快捷菜单，如图 1-3-8 所示，用户可以通过"布局"菜单和"页计数器"快捷菜单对页面进行插入页面、页面命名、页面删除和切换页面方向等设置。

1. 插入页面

（1）使用命令插入页面：单击"布局"→"插入页面"命令，调出"插入页面"对话框，如图 1-3-9 所示。利用该对话框可以对插入绘图页面的页码数、页面位置、页面大小和页面方向等进行设置。设置完毕后，单击"确定"按钮，即可按要求插入新的页面。

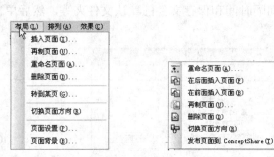

图 1-3-7　"布局"菜单　图 1-3-8　"页计数器"快捷菜单　图 1-3-9　"插入页面"对话框

（2）使用"页计数器"插入页面：单击"页计数器"中左边的按钮，可以在图形文件中第 1 页绘图页面之前插入新的绘图页面；单击"页计数器"中右边的按钮，可以在图形文件中的最末页绘图页面之后插入新的绘图页面。

（3）使用"页计数器"快捷菜单插入页面：右击"页计数器"中的页号，调出"页计数器"快捷菜单，如图 1-3-8 所示。单击该菜单中的"在后面插入页面"或"在前面插入页面"命令，即可在右击的页号之前或之后插入新绘图页面。

2. 绘图页面的更名与删除

（1）页面更名：单击"布局"→"重命名页面"命令或单击"页计数器"快捷菜单中的"重命名页面"命令，调出"重命名页面"对话框，如图 1-3-10 所示。在该对话框内的"页名"文本框内输入页面的名称后，单击"确定"按钮，即可将当前的页面更名。

（2）删除页面：单击"布局"→"删除页面"命令，调出"删除页面"对话框，如图 1-3-11 所示。在"删除页面"数值框内输入页面编号，单击"确定"按钮，即可删除指定的页面。单击"页计数器"快捷菜单中的"删除页面"命令，可直接删除右击选中的绘图页面。

3．改变当前页面

（1）使用"页计数器"改变当前的页面：单击"页计数器"内各相应的按钮，即可快速改变当前绘图页面。

（2）使用"布局"命令改变当前的页面：单击"布局"→"转到某页"命令，调出"转到某页"对话框，如图 1-3-12 所示。在该对话框的"转到某页"数值框内输入页号后，再单击"确定"按钮，即可将选定页号的页面改变为当前页面。

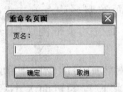  

图 1-3-10　"重命名页面"对话框　图 1-3-11　"删除页面"对话框　图 1-3-12　"转到某页"对话框

4．改变页面方向

（1）单击如图 1-3-6 所示的属性栏内的"横向"按钮 □ 或"纵向"按钮 □，即可改变当前页面的方向。

（2）单击"布局"→"切换页面方向"命令，或者单击"页计数器"快捷菜单中的"切换页面方向"命令，即可改变当前页面的方向。

（3）单击"工具"→"选项"命令或单击标准工具栏内的"选项"按钮 ，调出"选项"对话框。在其左边目录栏中单击"页面尺寸"选项，右边栏会切换到"页面尺寸"选项卡，如图 1-3-13 所示。单击该对话框内的"横向"按钮 □ 或"纵向"按钮 □，也可以改变当前页面的方向。

5．页面设置

利用如图 1-3-6 所示的页面设置的属性栏和如图 1-3-13 所示的"选项"对话框"页面尺寸"选项卡都可以进行页面设置。单击页面设置属性栏内的"页面大小"下拉列表框，调出它的下拉列表，单击其中的"编辑该列表"按钮，也可以调出"选项"对话框"页面尺寸"选项卡。该选项卡内主要选项的作用简介如下。

图 1-3-13　"选项"对话框"页面尺寸"选项卡

（1）"页面度量"两个数值框 ：分别用来设置页面的宽度和高度。

（2）"单位"下拉列表框：用来选择表示页面宽度和高度数字的单位。

（3）"大小"下拉列表框：单击该下拉列表框，调出它的下拉列表，在其内可以选择一种系统预设好的标准纸张样式，CorelDRAW X5 为用户预置了近 60 种标准纸张的样式。

（4）"宽度"和"高度"数值框：调整两个数值框内的数值，可以分别设置自定义纸张页面的宽度和高度。

（5）"纵向"按钮▯和"横向"按钮 ▭：用来切换纸张页面的方向。

（6）在"选项"对话框"页面尺寸"选项卡中的"大小"下拉列表内选中"自定义"选项后，"保存"按钮▣ 变为有效。在该对话框内进行页面大小等设置后，单击"保存"按钮▣，调出"自定义页面类型"对话框，在其文本框内输入页面类型名称，单击"确定"按钮，即可将当前设置以输入的名称保存，以后可以在"大小"下拉列表框内选中该预设选项。

（7）"删除"按钮▤：单击该按钮，可将"大小"下拉列表内选中的预设选项删除。

（8）"只将大小应用到当前页面"复选框：选中它后，可以将设置的页面大小只应用于当前页面。

（9）"显示页边框"复选框：选中它后，可以显示页边框。单击"添加页框"按钮，可以给页面添加一个边框。

（10）"渲染分辨率"下拉列表框：用来选择绘图页面内图形的分辨率。

（11）"出血"栏：出血是平面设计中最基本的设计元素。它表示在印刷完成后，在对纸张进行裁切时国际标准允许裁切的误差量，即可向纸张的上、下、左、右任一方向偏移 3mm，以防止在后期的裁切装订过程中露出白边。所以，在新建文件时，该文件如果用于印刷输出，就需为该文件的上、下、左、右设置一定的出血尺寸，通常各增加 3mm。

6．页面标签和背景设置

（1）绘图页面标签的设置：在如图 1-3-13 所示的"选项"对话框中选中左边目录栏内的"标签"选项，再选中右边"标签"选项卡内的"标签"单选按钮，如图 1-3-14 所示。其内有一个"标签类型"列表框，在"标签类型"列表中包含了 38 类近千种预置标签类型，用户可以通过对预置类型选项的选择来完成当前绘图页面的标签大小与个数等设置。

单击"自定义标签"按钮，可以调出"自定义标签"对话框，如图 1-3-15 所示。用户可以通过该对话框对自定义标签的"布局"、"标签尺寸"、"页边距"和"栏间距"等参数进行设定，以确定自定义标签的大小和形式，设置完成后单击╋按钮或"确定"按钮，可以将自定义的绘图页面的标签参数保存到新文件中，生成新的"标签样式"。

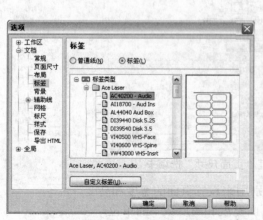

图 1-3-14 "选项"（标签）对话框

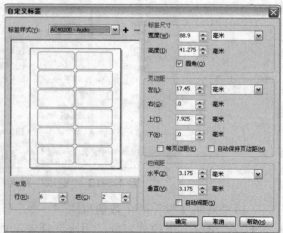

图 1-3-15 "自定义标签"对话框

（2）绘图页面背景的设置：单击"选项"对话框左边目录栏内的"背景"选项，切换到"背景"选项卡，如图 1-3-16 所示。通过对"背景"选项卡内各选项的设置，可以对当前绘图页面的背景颜色、背景图案等进行设置。

如果用户要将当前绘图页面的背景设置为位图，可以选中"位图"单选按钮，再单击"浏览"按钮，调出"导入"对话框，与图 1-3-1 基本一样。利用该对话框选择背景图像文件，单击"导入"按钮，即可导入图像，作为绘图页面的背景图像。

另外，在"导入"对话框中"文件类型"下拉列表框右边的第 2 个下拉列表框中也可以选择"裁剪"或"重新取样"选项，相关内容见 1.3.1 节。

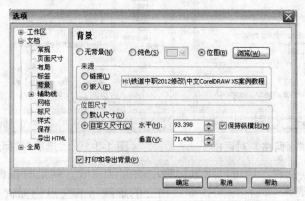

图 1-3-16　"选项"（背景）对话框

1.3.4　对齐工具的打印设置

为了在绘图过程中更为方便与准确，CorelDRAW X5 提供了标尺、网格及辅助线等辅助绘图工具。"视图"菜单如图 1-3-17 所示。

利用该菜单第 4 栏内的"标尺"、"网格"和"辅助线"菜单选项，可以设置标尺、网格、辅助线是否显示；利用第 5 栏内的 6 个关于对齐的菜单选项，可以用来确定所绘制的图形和谁对齐；单击"设置"命令，调出"设置"菜单，利用其内的 4 个命令，可以调出相应的对话框，进行标尺、网格、辅助线参数的设置。

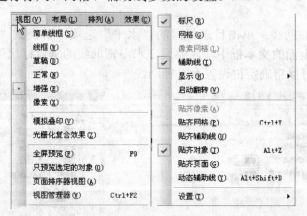

图 1-3-17　"视图"菜单

1. 网格和标尺

（1）网格的设置：单击"视图"→"设置"→"网格和标尺设置"命令，调出"选项"（网格）对话框，如图 1-3-18 所示。利用它可以设置网格线显示形式、网格的线间距、网格线颜色和不透明度等参数。

（2）标尺的设置：单击左边目录栏中的"标尺"选项，调出"标尺"选项卡，如图 1-3-19 所示。利用它可以设置标尺的刻度单位、原点位置、标尺刻度疏密、是否显示分数等。

图 1-3-18 "选项"（网格）对话框

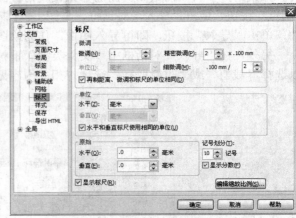

图 1-3-19 "选项"（标尺）对话框

设置标尺的原点位置，还可以用鼠标拖动的方法完成。就是将鼠标指针指向水平标尺与垂直标尺的交点 之上，拖出两条垂直相交的虚线，其交点位置就是鼠标指针的尖部，移动到适当位置后松开鼠标左键，标尺的原点也移到鼠标指针所指的位置上。注意，标尺刻度有正负，以坐标原点为中心，水平坐标轴从原点向右为正，从原点向左为负，垂直坐标轴从原点向上为正，从原点向下为负。

2．辅助线

单击"视图"→"设置"→"辅助线设置"命令，调出"选项"（辅助线）对话框，如图 1-3-20 所示。通过该对话框可以设置辅助线的颜色以及是否显示辅助线和图形是否与辅助线对齐。"辅助线"选项中还包含有"水平"、"垂直"、"辅助线"和"预设"四个选项，单击每个选项，可以调出相应的选项栏。选中"水平"选项后的"选项"对话框如图 1-3-21 所示。

（1）设置水平辅助线：单击目录栏内的"水平"选项，切换到"水平"选项卡，如图 1-3-21 所示，在上面的文本框中输入要设定水平辅助线的垂直标尺位置的数字，然后单击"添加"按钮，可以精确定位设置水平辅助线。

图 1-3-20 "选项"（辅助线）对话框

图 1-3-21 "选项"（水平）对话框

例如，在如图 1-3-21 所示的辅助线列表中已经设定了垂直标尺位置为 5.000mm、6.000mm、7.000mm、8.000mm 和 9.000mm 5 条定位辅助线，在绘图区中显示的水平辅助线情况如图 1-3-22 所示。

如果要设定的辅助线不需要非常精确，可以用鼠标拖动的方法设置水平辅助线，方法为将鼠标指针指向水平标尺，然后向绘图区内拖动，可以产生一条水平的辅助线。

（2）设置垂直辅助线：垂直辅助线的设置与水平辅助线的设置方法相同，其选项卡内的内容也相同。在设置垂直辅助线时要注意文本框的标尺位置是水平标尺的坐标位置。

如果要设定的辅助线不需要非常精确，也可以用鼠标拖动的方法设置垂直辅助线，就是将鼠标指针指向垂直标尺，然后向绘图区内拖动，可以产生一条垂直的辅助线。

（3）设置倾斜辅助线：单击目录栏内的"辅助线"选项，切换到"辅助线"选项卡。设置倾斜辅助线时需要在"指定"栏内的下拉列表框内选择定义倾斜辅助线的方式，其方式有"角度和 1 点"及"2 点"两个选项，此处选中"角度和 1 点"选项，在水平标尺位置（即 X 数值框）和垂直标尺位置（即 Y 数值框）设置数值来确定一个点，在"角度"数值框中设置辅助线的倾斜角度，此处的设置如图 1-3-23 所示。然后单击"添加"按钮，就可以产生一条倾斜的辅助线。

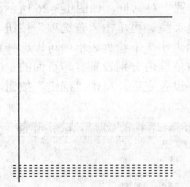

图 1-3-22　显示 5 条定位辅助线

图 1-3-23　"选项"（辅助线）对话框

也可以选中某条辅助线，拖动调整旋转中心标记的位置，再单击该辅助线，使辅助线产生双箭头控制柄，然后拖动双箭头控制柄，使辅助线围绕其旋转中心标记旋转。

单击"视图"→"标尺"、"视图"→"网格"和"视图"→"辅助线"命令，可以在绘图页面内显示出标尺、网格和辅助线，如图 1-3-24 所示。

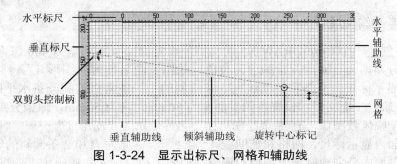

图 1-3-24　显示出标尺、网格和辅助线

3．贴齐对象

单击"视图"→"设置"→"贴齐对象设置"命令，即可调出选中"贴齐对象"选项的"选项"对话框，如图 1-3-25 所示。在该对话框中的"模式"列表框内选中复选框，可以设置图形对象与图形对象之间的对齐方式。

图 1-3-25 "选项"（贴齐对象）对话框

4. 设置打印选项

单击"文件"→"打印设置"命令，调出"打印设置"对话框，如图 1-3-26 所示。利用该对话框中的"打印机"下拉列表框可以选择打印机类型。再单击"首选项"按钮，调出属性对话框，如图 1-3-27 所示。在该对话框的"页面大小"下拉列表框内可以选择系统预设好的纸张页面类型。可以在"宽度"和"高度"数值框内分别设置打印页面的宽度和高度，在"方向"选项组内可以设置打印页面的方向。设置完后，单击"确定"按钮，即可完成打印页面的属性设置。

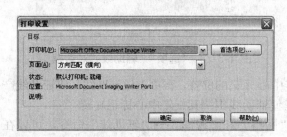

图 1-3-26 "打印设置"对话框

图 1-3-27 属性对话框

 思考与练习1-3

1. 创建一个 CorelDRAW X5 的文档，设置绘图页面的宽为 400 像素，高为 300 像素，分辨率为 100，背景颜色为黄色，绘图页面名称为"图形 1"。然后，在绘图页面内显示标尺、网格和辅助线（一条倾斜的、一条垂直的和一条水平的辅助线）。

2. 新建一个文档，设置绘图页面宽为 80mm，高为 50mm，渲染分辨率为 150，背景为一幅风景图像，有 5 个绘图页面，名称依次为"图形 1"……"图形 5"。在绘图页面内显示标尺、网格和辅助线（5 条水平、3 条垂直和 2 条倾斜的辅助线）。在各绘图页面内分别绘制一幅图形，调整它们的大小、旋转和倾斜角度。将图形以名称"图形 1-5.cdr"保存。

3. 在"图形 1-5.cdr"图形文件内的"图形 1"绘图页面前后分别添加一个绘图页面，再重新依次给各绘图页面命名为"图形 1"……"图形 7"。在新增的 2 个绘图页面内分别导入 4 幅图像，使 4 幅图像刚好将整个绘图页面覆盖。

1.4　对象基本操作

1.4.1　对象的基本操作

1. 选择对象

（1）选择对象：单击工具箱内的"选择工具"按钮 ，再单击某个对象（图形、位图图像和文字等），可以选中该对象。按住【Ctrl】键单击各对象，可以同时选中多个对象，拖出一个矩形选取框，圈中多个对象，也可以同时选中被圈中的多个对象。

选中的对象周围有 8 个黑色控制柄，中间有一个中心标记 ✕，如图 1-4-1（a）所示。拖动选中对象四周的控制柄，可以调整它的大小和形状；拖动中心标记 ✕，可以调整它的位置。再单击选中的对象，控制柄会变为双箭头状，中心标记变为 ⊙ 状。拖动四周的双箭头状控制柄，可以旋转或倾斜对象。拖动中心标记 ⊙，可以改变对象的旋转中心。

（2）选择重叠对象中的一个对象：对于多个重叠的对象，如果通过使用"选择工具" 选中其中一个对象会比较困难，可以先单击"视图"→"线框"命令，使图形对象只显示线框，则以后比较容易选择。另外，按住【Alt】键，同时一次或多次单击对象（即便该对象被遮挡住），依次选中重叠对象中的不同对象，也可以方便地选中目标对象。

2. 调整对象

拖动选中对象四周的控制柄，可以调整它的大小和形状；拖动中心标记 ✕，可以调整它的位置。在选中对象后再单击该对象，控制柄会变为双箭头状，中心标记变为 ⊙ 状，如图 1-4-1（b）所示。将鼠标指针移到四角的双箭头控制柄处，鼠标指针会变为弯曲箭头状 ，顺时针或逆时针拖动旋转双箭头状控制柄，可以旋转对象，如图 1-4-1（c）所示。将鼠标指针移到左右两边中间的双箭头状控制柄处，鼠标指针会变为双箭头状 ，垂直拖动可以垂直倾斜对象，如图 1-4-1（d）所示。将鼠标指针移到上下两边中间的双箭头状控制柄处，鼠标指针会变为双箭头状 ，水平拖动可以水平倾斜对象，如图 1-4-1（e）所示。拖动中心标记 ⊙，可以改变对象的旋转中心。

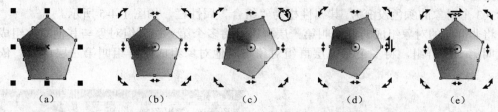

|（a）|（b）|（c）|（d）|（e）|

图 1-4-1　选中对象、旋转对象和倾斜对象

3. 复制与移动对象

（1）拖动移动对象：选中要移动的对象，将鼠标指针移到对象 ✕ 中心处或外框线处（如果是已经填充颜色的对象，则只需要将鼠标指针移到对象处），然后拖动对象，移到目标处即可。

（2）按键复制对象：选中要复制的对象，按【Ctrl+D】组合键或按小键盘的【+】键。

（3）菜单复制和移动对象：选中要复制或移动的对象，按下鼠标右键拖动选中的对象到目标处，松开鼠标右键会调出一个快捷菜单，单击菜单中的"复制"命令，即可在新的位置复制一个选中的对象；如果单击"移动"命令，则可以移动选中的对象。

（4）利用剪贴板复制和移动对象：利用"标准"工具栏内的"复制"按钮 、"剪切"按钮 和"粘贴"按钮 ，可以使用剪贴板复制和移动对象。

4. 属性栏精确调整对象

（1）调整位置：使用"选择工具"选中要调整的对象（例如，椭圆形图形），调出它的属性栏，如图 1-4-2 所示。在属性栏内的 x 和 y 文本框内可以调整选中对象的位置。

（2）调整大小：在 ↔ 和 ↕ 文本框内可以调整选中对象的宽度和高度，在"缩放因子"文本框内可以按照百分比调整选中对象的宽度和高度。如果"成比例的比率"按钮呈抬起状 🔓，则可以分别改变宽度和高度的大小；如果"成比例的比率"按钮处于按下状态🔒，则在调整宽度或高度数值时，高度或宽度数值也会随之变化。

（3）调整旋转角度：在"旋转角度"文本框⤾内可以调整选中对象的旋转角度。

（4）调整倾斜角度：同时调整旋转角度、x 和 y 文本框内的一个数值、↔ 和 ↕ 文本框内的一个数值，可以倾斜选中的对象。

（5）镜像对象：选中图形对象，单击其属性栏中的"水平镜像"按钮 ⬓，可以使图形以图形的中心为轴，产生水平镜像图形；单击其属性栏中的"垂直镜像"按钮 ⬒，可以使图形以图形的中心为轴，产生垂直的镜像图形。水平和垂直镜像效果如图 1-4-3 所示。

按住【Ctrl】键，向与它相对的一边或一角拖动对象周围的控制柄，会产生不同的镜像图。

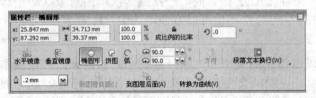

图 1-4-2 "椭圆形"属性栏

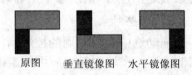

原图　　垂直镜像图　　水平镜像图

图 1-4-3 垂直和水平镜像图形

1.4.2 多重对象调整

1. 群组和取消群组

多个对象的群组：选中多个对象后（例如，选中 3 个对象），单击其属性栏中的"群组"按钮或单击"排列"→"群组"命令，可将选中的多个对象组成一个群组，如图 1-4-4 所示（3 个对象的颜色没变），其属性栏为"组合"属性栏，如图 1-4-5 所示。

将非群组的对象组成的群组叫第一层群组，将多个第一层群组对象与其他对象组成的群组叫第二层群组，将多个第二层群组对象与其他对象组成的群组叫第三层群组，依此类推。

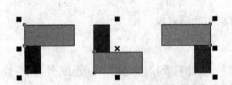

图 1-4-4 多个对象群组后的效果

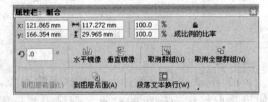

图 1-4-5 "组合"属性栏

单击该属性栏中的"取消组合"按钮或单击"排列"→"取消群组"命令，可取消一层群组。单击该属性栏中的"取消全部群组"按钮，可以取消所有层次的群组。

2. 结合与取消结合

选中多个图形后，单击属性栏中的"结合"按钮或单击"排列"→"结合"命令，即可完成多个对象的结合，如图 1-4-6 所示（注意，3 个对象的颜色均变为绿色），其属性栏改为"曲线"属性栏，如图 1-4-7 所示。

再单击"曲线"属性栏中的"拆分曲线"按钮或单击"排列"→"拆分曲线"命令，又可以取消多个对象的结合。

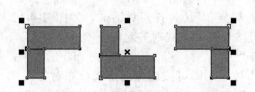

图 1-4-6　多个对象结合后的效果

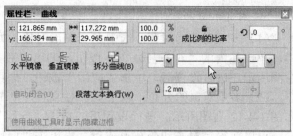

图 1-4-7　"曲线"属性栏

3．群组和结合的特点

多个对象群组或结合后，可以同时对多个对象进行一些统一的操作，例如，调整大小、移动位置、改变填充颜色、改变轮廓线颜色和进行顺序的排列等。它们的主要区别如下。

（1）对于群组对象，只能对群组对象进行整体操作。要对群组中每个对象的各个节点进行调整，需要首先选中群组中的一个对象，其方法是按住【Ctrl】键的同时单击该对象。可以拖动节点来调整群组中单个对象的形状。

（2）结合后对象的颜色会变为一样，结合的各个对象仍保持每个对象各个节点的可编辑性，可以使用工具箱内的"形状"工具 调整各个对象的节点，改变每一个对象的形状。

4．排列顺序

当多个对象相互堆叠时存在着前后顺序，如图 1-4-8 所示，笑脸图形在最上边，其次是心脏图形，最下边是圆形图形。图形的排列顺序由绘图的过程来决定，最后绘制的图形堆叠的顺序最高（即在最上边）。对象排列顺序的调整常用的几种方法简介如下。

（1）选中一个对象（例如，心脏图形），单击"排列"→"顺序"命令，调出"顺序"的菜单，如图 1-4-9 所示，单击"到图层前面"命令，即可使选中对象（例如，心脏图形）的排列最高，即在所有对象的最上面（或最前面），如图 1-4-10 所示。

图 1-4-8　多个对象相互堆叠　　　图 1-4-9　"顺序"命令　　　图 1-4-10　调整顺序后的效果

（2）单击"排列"→"顺序"→"到图层后面"命令，可使选中对象的排列最低。

（3）单击"排列"→"顺序"→"向前一层"命令，可使选中对象的排列提高一层。

（4）单击"排列"→"顺序"→"向后一层"命令，可使选中对象的排列降低一层。

（5）选中一个对象，单击"排列"→"顺序"→"置于此对象前"命令，则鼠标指针会变为黑色的大箭头状，单击某一个对象，即可将选中的对象移到单击对象的上面。

（6）选中一个对象，单击"排列"→"顺序"→"置于此对象后"命令，则鼠标指针会变为黑色的大箭头状，单击某一个对象，即可将选中的对象移到单击对象的下面。

（7）如果选中两个或两个以上的对象，单击"排列"→"顺序"→"逆序"命令，即可将选中对象的排列顺序颠倒。

5. 对齐和分布

（1）多重对象的对齐：选中多个图形对象，如图 1-4-11 所示。调出"多个对象"属性栏，单击其内的"对齐与分布"按钮，调出"对齐与分布"（对齐）对话框，如图 1-4-12 左图所示。进行设置后，单击"应用"按钮，即可按选择的方式对齐对象。

（2）多重对象的分布：选中多个对象后，单击"分布"标签，切换到"分布"选项卡，如图 1-4-12 右图所示。进行设置后，单击"应用"按钮，即可按选择的方式分布对象。

可以在设完对齐和分布方式后，再单击"应用"按钮，同时进行对齐和分布的调整。

6. 锁定和解锁

（1）对象的锁定：对象锁定就是使一个或多个对象不能被鼠标拖动移动，可以防止对象被意外地修改。首先使用工具箱内的"选择工具"选中要锁定的一个或多个对象，如图 1-4-11 所示，单击"排列"→"锁定对象"命令，即可将选中的一个或多个对象锁定，效果如图 1-4-13 所示。

图 1-4-11　选中多个对象

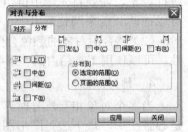
图 1-4-12　"对齐与分布"对话框

（2）对象的解锁：使用工具箱内的"选择工具"选中锁定的对象，如图 1-4-13 所示，单击"排列"→"解除锁定对象"命令，即可将锁定的对象解锁。单击"排列"→"解除锁定全部对象"命令，即可将多层次的锁定对象解锁。

1.4.3　对象预览显示

1. 对象预览方式

（1）正常预览：单击"视图"→"正常"命令，绘图页面中的图形和图像会以普通的色彩形式显示，如图 1-4-14 所示。

图 1-4-13　对象被锁定

（2）简单线框预览：单击"视图"→"简单线框"命令后，图像会以简单线框的形式显示，其效果如图 1-4-15 所示。可以看到用艺术笔工具绘制的图形只剩下一条很短的线条。

图 1-4-14　正常预览

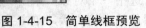
图 1-4-15　简单线框预览

（3）线框预览：单击"视图"→"线框"命令，绘图页面中的图形和图像会以线框的形式显示，如图 1-4-16 所示。可看到用艺术笔工具绘制的图形只剩下一个轮廓。

（4）草稿预览：单击"视图"→"草稿"命令后，绘图页面中的图像会以粗略的草稿形式显示，如图 1-4-17 所示，它的清晰度要比原图像差一些。

　　　　图 1-4-16　线框预览　　　　　　　　　　　图 1-4-17　草稿预览

　　（5）增强预览：单击"视图"→"增强"命令后，绘图页面中的图像会以高质量的色彩形式显示，清晰度要比原图像好一些。

　　（6）增强叠印预览：单击"视图"→"增强叠印"命令后，可以预览叠印颜色的混合方式模拟效果，该功能对于项目校样是非常有用的，有效地解决了印刷叠印的问题。

　　2．页面视图预览方式

　　（1）全屏预览：单击"视图"→"全屏预览"命令或按【F9】键，可在整个屏幕预览绘图页面。按【Esc】键或其他一些按键，可以回到原状态。

　　（2）页面排序器视图预览：单击"视图"→"页面排序器视图"命令，即可在工作区内预览所有绘图页面的内容，如图 1-4-18 所示。按【Esc】键或其他一些按键，可以回到原状态。

　页 1　　　　　页 2　　　　　页 3　　　　　页 4　　　　　页 5

图 1-4-18　预览绘图页面

　　（3）选定对象预览：单击"视图"→"全屏预览对象"命令后，可以在整个屏幕内显示绘图页面中选中的对象。按【Esc】键或其他一些按键，可以回到原状态。

思考与练习1-4

　　1．绘制一幅"四心形"图形，首先绘制一幅黄色轮廓线（两个点）、射线类型的渐变填充、填充从红色到白色的心形曲线。然后，将该图形复制 3 个，再将 4 个心形图形水平等间隔排列成一排，如图 1-4-19 所示。

图 1-4-19　"4 心形"图形

　　2．将如图 1-4-19 所示左起第 2 幅心形图形垂直颠倒，左起第 3 幅心形图形水平颠倒，左起第 4 幅心形图形旋转 45°。

　　3．在"图形 1-5.cdr"图形文件内再添加一个绘图页面，将如图 1-4-19 所示的 4 幅心形图形复制粘贴到该绘图页面内，然后给 4 幅心形图形填充不同的纹理或图像。旋转该绘图页面第 2 幅心形图形，将第 3 幅心形图形变形，将第 4 幅心形图形进行倾斜处理。

　　4．绘制一幅如图 1-4-20 所示的图形，左边椭圆轮廓线为红色、填充绿色，右边椭圆轮廓线为紫色、填充粉色，中间矩形轮廓线为绿色、填充黄色。然后，对它们进行如下操作练习。

（1）选中左边椭圆图形，改变填充色和轮廓线颜色。

（2）选中 3 福图形并垂直移动。

（3）调整椭圆图形大小。

（4）旋转和倾斜矩形图形。

（5）复制矩形图形。

（6）将 3 幅图形垂直居中对齐。

（7）将 3 幅图形组成群组。

（8）将 3 幅图形进行结合。

（9）改变 3 幅图形的前后顺序。

（10）将 3 幅图形锁定和解锁。

5．绘制如图 1-4-21 左图所示的图形，然后对该图形进行复制、改变排列顺序调整、群组和结合，获得中图和右图所示的图形。再对图形进行移动、旋转、倾斜、复制和镜像等操作，还可以对这 3 幅图形进行对齐、分布、锁定、解锁、改变排列顺序等操作。

图 1-4-20　3 幅图形

图 1-4-21　图形

第 2 章　绘制基本图形

　　在 CorelDRAW X5 中，绘图作品主要是由各种复杂图形构成的，而复杂图形是由基本图形组成的。基本图形包括直线、曲线、矩形、椭圆形、多边形和完美形状图形等，其中最主要的图形是曲线。绘制和编辑这些几何图形与曲线（直线是曲线的一种）是绘图中最基本的操作。CorelDRAW X5 为用户提供了很多工具，用来绘制各种几何形状和曲线。

　　曲线包括了直线、折线和弧线等，它是由一条或多条线段组成的。一条线的起点、终点和转折点叫节点，节点包含直线节点、曲线节点、尖角节点、平滑节点和对称节点五类。从起点到终点所经过的节点与线段组成了路径，路径分为闭合路径和开路路径，闭合路径的起点与终点重合。只有闭合路径才允许填充。

　　本章通过学习 5 个案例的制作，可以了解使用"矩形工具展开工具"、"椭圆形工具展开工具"、"对象展开式工具"、"完美形状展开工具栏"和"曲线展开工具"栏内工具绘制图形的方法，以及利用"插入字符"对话框插入特殊图形的方法。

2.1 【案例1】公共标志图案

 【案例效果】

　　"公共标志图案"图形如图 2-1-1 所示。通过本案例的学习，可以掌握绘图页面的设置，使用标尺和辅助线，绘制圆形、矩形、梯形和直线图形，填充颜色，复制和移动对象，插入特殊的字符图案，组成群组对象和调整对象的前后顺序等方法，以及了解"形状"工具 ↖ 的使用等。

图 2-1-1　"公共标志图案"图形

【操作步骤】

　　1. 页面设置

　　（1）单击"文件"→"新建"命令，调出"创建新文档"对话框，单击"确定"按钮，新建一个 CorelDRAW 文档。

　　（2）单击"布局"→"页面设置"命令，调出"选项"对话框"页面尺寸"选项卡。在"单位"下拉列表框中选择"毫米"，在"宽度"和"高度"数值框内分别输入 100 和 50，设置绘图页面的宽为 100mm，高为 50mm，其他设置不变，如图 2-1-2 所示。

　　（3）单击"添加页框"按钮，给绘图页面添加边框。单击"保存"按钮 🖫，调出"自定义页面类型"对话框，利用该对话框将页面命名为"有边框 100 毫米-50 毫米"。

　　（4）单击该对话框左边列表框中的"背景"选项，切换到"背景"选项卡，选中"纯色"单选按钮，如图 2-1-3 所示。单击"纯色"下拉列表框右侧的下三角按钮，调出一个颜色板，单击该颜色板中的黄色色块，如图 2-1-4 所示，设置绘图页面背景色为黄色。

（5）单击对话框中的"确定"按钮，关闭该对话框，完成页面大小和背景色的设置。

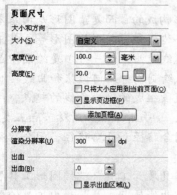

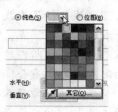

图 2-1-2 "页面尺寸"选项卡设置　　图 2-1-3 "背景"选项卡设置　　图 2-1-4 颜色板

2. 绘制"影院"图案

（1）单击"椭圆形工具"展开工具栏内的"椭圆形"按钮○，按住【Ctrl】键，同时拖动鼠标绘制一幅圆形图形，单击调色板内的深蓝色色块，给圆形图形填充深蓝色，右击调色板内的深蓝色色块，给圆形轮廓线填充深蓝色，如图 2-1-5 所示。在其"椭圆形"属性栏内的 ↔ 和 ↕ 文本框中分别输入 100mm，设置宽和高均为 100mm。

（2）绘制一幅宽 2.8mm、高 2.8mm 的小圆形图形，给该图形填充白色，轮廓线着深蓝色，如图 2-1-6 所示。

（3）按 4 次【Ctrl+D】组合键，将小圆形复制 4 份，将其中一幅圆形图形的宽度和高度调整为 1.6mm。

（4）单击工具箱内的"选择工具"按钮 ▯，将这些白色圆形移到深蓝色圆形之上，如图 2-1-7 所示。选中所有图形，单击"排列"→"群组"命令，将它们组成群组。

（5）○在按住【Ctrl】键的同时，使用"椭圆工具"绘制一幅宽和高均为 11mm 的圆形图形，在"椭圆形"属性栏内的"轮廓宽度"下拉列表框内选择"1.5 pt"选项或者输入 1.5。再给圆形轮廓线着深蓝色，如图 2-1-8 所示。

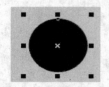

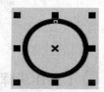

图 2-1-5 深蓝色圆形　　图 2-1-6 白色圆形　　图 2-1-7 6 个圆形　　图 2-1-8 深蓝色圆形

（6）单击"椭圆形"属性栏内的"弧"按钮，使选中的深蓝色圆形图形变成弧形图形，如图 2-1-9 所示。

（7）单击"形状工具"展开工具栏内的"形状"按钮 ↰，拖动弧形图形端点，调整弧形图形的形状，如图 2-1-10 所示。如果在调整中弧形图形变为饼形图形，则再单击"椭圆形"属性栏内的"弧"按钮。

（8）使用工具箱内的"选择工具" ▯，拖动弧形图形到如图 2-1-7 所示图形的右下方，如图 2-1-1 所示。再将全部图形选中，单击"排列"→"群组"命令，将选中的所有对象组成一个群组。

（9）单击工具箱中的"文本工具"按钮**字**，调出"文本"属性栏。单击绘图页面的左下角，进入美术字输入状态，此时鼠标指针变为一条竖线。在"文本"属性栏中的"字体列表"下拉列表框内选择"华文行楷"字体，在"字体大小"下拉列表框内输入 12.8pt，如图 2-1-11 所示。然后输入文字"影院"。

（10）使用工具箱内的"选择工具"按钮 ，单击美术字"影院"，单击调色板内的红色色块，使文字呈红色。

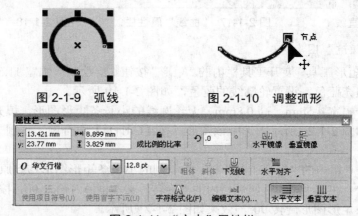

图 2-1-9　弧线　　　　　　图 2-1-10　调整弧形

图 2-1-11　"文本"属性栏

3. 绘制"网吧"图案

（1）单击"矩形工具"展开工具栏内的"矩形"按钮 ，在绘图页面内拖动，绘制一幅宽 20px、高 8px 的矩形图形，给矩形轮廓线着蓝色，不填充颜色，如图 2-1-12 所示。

（2）绘制一幅宽 4.8mm、高 1.3mm 的矩形图形，给矩形轮廓线着蓝色，填充蓝色，移到矩形轮廓的下边，如图 2-1-13 所示。

（3）再绘制一幅宽 14mm、高 3mm 的矩形图形，给矩形轮廓线着蓝色，填充蓝色，移到如图 2-1-12 所示图形的下边。使用工具箱内的"选择工具" ，拖动选中 3 幅矩形图形，单击"排列"→"对齐和分布"→"垂直居中对齐"命令，将选中的 3 幅矩形图形在垂直方向居中对齐，如图 2-1-14 所示。

（4）绘制一幅宽 2.44mm、高 1.7mm 的矩形图形，给矩形轮廓线着蓝色，填充白色，移到宽 14mm、高 3mm 的矩形图形内的右边，如图 2-1-15 所示。

图 2-1-12　矩形轮廓　　图 2-1-13　矩形图形　　图 2-1-14　3 个矩形图形　　图 2-1-15　4 个矩形图形

（5）单击曲线展开工具栏内的"手绘"按钮 ，在如图 2-1-14 所示图形的矩形轮廓的左上角单击，再拖动鼠标到右下方单击，即可绘制一条倾斜的直线，如图 2-1-16 所示。在其"曲线"属性栏内的"轮廓宽度"下拉列表框内选择 1.0pt，如图 2-1-17 所示。

（6）单击"曲线"属性栏内的"起始箭头"下拉列表框，调出"起始箭头"面板，单击第 2 行第 1 列的箭头图案，如图 2-1-18 所示，即可为直线添加起始箭头，如图 2-1-1 所示。

（7）使用工具箱内的"选择工具" ，将网吧图形全部选中，然后单击"排列"→"群组"命令，将选中的所有对象组成一个群组。

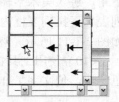

图 2-1-16 绘制直线   图 2-1-17 "曲线"属性栏   图 2-1-18 "起始箭头"面板

4. 绘制"医院"图案

（1）单击"矩形工具"展开工具栏内的"矩形"按钮□，绘制一幅宽 11.5mm、高 9.6mm 的矩形图形，填充蓝色，设置轮廓线的蓝色，如图 2-1-19 所示。

（2）绘制一幅宽 4.5mm、高 0.8mm、无轮廓线的小长条矩形图形，填充蓝色，设置轮廓线为蓝色，如图 2-1-20 所示。选中该图形，按【Ctrl+D】组合键，复制一个小长条矩形图形。

（3）使用工具箱内的"选择工具"，将复制的小长条矩形图形移到原矩形图形之上，使它们完全重合。在其"矩形"属性栏内的"旋转"文本框⊙内输入 90，按【Enter】键后，使选中的小长条矩形图形旋转 90°，效果如图 2-1-21 所示。

图 2-1-19 矩形   图 2-1-20 小长条矩形   图 2-1-21 十字图形

（4）选择"椭圆工具"○，在按住【Ctrl】键的同时拖动，绘制一幅宽和高均为 7.6mm 的圆形图形，在"椭圆形"属性栏内的"轮廓宽度"下拉列表框内选择"无"选项，设置无轮廓，再给圆形填充白色。然后，使用工具箱内的"选择工具" 将白色圆形图形移到如图 2-1-19 所示的矩形图形的中间，如图 2-1-22 所示。

（5）使用工具箱内的"选择工具"，将十字图形移到如图 2-1-22 所示的圆形图形的正中间，如图 2-1-23 所示。

（6）使用"矩形工具"展开工具栏内的"矩形"工具□，绘制一幅宽 7.2mm、高 2.7mm、轮廓线宽度为 2.0 pt 的矩形图形，无填充色，设置轮廓线为蓝色，如图 2-1-24 所示。

（7）使用工具箱内的"选择工具"，将如图 2-1-24 所示的矩形图形移到如图 2-1-23 所示图形上边的中间位置。

（8）选中如图 2-1-23 和图 2-1-24 所示的图形。单击"排列"→"对齐和分布"→"垂直居中对齐"命令，再单击"排列"→"对齐和分布"→"水平居中对齐"命令，将选中的所有图形在垂直和水平方向均居中对齐，效果如图 2-1-1 所示。

图 2-1-22 圆形图形   图 2-1-23 添加十字   图 2-1-24 矩形

（9）使用工具箱内的"选择工具" ，将医院图形全部选中，单击"排列"→"群组"命令，将选中的所有对象组成一个群组。

5．绘制"家居"图案

（1）使用"矩形"工具 ，绘制一幅宽 9.5mm、高 7.5mm、轮廓线宽度为 1.0 pt 的矩形图形，填充绿色，设置轮廓线为紫色，如图 2-1-25 左图所示。

（2）绘制一幅宽 1.3mm、高 0.9mm、轮廓线宽度为细线的矩形图形，填充棕色，设置轮廓线为棕色，如图 2-1-25 第 2 个图形所示。然后将棕色小矩形图形复制一份，如图 2-1-25 第 3 个图形所示。

（3）绘制一幅宽 6.3mm、高 4.3mm、轮廓线宽度为 1.0 pt 的矩形图形，填充绿色，设置轮廓线为棕色，如图 2-1-25 第 4 个图形所示。

（4）按照上述方法再绘制 2 幅矩形图形，如图 2-1-26 所示。

（5）将如图 2-1-25 所示的 4 幅矩形图形和如图 2-1-26 所示的第 1 幅图形移到相应位置，如图 2-1-27 所示。可以在"矩形"属性栏内的"对象位置"两个数值框 内改变数值，微调选中对象的水平和垂直位置。

（6）将如图 2-1-26 所示的第 2 幅无轮廓线的绿色矩形图形移到如图 2-1-27 所示的图形之上，将水平线遮挡住，最后效果如图 2-1-1 所示。

（7）使用工具箱内的"选择工具" ，将家居图形全部选中，单击"排列"→"群组"命令，将选中的所有对象组成一个群组。

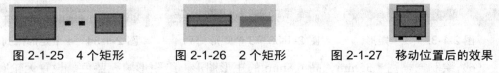

图 2-1-25　4 个矩形　　　　图 2-1-26　2 个矩形　　　　图 2-1-27　移动位置后的效果

6．绘制"公园"图案

（1）绘制一幅宽和高均为 3.4mm、轮廓线宽度为细线的圆形图形，给圆形图形轮廓线填充绿色，给圆形图形填充绿色，如图 2-1-28 所示。然后复制 5 份，调整它们的位置，如图 2-1-29 所示。

（2）单击"排列"→"对齐和分布"→"对齐与分布"命令，调出"对齐与分布"对话框"对齐"选项卡，按住【Shift】键，同时单击如 2-1-29 所示图形的下边一行的 3 个圆形图形，在"对齐与分布"对话框"对齐"选项卡内选中"下"复选框，如图 2-1-30 所示。单击"对齐与分布"对话框内的"应用"按钮，将下边一行的 3 个圆形图形底部对齐。

（3）按照上述方法，利用"对齐与分布"对话框将如图 2-1-29 所示图形内第 2 行的两个圆形图形底部对齐。单击如图 2-1-29 所示图形内的第 1 行的圆形图形，在"椭圆形"属性栏内的"对象位置"两个数值框 内改变数值，微调选中对象的水平和垂直位置。

（4）绘制一幅矩形图形，给矩形轮廓线和矩形图形填充棕色，调整它的位置，组成一棵树的图形。然后，将它们组成一个群组，如图 2-1-1 所示。

（5）绘制三幅矩形图形，给矩形轮廓线和矩形图形填充蓝色，调整它们的位置，组成公园的地面和座位的图形。然后将它们与树图形一起组成一个群组，效果如图 2-1-31 所示。

7．绘制"学校"图案

（1）使用"矩形工具"展开工具栏内的"矩形"按钮 ，拖动绘制一幅宽 2.7mm、高 1.8mm 的矩形图形，给矩形轮廓线和矩形图形填充青色，如图 2-1-32 左图所示。

（2）使用工具箱内的"选择工具" ，按 2 次【Ctrl+D】组合键，复制 2 份青色矩形，并移到原矩形图形的右边。单击中间的矩形图像，在其属性栏内将它的宽度调整为 6.7mm，将矩形轮廓线和填充颜色调整为蓝色，如图 2-1-32 中图所示。

图 2-1-28　圆形　图 2-1-29　6 个圆形　图 2-1-30　"对齐与分布"对话框　图 2-1-31　最终效果

（3）使用工具箱内的"选择工具" ， 调整右边 2 个矩形图形的位置，使 3 幅矩形图形水平之间没有间隙。选中所有的矩形图形，单击"排列"→"对齐和分布"→"对齐与分布"命令，调出"对齐与分布"对话框。切换到"对齐"选项卡，选中左边的"下"复选框，单击"应用"按钮，使 3 幅矩形图形下边框对齐；切换到"分布"选项卡，选中上边的"中"复选框，单击"应用"按钮，使 3 幅矩形图形间距相等，效果如图 2-1-33 所示。

（4）单击工具箱内的"矩形"按钮 ，拖动绘制一幅宽 6.7mm、高 0.24mm 的矩形图形，调整矩形轮廓线和填充颜色为浅灰色。然后，使用工具箱内的"选择工具" ，将它移动到蓝色矩形的中间，可以在其"矩形"属性栏内精确调整它的位置，效果如图 2-1-34 所示。

（5）使用工具箱内的"选择工具" 选中所有矩形，单击"排列"→"群组"命令，将选中的所有矩形图形组成一个群组，形成一个独立的对象。

图 2-1-32　3 个矩形　　　　图 2-1-33　3 个矩形排列　　　　图 2-1-34　4 个矩形排列

（6）绘制一幅宽 1.35mm、高 6.8mm 的矩形图形，给矩形填充蓝色，设置无轮廓线。按 3 次【Ctrl+D】组合键，复制 3 份蓝色矩形，并移到群组图形的上边，按照图 2-1-35 所示的样式排列。然后，选中这 4 幅矩形图形，利用"对齐与分布"对话框使它们底部对齐，水平间距相等。

（7）单击对象展开工具栏内的"多边形工具"按钮 ，在其"多边形"属性栏内的"点数或边数"数值框中输入 3，设置多边形的边数为 3，在"轮廓宽度"下拉列表框 中选择0.5pt。然后，拖动绘制一幅三角形，调整该图形的宽为 16.2mm，高为 3.3mm，再给三角形轮廓线着青色，给三角形填充蓝色，如图 2-1-36 所示。

（8）单击"文本"→"插入符号字符"命令，调出"插入字符"对话框。在该对话框的"代码页"下拉列表框中选择"所有字符"选项，在"字体"下拉列表框中选择 Webdings 字体，单击图形列表中的人物符号，在"字符大小"数值框内输入 200，如图 2-1-37 所示。单击"插入"按钮，即可在页面内插入人物图形。单击调色板内的绿色色块，给人物图形填充绿色，再调整人物图形的大小，并将人物图形移到合适的位置，如图 2-1-1 所示。

图 2-1-35　深蓝色矩形　　　图 2-1-36　蓝色三角形图形　　图 2-1-37　"插入字符"对话框

8. 制作"酒店"图案和文字

（1）单击"矩形工具"按钮 □，拖动绘制一幅宽 12mm、高 16.6mm、轮廓线为细线的矩形图形，给矩形轮廓线着蓝色，给矩形图形填充蓝色，如图 2-1-38 所示。

（2）绘制一幅宽和高均为 2.5mm、轮廓线为细线的白色正方形图形，如图 2-1-39 所示。再将白色正方形图形复制 7 个，排成 2 列、4 行，利用"对齐与分布"对话框将它们左边对齐，垂直间距相等，如图 2-1-40 所示。

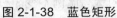

图 2-1-38　蓝色矩形　　　　图 2-1-39　白色矩形　　　　图 2-1-40　8 个白色矩形

（3）绘制一幅浅蓝色矩形和一幅蓝色三角形图形，使用工具箱内的"选择工具" ▷ 将它们移到合适的位置，如图 2-1-1 所示。

（4）选中楼房图形的所有图形，单击"排列"→"群组"命令，将选中的所有对象组成一个群组。

（5）按【Ctrl+D】组合键，将楼房图形群组复制一份，水平排列，如图 2-1-1 所示。

（6）单击"影院"文字，按【Ctrl+D】组合键将其复制 6 份，并分别移到各组图形的下边。使用工具箱中的"文本工具" 字，选中复制的文字，将文字分别改为"网吧"、"医院"、"家居"、"公园"、"学校"和"酒店"，如图 2-1-1 所示。

（7）选择工具箱中的"文本工具" 字，单击其"文字"属性栏内的"垂直文本"按钮，单击绘图页面左上角，输入"公共标志图案"艺术字，单击调色板内的红色色块，给文字着红色。

（8）使用工具箱内的"选择工具" ▷ 选中该艺术字，按【Ctrl+D】组合键，将选中的文字复制一份，单击调色板内的灰色色块，给文字着灰色。选中灰色艺术字，单击"排列"→"顺序"→"到图层后面"命令，将该文字移到红色艺术字右上方一点，形成红色艺术字的阴影，效果如图 2-1-1 所示。

【相关知识】

1. 绘制和调整几何图形

使用"椭圆形工具"、"矩形工具"和对象展开工具"栏内的工具，可以绘制相应的几何图形。按住【Ctrl】键的同时拖动，可以绘制等比例图形；按住【Shift】键的同时拖动，绘制的是以单击点为中心的图形；按住【Shift+Ctrl】组合键的同时拖动，绘制的是以单击点为中心的等比例图形。

使用工具箱中的"选择工具" ▷ 选中图形，可以调整图形。单击工具箱中的"形状"工具按钮 ↖、，将鼠标指针移到图形的节点处时，拖动节点，可以改变图形的形状。

通过直接改变几何图形对象属性栏中的数据，可以精确调整几何图形。在文本框内输入数值后按【Enter】键，即可按照新的设置改变几何图形。"矩形"属性栏如图 2-1-41 所示，"椭圆形"属性栏如图 2-1-42 所示，其中各共有选项的作用如下。

图 2-1-41 "矩形"属性栏

图 2-1-42 "椭圆形"属性栏

（1）x 和 y 文本框：分别用来调整选中图形的水平和垂直位置。

（2）和文本框：分别用来调整选中图形的宽度和高度。

（3）"成比例的比率"（锁定比率）按钮：单击该按钮，在（或）文本框内输入数值后，（或）文本框内的数值会自动调整，以保证选中图形的宽高比例不变。

（4）"旋转角度"文本框：用来调整选中图形的旋转角度。

（5）"水平镜像"按钮和"垂直镜像"按钮：分别用来调整选中的图形产生水平和垂直镜像。

（6）"轮廓宽度"下拉列表框：用来选择或输入轮廓线的粗细数值，调整轮廓线的粗细。

（7）"到图层前面"按钮：单击该按钮，可使选中的图形移到其他图层图形的前边（即上边）。

（8）"到图层后面"按钮：单击该按钮，可使选中的图形移到其他图层图形的后边（即下边）。

（9）"转换为曲线"按钮：单击该按钮，可以使选中的图形转换为曲线，图形各顶点的小圆点变为曲线节点。

2. 饼形和弧形图形

（1）椭圆形改变为弧形或饼形的调整：选择"形状"工具，将鼠标指针移到椭圆形的节点处，如图 2-1-43 所示。拖动节点，将椭圆形改变为弧形或饼形，如图 2-1-44 所示。随着调整，"椭圆形"属性栏中的数据会发生相应的变化。

（2）图形转换：单击"椭圆形"属性栏中的"饼图"按钮，可以将椭圆形转换为饼形；单击"弧"按钮，可以将椭圆形转换为弧形。调整两个"起始和结束角度"数值框内的数据，可以精确改变饼形或弧形的张角角度。

（3）方向转换：选中要转换的椭圆图形对象，单击其属性栏中的"方向"按钮，可以改变饼形或弧形张角的方向与角度（用 360°减去原来的角度）。

图 2-1-43 将鼠标指针移到椭圆节点处

图 2-1-44 弧形图案和饼形图案

3. 圆角矩形图形

（1）调整矩形边角圆滑度：改变两个"圆角半径"数值框内数字的大小，可以精确调整矩形四个边角的圆滑度。

如果"同时编辑所有角"按钮处于按下状态 🔒（"闭锁"状态），则四个矩形边角圆滑度同时发生相同的变化，即改变一角的参数时，其他 3 组同时改变；如果"同时编辑所有角"按钮处于抬起状态 🔓（"开锁"状态），可以分别改变矩形四个边角的圆滑程度。

（2）使用"形状"工具 ，在四个节点被选中的情况下，拖动其中任意一个节点，可以同时改变矩形四个边角的圆滑程度，产生圆角效果，如图 2-1-45 所示。

（3）使用工具箱中的"形状"工具 ，在一个节点被选中的情况下，对其进行任意拖动，则只对选中节点的角度进行调整，产生圆角效果，其他的角没有变化，如图 2-1-46 所示。

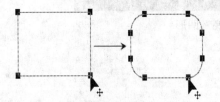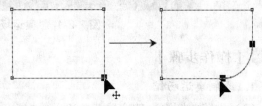

图 2-1-45　同时改变矩形 4 个边角的圆滑程度　　图 2-1-46　只对选中节点的角产生圆角效果

🄰 思考与练习2-1

1．绘制一些不同填充色和轮廓线颜色的圆形、椭圆、正方形、矩形和多边形。

2．绘制 5 幅"交通标志"图形，其内有 5 幅公共标志图案图形，如图 2-1-47 所示。

图 2-1-47　"交通标志"图形

3．绘制 4 幅"公共标志图案"图形，如图 2-1-48 所示。

图 2-1-48　"公共标志图案"图形

2.2 【案例 2】奥运场馆夜晚

📖 【案例效果】

"奥运场馆夜晚"图形如图 2-2-1 所示。繁星和月亮照亮了夜空，高楼大厦旁的奥运场馆内正在进行奥运开幕式，飞机向奥运场馆洒下鲜花，场馆外还有围观的人群和汽车，4 柱探照灯照射到夜空当中，增添了奥运节日的气氛。通过本案例的学习，可以掌握绘制和调整多边形、星形、复杂星形、棋盘格和螺纹图形的方法，进一步掌握插入特殊字符图案的方法，多个对象前后顺序的调整和群组的方法，初步掌握使用工具箱中的"形状"工具 和"调和"工具 的方法等。

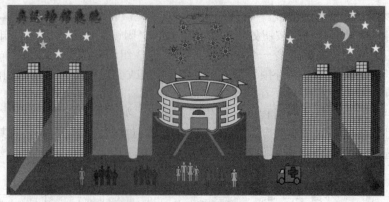

图 2-2-1　"奥运场馆夜晚"图形

【操作步骤】

1.　绘制奥运场馆

（1）设置绘图页面的宽度为 100mm，高度为 50mm，背景颜色为深灰色。

（2）单击"文本"→"插入字符"命令，调出"插入字符"对话框。在该对话框的"代码页"下拉列表框中选择"所有属性"选项，在"字体"下拉列表框中选择 Webdings 字体，如图 2-2-2 所示。

（3）使用工具箱内的"选择工具" ，将图形列表中的场馆图案拖动到绘图页面的左边，拖动场馆图案四周的控制柄，将场馆图案大小进行适当的调整，不填充任何颜色，设置轮廓线为棕色，轮廓线宽度为 0.5pt，如图 2-2-3 所示。

（4）单击"排列"→"拆分曲线"命令，将选中的场馆图案中的各部分分离。使用工具箱内的"选择工具" ，将场馆图案中的门和其他部分移出来，如图 2-2-4 所示。

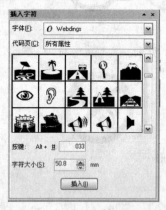

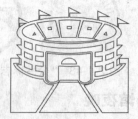

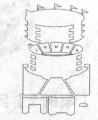

图 2-2-2　"插入字符"对话框　　图 2-2-3　场馆图案　　图 2-2-4　分离的场馆图案

（5）按住【Shift】键，选中场馆图案中的 5 幅小图形，按【Delete】键，删除这 5 幅小图形。按住【Shift】键，选中场馆图案中的 5 幅多边形图形，单击调色板内的绿色色块，给选中的 5 幅多边形图形填充绿色。给场馆地面填充绿色，轮廓线颜色设置为无，再给场馆图案的其他部分图形填充黄色，效果如图 2-2-5 所示。

（6）给场馆大门的三部分图形分别填充黄色、绿色和粉红色。然后，将它们叠放在一起，在叠放图形时，需要调整两幅图形的前后顺序。如果要将对象 A 置于对象 B 之上，可以使用工具箱中的"选择工具"按钮 ，选中对象 A，再单击"排列"→"顺序"→"到图层前面"命令；如果要将对象 A 置于对象 B 之下，可以使用工具箱中的"选择工具"按

钮 ，选中对象 A，再单击"排列"→"顺序"→"到图层后面"命令。叠放后的场馆大门图形如图 2-2-6 所示。

（7）在精细调整对象位置时，可以选中要调整的对象，再在它的属性栏内的 x 和 y 数值框内微调数字大小。

（8）将如图 2-2-6 所示的场馆图形组成一个群组，将场馆大门的三部分图形组成一个群组，再将这两个群组组合在一起，效果如图 2-2-7 所示。

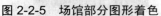
图 2-2-5　场馆部分图形着色

图 2-2-6　场馆大门图形

图 2-2-7　场馆图形

2．绘制楼房图形

（1）单击工具箱中对象展开工具栏内的"图纸"按钮 ，在其"图纸和螺旋工具"属性栏内的"列数和行数"两个数值框内分别输入 10 和 40，如图 2-2-8 所示。在绘图页面内拖动绘制一幅 40 行 10 列的网格，再设置填充色为黄色，轮廓线为棕色，如图 2-2-9 所示。

（2）按【Ctrl+D】组合键，复制一份网格图形，将复制的网格图形移到原图形的右上方一些。单击工具箱中交互式展开工具栏内的"调和"按钮 ，在两个网格图形之间拖动，创建调和，效果如图 2-2-10 左图所示。

（3）在交互式调和工具属性栏内的"调和对象" 数值框中输入 20，增加交互式调和的偏移量，增加进行调和时两幅网格图形之间过渡图形的个数，效果如图 2-2-10 右图所示。

（4）按照上述方法，创建一个 3 行 3 列的图纸。然后，利用"调和"工具 制作如图 2-2-11 左图所示的图形，调整该图形大小，将它移到如图 2-2-10 右图所示的图形之上，如图 2-2-11 右图所示。

图 2-2-8　属性栏

图 2-2-9　网格

图 2-2-10　调和效果

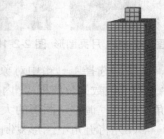
图 2-2-11　图纸和楼房图形

（5）使用工具箱中的"选择工具" ，选中整个楼房图形，单击"排列"→"群组"命令，将选中的楼房图形和网格图形组成一个楼房图形的群组。

（6）使用工具箱中的"选择工具" ，选中楼房群组图形，按 3 次【Ctrl+D】组合键，复制 3 份楼房图形，再移到相应的位置，如图 2-2-1 所示。

（7）绘制一幅宽为 100mm、高为 10mm、无轮廓线的绿色矩形图形，单击"排列"→"顺序"→"到页面后面"命令，将选中的矩形图形置于楼房群组图形的后边，如图 2-2-1 所示。

3. 绘制汽车、飞机、人物、月亮和星形等图形

（1）调出如图 2-2-2 所示的"插入字符"对话框，将该对话框内图形列表中的汽车图案拖动到绘图页面内，再给图形填充蓝色，如图 2-2-12 所示。选中汽车图形，按【Ctrl+D】组合键复制一份选中的图形。

（2）将复制的图形移到一旁。单击"排列"→"拆分曲线"命令，将复制的图形拆分为几部分图形。将车头填充为棕色，将车厢填充为红色，如图 2-2-13 所示。

（3）将复制的汽车图形移到如图 2-2-12 所示的蓝色汽车图形之上，再将该图形移到蓝色汽车图形的后边，然后将它们组成群组，如图 2-2-14 所示。

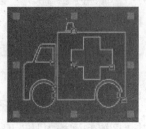 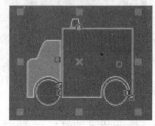 

图 2-2-12　汽车图形　　　　图 2-2-13　改变颜色　　　　图 2-2-14　调整顺序后的效果

（4）利用"插入字符"对话框创建一幅飞机图形，如图 2-2-1 所示。将"插入字符"对话框内图形列表中的月亮图案拖动到绘图页面内，然后适当旋转月亮图形，如图 2-2-15 所示。

（5）单击"排列"→"拆分曲线"命令，将月亮图形拆分，给其中的一个月亮图形填充黄色，再组成一个群组，删除其他拆分出来的图形，如图 2-2-16 所示。

（6）将"插入字符"对话框内图形列表中的几种不同形式的人物图案拖动到绘图页面内，分别调整各人物图形的大小，再填充不同的颜色，将它们移到不同的位置，如图 2-2-17 所示。

图 2-2-15　月亮图形　图 2-2-16　黄色月亮　　　图 2-2-17　几种不同形式的人物图案

（7）选择工具箱中对象展开工具栏内的"星形"工具 ，在其"星形"属性栏内的"点数或边数"数值框 内输入 5，按住【Ctrl】键，同时在绘图页内拖动，绘制一个正五角星图形，调整该图形的大小，给它的填充和轮廓线着黄色，如图 2-2-18 所示。

（8）将五角星图形复制一份。使用工具箱中的"选择工具" ，将复制的五角星图形缩小并填充白色，移动到黄色五角星的中心，效果如图 2-2-19 所示。

（9）单击工具箱内交互式展开工具栏中的"调和"按钮 ，从中间白色五角星向上拖动到黄色五角星上，制作出白色到黄色的混合效果。再在其属性栏内的"调和对象"数值框 内输入调和对象步长数 40。完成后的图形效果如图 2-2-20 所示。

（10）将如图 2-2-20 所示的星形图形组成群组，将该图形调小一些，然后复制多份，分别移到页面上边的不同位置，如图 2-2-1 所示。

（11）选择工具箱中对象展开工具栏内的"复杂星形"工具 ，在其"复杂星形"属性栏内的"点数或边数"数值框 内输入 5，在"锐度"数值框 内输入 3，按住【Ctrl】键，同时在绘图页内拖动，绘制一个九角星形图形。给该图形填充黄色，设置轮廓线为

红色，如图 2-2-21 所示。调整该图形的大小，复制多份，并移到不同的位置，如图 2-2-1 所示。

图 2-2-18 黄色五角星 图 2-2-19 两个五角星 图 2-2-20 调和后的图形效果 图 2-2-21 小花图形

4．绘制探照灯图形

（1）单击"矩形工具"展开工具栏内的"矩形"按钮□，在绘图页面内拖动，绘制一幅宽 4mm、高 10mm 的矩形图形，给矩形填充黄色，给轮廓线着黄色，如图 2-2-22 所示。

（2）单击"效果"→"添加透视"命令，进入矩形透视编辑状态。水平向右拖动右上角控制点，水平向左拖动左上角控制点，同时透视焦点向上移动，如图 2-2-23 所示。

拖动矩形网格状区域的黑色节点，可以产生双点透视的效果。如果在按住【Ctrl+Shift】组合键的同时拖动，可使对应的节点沿反方向移动相等的距离。

（3）单击工具箱中交互式展开工具栏中的"透明度工具"按钮，再在矩形图形中从下向上拖动，如图 2-2-24 所示，松开鼠标后，即可使矩形图形产生从下向上逐渐增加透明度的透明效果，如图 2-2-25 所示。

（4）使用工具箱中的"选择工具"，将如图 2-2-25 所示的图形在垂直方向调大，获得探照灯效果。适当调整探照灯图形的旋转角度和大小，将它移到绘图页面内的左边。

（5）将探照灯图形复制一份，单击其属性栏内的"水平镜像"按钮，将复制的探照灯图形水平颠倒，将它移到绘图页面内的右边。单击左边的探照灯图形，单击和右击调色板内的绿色色块，将左边的探照灯颜色改为绿色。按照相同的方法，将右边的探照灯颜色改为红色，效果如图 2-2-1 所示。

  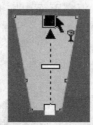 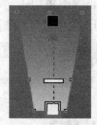

图 2-2-22 黄色矩形 图 2-2-23 透视调整 图 2-2-24 添加透明效果 图 2-2-25 透明效果

（6）单击工具箱中对象展开工具栏内的"螺纹"按钮，在其"图纸和螺旋工具"属性栏的"螺纹回圈"数值框内输入 9，如图 2-2-26 所示。再拖动绘制一个有 9 圈的螺纹图形。然后复制一份，分别调整它们的大小，颜色分别调整为黄色和白色，如图 2-2-27 所示。

（7）单击工具箱中交互式展开工具栏内的"调和"按钮，在两个螺纹图形之间拖动，创建调和，效果如图 2-2-28 左图所示。在"交互式调和工具"属性栏内的数值框内输入 200，增加交互式调和的偏移量，效果如图 2-2-28 右图所示。

（8）使用工具箱中的"选择工具"，将图 2-3-28 右图所示图形在垂直方向调大，获得探照灯效果。适当调整探照灯图形的旋转角度和大小，将它移到博物馆图形的左边。

（9）将探照灯图形复制一份，将该图形移到博物馆图形的右边，如图 2-2-1 所示。

（10）使用工具箱中的"文本工具"字，调出"文本"属性栏。单击绘图页面内左上角，在"文本"属性栏内设置字体为华文行楷、字大小为 10pt，输入粉红色色文字"奥运场馆夜晚"。然后，单击工具箱中"交互式展开式工具"栏内的"阴影"按钮，再在文字对象上小右上方拖动，产生阴影效果，如图 2-2-1 所示。

  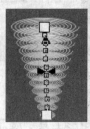 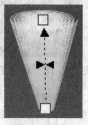

图 2-2-26 "图纸和螺旋工具"属性栏　　图 2-2-27　2 个螺纹图形　　图 2-2-28　图形调和效果

【相关知识】

1. 绘制多边形与星形图形

（1）绘制星形图形：单击工具箱中对象展开工具栏内的"星形"按钮，在其"星形"属性栏的"点数或边数"数值框内设置角数（在 3～500 之间），在"锐度"数值框内设置星形角的锐度（数值在 1～99 之间），如图 2-2-29 所示。在页面内拖动，即可绘制一个星形图形。

在角数或边数为 5 时，如果"锐度"数值框内的数值为 1，星形图形变为多边形，如图 2-2-30 所示；如果该数值框内的数值为 99，则星形图形如图 2-2-31 所示。

（2）绘制多边形图形：单击工具箱中对象展开工具栏内的"多边形工具"按钮，调整其属性栏内的"多边形、星形和复杂星形的点数或边数"数值框内的数据，可以调整多边形图形的边数（数值在 3～500 之间）。

（3）绘制复杂星形图形：单击"复杂星形"按钮，在其属性栏内的"点数或边数"数值框内设置点数或边数，再在页面内拖拽，即可绘制一个复杂星形。复杂星形的点数为 10，锐度为 3 的图形如图 2-2-32 所示。

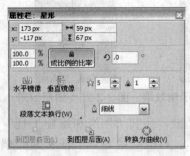  

图 2-2-29 "星形"属性栏　　图 2-2-30　多边形　　图 2-2-31　星形　　图 2-2-32　复杂星形

2. 绘制网格和螺纹线图形

（1）绘制网格图形：单击工具箱中的"图纸"按钮，再在其"图纸和螺旋工具"属性栏内的"图纸行和列数"两个数值框内分别输入网格的行和列数。然后在页面内拖动，即可绘制出网格图形。

（2）绘制螺纹线图形：螺纹线有两种类型，一种是"对称"式，即每圈的螺纹间距不变；另一种是"对数"式，即螺纹间距向外逐渐增加。

单击工具箱中的"螺纹"按钮◎，单击其"图纸和螺旋工具"属性栏内的"对称"按钮，在"螺纹回圈"数值框◎内输入圈数，如图 2-2-26 所示。然后在页面内拖动，即可绘制对称式螺纹线，如图 2-2-33 所示。

单击"图纸和螺旋工具"属性栏内的"对数"按钮，调整"螺纹扩展参数"数值框内的数值（可以拖动滑块来调整），如图 2-2-34 所示，再拖动鼠标，即可绘制对数式螺纹线，如图 2-2-35 所示。

图 2-2-33　对称式螺纹线

使用工具箱中的"形状"工具 ，单击螺纹线，因为螺纹线是曲线，所以曲线上的小圆点即为节点，将鼠标指针移到图形的节点处时，鼠标指针变为大箭头状，如图 2-2-35 所示。拖动节点，可以调整螺纹线图形的形状。

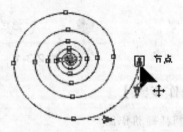

图 2-2-34　"图纸和螺旋工具"属性栏（对数式）　　图 2-2-35　对数式螺纹线

思考与练习2-2

1. 绘制一幅绿色填充、蓝色轮廓线的 8 边形图形，再进行透视处理。

2. 绘制一幅角数为 9 的复杂星形，一幅 30 行、50 列的图纸网格图形，以及一幅 12 圈对数式螺纹线。

3. 利用"插入字符"对话框，制作 10 幅不同形状的图形。绘制一幅"农家乐"图形。

4. 利用"插入字符"对话框，使用工具箱内的工具，绘制如图 2-2-36 所示的 3 幅图形。

图 2-2-36　3 幅图形

2.3 【案例 3】就诊流程图

 【案例效果】

"就诊流程图"图形如图 2-3-1 所示。"就诊流程图"图形是表达医院就诊流程的简图。通过制作该图形，可以掌握完美形状展开工具中工具的使用方法，掌握"曲线展开工具"栏和"连接工具展开"栏部分工具的使用方法。

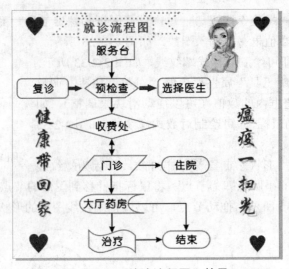

图 2-3-1 "就诊流程图"效果

【操作步骤】

1. 绘制标题旗帜图形

（1）设置绘图页面的宽度为 280mm，高度为 260mm，背景色为白色。

（2）单击工具箱中完美形状展开工具栏内的"标题形状"按钮，单击其"完美形状"属性栏内的"完美形状"按钮，调出一个图形列表，单击该图形列表中的图标。然后，在绘图页内拖动，绘制出一个旗帜图形，设置其轮廓线为蓝色，效果如图 2-3-2 所示。

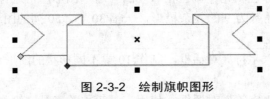

图 2-3-2 绘制旗帜图形

（3）使用工具箱中的"选择工具"单击旗帜图形，单击其属性栏中"线条样式"下拉列表框中的"其他"按钮，调出"编辑线条样式"对话框，如图 2-3-3 所示。水平拖动三角滑块，可以调整虚线的间隔量，设置一种点状线后单击"添加"按钮，即可将设计的线样式添加到"线条样式"下拉列表框中。

（4）单击其"完美形状"属性栏中的"轮廓宽度"下拉列表框内的 1.4mm 选项，设置线宽度为 1.4mm，更改旗帜图形轮廓线后的效果如图 2-3-4 所示。

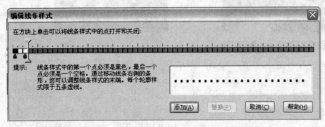

图 2-3-3 "编辑线条样式"对话框　　　图 2-3-4 更改星形图形轮廓线

2. 绘制流程图图形

（1）单击工具箱中"完美形状"展开工具栏内的"流程图形状"按钮，再单击其

"完美形状"属性栏内的"完美形状"按钮，调出一个"图形列表"面板，如图 2-3-5 所示。单击该"图形列表"面板中的◻图案，在绘图页内拖动，绘制出一个流程图图形。在其属性栏中设置流程图图形的"轮廓宽度"为 1.0mm，设置轮廓线颜色为蓝色，制作的图形如图 2-3-6（a）所示。

（2）单击"图形列表"面板内的◻图案，拖动绘制一个蓝色、1.0mm 轮廓宽度的流程图图形，如图 2-3-6（b）所示。单击"图形列表"面板内的◖图案，拖动绘制一个蓝色、1.0mm 轮廓宽度的流程图图形，如图 2-3-6（c）所示。单击"图形列表"面板内的◻图案，拖动绘制一个蓝色、1.0mm 轮廓宽度的流程图图形，如图 2-3-6（d）所示。单击"图形列表"面板内的◯图案，拖动绘制一个蓝色、1.0mm 轮廓宽度的流程图图形，如图 2-3-6（e）所示。

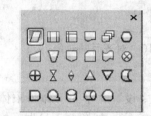 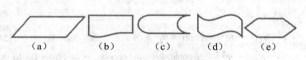

图 2-3-5　"图形列表"面板　　　　　图 2-3-6　绘制流程图图形

（3）单击工具箱"矩形工具"展开工具栏内的"矩形"按钮◻，拖动绘制一幅蓝色、1.0mm 轮廓宽度的矩形图形，如图 2-3-7 所示。在其"矩形"属性栏内的"圆角半径"两个数值框内输入 10mm，选中的矩形图形变为圆角矩形图形，如图 2-3-8（a）所示。

（4）将如图 2-3-8（a）所示的圆角矩形图形复制一份，然后选中复制的图形，在"矩形"属性栏内的"圆角半径"两个数值框内输入 5mm，即可获得如图 2-3-8（b）所示的圆角矩形图形。

（5）单击工具箱"矩形工具"展开工具栏内的"多边形"按钮◻，在其"多边形"数值框内输入 4，拖动绘制一个蓝色、1.0mm 轮廓宽度的菱形图形，如图 2-3-8（c）所示。

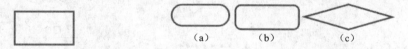

图 2-3-7　矩形图形　　　　　图 2-3-8　绘制流程图图形

（6）将如图 2-3-8（a）所示的圆角矩形图形复制一份，将如图 2-3-8（b）所示的圆角矩形图形复制一份。参看图 2-3-1，将绘制好的 11 幅图形排列好。

（7）按住【Shift】键，同时选中中间一列的 7 个对象，单击其"多个对象"属性栏中的"对齐与分布"按钮◻，调出"对齐与分布"对话框"对齐"选项卡。在该选项卡中选中垂直"中"复选框，如图 2-3-9 所示。单击"应用"按钮，将选中的对象以垂直居中的方式对齐。其他图形也调至相应的位置，如图 2-3-1 所示。

（8）同时选中第 2 行的 3 个对象，在"对齐与分布"对话框"对齐"选项卡内选中水平"中"复选框，单击"应用"按钮，将选中的对象以水平居中的方式对齐。按照相同的方法，将第 4 行的 2 个对象水平居中对齐，将第 6 行的 2 个对象水平居中对齐。

（9）同时选中第 3 列的 3 个对象，在"对齐与分布"对话框"对齐"选项卡内选中垂直"中"复选框，单击"应用"按钮，将选中的对象以垂直居中的方式对齐。最后效果如图 2-3-10 所示。

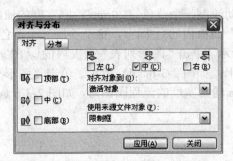

图 2-3-9 "对齐与分布"对话框"对齐"选项卡

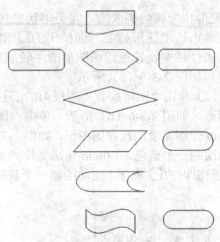

图 2-3-10 对齐后的对象

3. 绘制连线

（1）使用工具箱中的"文本工具"字，在其"文字"属性栏中设置文字的字体为宋体，字大小为 36pt。然后在旗帜图形内输入"就诊流程图" 5 个红色文字，如图 2-3-11 所示。

（2）使用工具箱中的"文本工具"字，在其"文字"属性栏中设置文字的字体为幼圆，字大小为 36pt。然后在页面中各流程图内分别输入"服务台"、"复诊"、"预检查"、"选择医生"、"收费处"、"门诊"、"住院"、"大厅药房"、"治疗"和"结束" 10 个黑色词组，如图 2-3-12 所示。

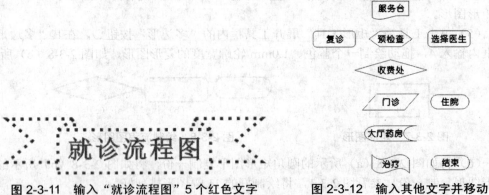

图 2-3-11 输入"就诊流程图" 5 个红色文字　　图 2-3-12 输入其他文字并移动

（3）单击工具箱连接工具展开栏内的"直接连线器"工具，在其"连线器"属性栏中设置连线的"起始箭头"为◀箭头，"轮廓宽度"为 1.0mm，由"服务台"文字图框向"预检查"文字图框垂直拖动绘制一条垂直直线，效果如图 2-3-13 所示。

（4）单击工具箱曲线展开工具栏内的"手绘工具"，在"预检查"文字图框下边的中间处单击，再垂直拖动到"收费处"文字图框下边的中间处单击，绘制一条垂直直线。

图 2-3-13 绘制一条连接直线

使用工具箱内的"选择工具"选中该直线，在其"曲线"属性栏内的"终止箭头"下拉列表框中选中一种箭头▶，设置"线条样式"为实线，"轮廓宽度"为 1.0mm，效果如图 2-3-14 所示。

（5）按照上述方法绘制其他连接直线，在绘制"收费处"和"门诊"文字图框之间的直线时，需要同时设置"起始箭头"和"终止箭头"，如图 2-3-15 所示。

另外，使用工具箱曲线展开工具栏内的"2 点线"工具 ∕ 等工具也可以绘制直线。

（6）单击工具箱连接工具展开栏内的"直角连接器" ⬛，在其"连线器直角"属性栏内的"起始箭头"下拉列表框中选中一种箭头 ◄，设置"线条样式"为实线，"轮廓宽度"为 1.0mm。再在"结束"文字图框下边的中间处单击，垂直向上拖动绘制一条垂直直线，到折点处后水平向左拖动，绘制一条水平直线，连接到"大厅药房"文字图框右边的中间处单击，形成一条直角折线，如图 2-3-14 所示。

（7）选择工具箱完美形状展开工具栏内的"箭头形状"工具 ⬓，单击其"完美形状"属性栏内的"完美形状"按钮，调出一个图形列表，单击该图形列表中的 ⬕ 按钮。然后在绘图页内拖动，绘制出一个箭头图形。

（8）使用工具箱中的"选择工具" ▷ 选中箭头图形，为其填充红色。再在其属性栏中设置箭头图形的"轮廓宽度"为 0.1mm。将该箭头图形复制一份，再将它们分别移到"预检查"图形的左、右侧，如图 2-3-15 所示。

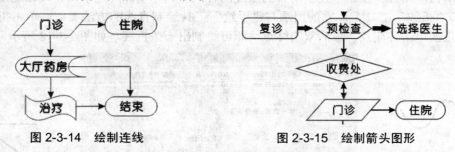

图 2-3-14　绘制连线　　　　　图 2-3-15　绘制箭头图形

4．导入图片和制作标题文字

（1）单击标准工具栏内的"导入"按钮 ⬛，调出"导入"对话框，选择一幅护士图像，单击"导入"按钮。然后，在绘图页面内的右上角拖动绘制出一个矩形，即可将"护士"图像导入到绘图页面内，如图 2-3-1 所示。

（2）选择工具箱完美形状展开工具栏内的"基本形状"工具 ⬛，单击其"完美形状"属性栏中的"完美形状"按钮，调出它的图形列表，单击该图形列表中的 ♡ 图标。然后在绘图页内拖动，绘制出一个心形图形，设置它的轮廓线颜色为红色，并填充红色。将红色心形图形复制 3 个，然后将这 4 个红色心形图形移到绘图页面内不同的位置，如图 3-1-1 所示。

（3）选择工具箱中的"文本工具" 字，单击其属性栏中的"垂直文本"按钮，在属性栏中设置字体为"华文行楷"、字大小为 60pt，然后输入"瘟疫一扫光"文字。再单击调色板内的红色色块，给文字着红色。

（4）将红色文字"瘟疫一扫光"复制一份，然后选中复制的红色文字"瘟疫一扫光"，单击调色板内的黄色色块，给文字着黄色。

（5）单击"排列"→"顺序"→"向后一层"命令，将黄色文字移到红色文字的下边，并调整黄色文字的位置，效果如图 2-3-1 所示。

（6）按照上述方法输入"把健康带回家"红色文字。将"把健康带回家"红色文字复制一份，然后选中复制的红色文字"把健康带回家"，单击调色板内的黄色色块，给文字着黄色。

（7）单击"排列"→"顺序"→"向后一层"命令，将黄色文字移到红色文字的下边，并调整黄色文字的位置，效果如图 2-3-1 所示。

【相关知识】

1. 绘制直线和折线

绘制直线和折线主要使用工具箱内的曲线展开工具栏和连接工具展开栏中的部分工具，下面重点介绍"手绘"工具 、"2 点线"工具 、"折线"工具 、"直线连接器"工具 、"直角连接器"工具 和"直角圆角连接器"工具 的使用方法。

（1）"手绘"工具 ：单击"手绘"按钮 后，在绘图页面内可以像使用笔一样拖动绘制一条曲线，如图 2-3-16（a）所示；单击直线起点后再单击直线终点，可以绘制一条直线，如图 2-3-16（b）所示。绘制完线条后的"曲线"属性栏如图 2-3-17 所示。前面没有提到过的选项的作用介绍如下。

◎ "线条样式"下拉列表框：用来选择线的状态（实线还是各种虚线）。

◎ "起始箭头"下拉列表框：用来选择线的起始端箭头的状态。

◎ "终止箭头"下拉列表框：用来选择线的终止端箭头的状态。

◎ "自动闭合"按钮：使不闭合的曲线闭合，即起始端和终止端用直线相连接。

（2）"折线"工具 ：它的用法与"手绘"工具绘制直线的方法类似，单击折线起始端，再依次单击各端点，最后双击终点，即可绘制出一条折线，如图 2-3-18 所示。

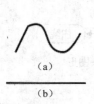

（a）

（b）

图 2-3-16　曲线和直线　　　　　图 2-3-17　"曲线"属性栏　　　　　图 2-3-18　折线

"折线工具"属性栏如图 2-3-19 所示，其中各选项的作用均在前面介绍过。

（3）"2 点线" ：可以由 2 个点确定一条直线。单击曲线展开工具栏内的"2 点线"按钮 后，其"2 点线"属性栏如图 2-3-20 所示。其中第 2 行右边有 3 个按钮，单击按钮，可以切换到相应的 2 点线工具，简介如下。

图 2-3-19　"折线工具"属性栏

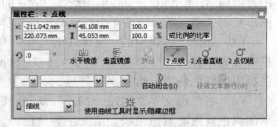

图 2-3-20　"2 点线"属性栏

◎ "2 点线"工具：鼠标指针呈 状，单击直线起点，拖动鼠标到终点，松开鼠标左键，可绘制一条直线，如图 2-3-21 左图所示。

◎ "2 点垂直线"工具：鼠标指针呈 状，单击一条直线后拖动鼠标，即可产生一条该直线的垂直线，拖动鼠标可以调整垂直线的整体位置，如图 2-3-21 中图所示。

◎ "2 点切线"工具：鼠标指针呈 状，单击一圆轮廓线或弧线，然后拖动鼠标，即可产生圆或弧线的切线，拖动鼠标可以调整切线的整体位置，如图 2-3-21 右图所示。

（4）"直线连接器"工具 ：单击工具箱中连接工具展开栏内的"直线连接器"按钮

　，其"连接器"属性栏如图 2-3-22 所示。

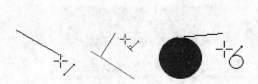

图 2-3-21　绘制直线、垂直线和切线

图 2-3-22　"连接器"属性栏

单击"直线连接器"按钮　后，页面内所有线的两端和其他节点显示出红色正方形轮廓线状控制柄，如图 2-3-23 左图所示。然后，在两个节点之间拖动，绘制出连接线，如图 2-3-23 中图所示。在其"连接器"属性栏内可以设置线的粗细、线的类型和箭头类型，绘制出的带箭头连接线如图 2-3-23 右图所示。

（5）"直角连接器"工具　：单击工具箱中连接工具展开栏内的"直角连接器"按钮　，其"连接器直角"属性栏如图 2-3-24 所示。同时，绘图页面内所有线的两端和其他节点显示出红色正方形轮廓线状控制柄，鼠标指针呈　状。

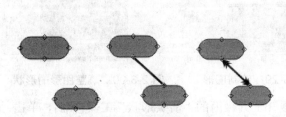

图 2-3-23　直线连接线

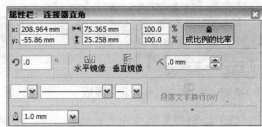

图 2-3-24　"连接器直角"属性栏

然后，在两个节点之间拖动，绘制连接线如图 2-3-25 左图所示。在其属性栏内可以设置线的粗细、线的类型和箭头类型。使用工具箱内的"选择工具"　拖动连接的对象，可以调整节点之间的直角连接线，如图 2-3-25 中图所示。使用工具箱内的"形状"工具　单击连接线，拖动连接线的节点控制柄，可以调整连接线的形状，如图 2-3-25 右图所示。

使用"直角连接器"工具　或者"选择工具"　选中连接线，然后改变其属性栏内"圆形直角"数值框　内的数值，调整连接线的直角角度，使直角连接线变为圆角连接线。

（6）"直角圆角连接器"工具　：该工具的使用方法与"直角连接器"工具　的使用方法一样，只是它绘制的是直角圆角连接线，如图 2-3-26 所示，其属性栏也一样。改变其属性栏内"圆形直角"数值框　内的数值，可以将直角圆角连接线变为直角连接线。

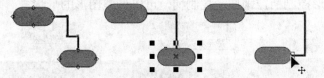

图 2-3-25　直角连接线和直角圆角连接线

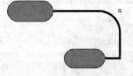

图 2-3-26　圆角连接线

绘制出来的折线上带有若干个节点，可以使用工具箱中的"形状"工具　调节。

2. 绘制完美形状图形

使用工具箱中完美形状展开工具栏内的工具，可以绘制各种完美形状图形。单击完美形状展开工具栏内的"基本形状"按钮　，其"完美形状"属性栏如图 2-3-27 所示。选择完美形状展开工具栏内的不同工具，单击其"完美形状"属性栏中的"完美形状"按钮，调出的"图形列表"面板会随之变化。下面简单介绍各种工具的使用方法。

图 2-3-27 "完美形状"属性栏

（1）绘制基本形状图形：单击其属性栏内的"完美形状"按钮，调出的"图形列表"面板如图 2-3-28 所示。单击其中的一种图案后，在绘图页面中拖动，即可绘出相应的图形，如图 2-3-29 所示。将鼠标指针移到红色菱形控制柄（有的图形还有黄色控制柄）处，当鼠标指针变为黑色箭头状时，拖动图形中的菱形控制柄，可以调整图形的形状，如图 2-3-30 所示。

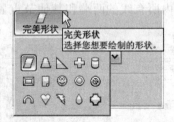
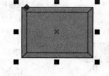
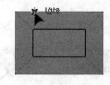

图 2-3-28　形状"图形列表"面板　　图 2-3-29　绘制图形　　图 2-3-30　调整图形的形状

（2）绘制箭头形状图形：选择完美形状展开工具栏内的"箭头形状"工具后，单击"完美形状"按钮，调出的"图形列表"面板如图 2-3-31 所示。选中一种图案后，在绘图页面中拖动，即可绘制出相应的图形。

（3）绘制流程图形状图形：选择完美形状展开工具栏内的"流程图形状"工具后，单击"完美形状"按钮，调出的"图形列表"面板如图 2-3-32 所示。单击其中的一种图案后，在绘图页面中拖动，即可绘制出相应的图形。

（4）绘制标题形状图形：选择完美形状展开工具栏形内的"标题形状"工具后，单击"完美形状"按钮，调出的"图形列表"面板如图 2-3-33 所示。单击其中的一种图案后，在绘图页面中拖动，可以绘制出相应的图形。

（5）绘制标注形状图形：选择完美形状展开工具栏内的"标注形状"工具后，单击"完美形状"按钮，调出的"图形列表"面板如图 2-3-34 所示。单击其中的一种图案后，在绘图页面中拖动，可绘制出相应的图形。

如果绘制的图形中有彩色菱形控制柄，则拖动控制柄，可以调整图形的形状。

图 2-3-31　箭头形状　图 2-3-32　流程图形状　图 2-3-33　标题形状　图 2-3-34　标注形状

3. 尺度工具度量

（1）"平行度量"工具：单击工具箱中尺度工具栏内的"平行度量"工具，其"尺度工具"属性栏如图 2-3-35 所示。鼠标指针呈状。

然后，在两个要测量的点之间拖动出一条直线，松开鼠标左键后，向一个垂直方向拖动，绘制出两条平行的注释线，单击后的效果如图 2-3-36 所示。在其属性栏内可以设置线的粗细、线的类型、数值的进制类型等，还可以给数字添加前缀与后缀等。

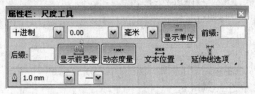

图 2-3-35　"尺度工具"属性栏

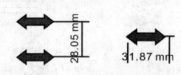

图 2-3-36　尺度标注

单击"显示单位"按钮 ᵐᵐ 后，可以在数字后边显示单位；"显示单位"按钮 ᵐᵐ 抬起后，在数字后边不显示单位。单击"文本位置"按钮，调出它的面板，单击该面板内的按钮，可以调整注释的数字文本的相对位置。

（2）"水平或垂直度量"工具 ᵀ：单击工具箱中尺度工具栏内的"水平或垂直度量"工具，其"尺度工具"属性栏与图 2-3-35 基本一样。鼠标指针呈 ⁺ᵀ 状。

然后，从第 1 个测量点垂直向下拖动一段距离，再水平拖动到第 2 个测量点，松开鼠标左键后再垂直向下拖动一段距离，松开鼠标左键后，效果如图 2-3-37 所示。

（3）"角度量"工具 ⤵：单击工具箱中尺度工具栏内的"角度量"工具，其"尺度工具"属性栏与图 2-3-35 基本一样，只是第 1 个下拉列表框变为无效，"度量单位"下拉列表框内的选项变为角度单位选项。鼠标指针呈 ⁺ᵃ 状。

然后，从角的一边沿边线拖动一段距离，松开鼠标左键后，再顺时针或逆时针拖动到角的另一边的边线延长线处，双击后效果如图 2-3-38 所示。

（4）"线段度量"工具 ᵀ：单击工具箱中尺度工具栏内的"线段度量"工具，其"尺度工具"属性栏与图 2-3-35 基本一样，只是新增了一个"自动连续度量"按钮。鼠标指针呈 ⁺ᵀ 状。在线段间拖出一个矩形，松开鼠标左键后再朝与注释线垂直的方向拖动，单击后即可产生线段的尺度标注效果，如图 2-3-39 所示。

单击按下"自动连续度量"按钮后，可以同时自动生成各段线段的尺度标注。

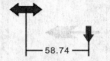 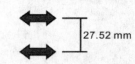

图 2-3-37　水平或垂直尺度标注　　图 2-3-38　尺度标注　　图 2-3-39　线段尺度标注

（5）"3 点标注"工具 ✐：单击第 1 个点并按下鼠标左键，再拖动到第 2 个点，松开鼠标左键后拖动到第 3 个点，单击后即可绘制一条折线。

4. 轮廓笔的设置

单击轮廓笔展开工具栏内的"轮廓笔"按钮 ᵅ，调出"轮廓笔"对话框，如图 7-3-40 所示。使用"轮廓笔"对话框可以调整轮廓笔的笔尖大小、颜色和形状。

（1）轮廓笔的颜色、宽度和样式设置：使用"轮廓笔"对话框左上角的按钮和下拉列表框可以完成此任务。单击"编辑样式"按钮，可以调出"编辑线条样式"对话框，如图 2-3-3 所示。依据该对话框内的提示，可以设计轮廓笔的线条形状。

（2）轮廓笔的箭头设置：使用"轮廓笔"对话框的"箭头"选项组可以完成此任务。单击"箭头"选项组中的下三角按钮，可以调出箭头图案列表框，如图 2-3-41 所示。单击其中一种箭头即可选定。选定左箭头和右箭头的直线如图 2-3-42 所示。

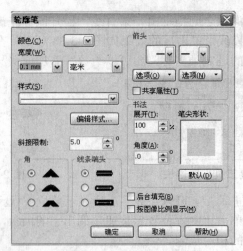

图 2-3-40 "轮廓笔"对话框

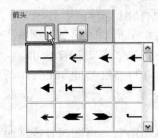

图 2-3-41 箭头图案列表框

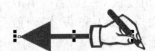

图 2-3-42 选定左、右箭头的直线

　　单击"选项"按钮，调出"选项"菜单，如图 2-3-43 所示。单击"选项"菜单中的"编辑"或"新建"命令，可调出"箭头属性"对话框，如图 2-3-44 所示，在其中可以编辑修改或增加箭头图案的形状和大小等。使用"选项"菜单还可以删除箭头图案。

图 2-3-43 "选项"菜单

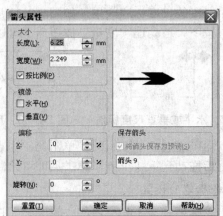

图 2-3-44 "箭头属性"对话框

　　（3）轮廓线的拐角设置：通过"角"选项组来完成。

　　（4）轮廓线两端的形状设置：通过"线条端头"选项组来完成。

　　（5）轮廓笔笔尖的形状与方向的设置：通过"书法"选项组来完成。

　　（6）"后台填充"复选框：用来确定轮廓笔在填充色之前，还是在填充色之后。

　　（7）"按图像比例显示"复选框：用来确定当图形大小发生变化时，轮廓线宽度是否改变。

思考与练习2-3

1．绘制一幅"网站设计流程图"图形，如图 2-3-45 所示，它是设计网站的流程简图。

2．绘制一幅"网络购物流程图"图形，如图 2-3-46 所示，它是网络购物的流程图。

3．绘制一幅"学校结构简图"图形，如图 2-3-47 所示。学校结构简图中形象地标出了学校的组织结构，从而使人一目了然地掌握学校的部门和人事结构。

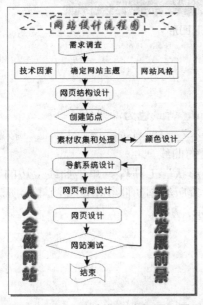

图 2-3-45　"网站设计流程图"图形

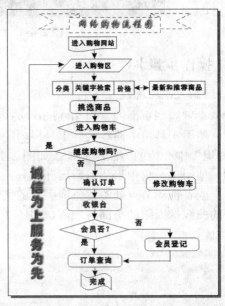

图 2-3-46　"网络购物流程图"图形

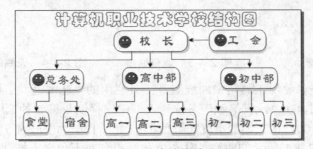

图 2-3-47　学校结构简图图形

2.4 【案例 4】天鹅湖

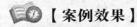【案例效果】

"天鹅湖"图形如图 2-4-1 所示。背景的上半部分是蓝色，下半部分是从上到下、由浅蓝色到深蓝色的渐变色，左右两边有两束小花，上边中间有绿色的 Swan Lake 英文文字，下边有许多金鱼。图形中央展示了一对由简单的线条构成的白天鹅，它们相对浮在湖面上，还有倒影。通过本案例的学习，可以进一步掌握手绘、形状等工具的使用方法，掌握贝塞尔工具、钢笔工具、艺术笔工具的使用方法，初步了解渐变工具和交互式变形工具的使用方法。

图 2-4-1 "天鹅湖"图形

📖🕐 【操作步骤】

1. 绘制天鹅轮廓线

（1）设置绘图页面的宽为 300mm，高为 160mm，背景色为深蓝色。

（2）使用工具箱中曲线展开工具栏内的"贝塞尔" 🖊 或者"钢笔"工具 ✒️，按照本节"相关知识"中介绍的方法绘制一条如图 2-4-2 所示的曲线。

（3）使用工具箱中形状编辑展开工具栏内的"形状"工具 ▶️，单击曲线上边的节点，拖动节点或者拖动节点处的蓝色箭头状的切线，修改所绘制的曲线，如图 2-4-3 所示。使修改好的曲线像天鹅的头部与颈部，如图 2-4-4 所示。

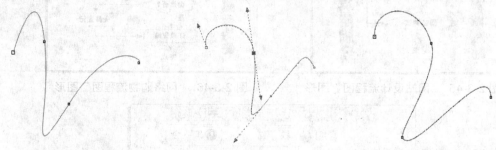

图 2-4-2 绘制曲线　　　　图 2-4-3 调整曲线　　　　图 2-4-4 天鹅的头部与颈部曲线

（4）选中该曲线，使用工具箱中曲线展开工具栏内的"艺术笔"工具 ✎，单击其属性栏内的"预设"按钮，在"预设笔触"下拉列表框中选择倒数第 5 种笔触，在"手绘平滑"数值框中输入数值 100，在"笔触宽度"数值框中输入 1.9，如图 2-4-5 所示。

（5）沿着如图 2-4-4 所示的曲线，从左上角端点到右下角端点拖动，绘制出接近如图 2-4-6 左图所示的曲线。然后使用工具箱中的"形状"工具 ▶️ 调整该曲线，调整完后，将原曲线删除，效果如图 2-4-6 右图所示。

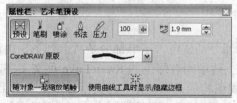

图 2-4-5 "艺术笔预设"属性栏

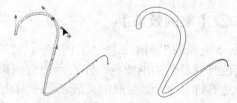

图 2-4-6 使用艺术笔后的效果及调整后的效果

（6）采用同样的方法，绘制天鹅背部曲线。选择"艺术笔"工具 ✎，单击其属性栏内的"预设"按钮，在其"预设笔触"下拉列表框中选择倒数第 6 种笔触，沿着曲线绘制新的曲线，再使用工具箱中的"形状"工具进行修改。完成后的效果如图 2-4-7 所示。

（7）采用同样的方法绘制其他曲线，再根据不同的需要，选择不同设置的"艺术笔"工具进行绘制，使用"形状"工具修改。绘制完的天鹅轮廓线图形如图 2-4-8 所示。

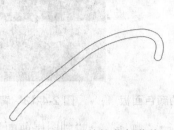

图 2-4-7　天鹅的背部曲线

图 2-4-8　天鹅的轮廓线

（8）使用"贝塞尔工具"或"手绘工具"绘制出一条曲线，作为天鹅的嘴。

（9）单击工具箱中的"选择工具"，拖动出一个矩形，将图形全部选中，再单击"排列"→"群组"命令，将选中的图形组成一个群组。

2. 制作天鹅镜像和背景图形

（1）按【Ctrl+D】组合键，复制一份天鹅轮廓线，然后选中复制的天鹅轮廓线，再单击其"组合"属性栏内的"水平镜像"按钮，将复制的天鹅轮廓线水平镜像。然后，调整两个天鹅轮廓线的位置，最后效果如图 2-4-9 所示。再将它们组合成一个群组图形。

（2）选中群组对象，复制一份该对象，单击其"组合"属性栏内的"垂直镜像"按钮，将复制的天鹅轮廓线垂直镜像。再调整其位置，使其位于图 2-4-9 图形的下边。

（3）单击工具箱内交互式展开工具栏中的"扭曲"按钮，再单击其属性栏内的"推拉"按钮，在"推拉振幅"数值框内输入 3，"交互式变形-推拉效果"属性栏如图 2-4-10 所示。从而使垂直镜像后的图形有一点变形。

图 2-4-9　两幅天鹅轮廓线

图 2-4-10　"交互式变形-推拉效果"属性栏

（4）调整两个群组对象的位置，如图 2-4-11 所示。将两个群组对象组成一个群组。

（5）使用工具箱内的"矩形工具"，在蓝色背景的下半部分绘制一个浅蓝色轮廓的矩形，作为湖面。单击工具箱内填充展开工具栏中的"渐变填充"按钮，调出"渐变填充"对话框。在该对话框内的"类型"下拉列表框中选择"线性"选项，设置填充的颜色为线性渐变类型，选中"颜色调和"选项组内的"双色"单选按钮。

（6）单击"从"右侧的下三角按钮，调出它的颜色面板，如图 2-4-12 所示。单击该颜色面板内的"冰蓝"色块，设置起始填充色；单击"到"右侧的下三角按钮，调出它的颜色面板，单击该面板内的"天蓝"色块，设置终止填充色；在"中点"文本框内输入 60，在"角度"数值框内输入 90，在"边界"数值框内输入 0。单击"确定"按钮，关闭该对话框。图形如图 2-4-13 所示。

（7）使用工具箱内的"选择工具" , 单击整幅天鹅轮廓线图形群组, 将天鹅图形填允为白色。然后, 单击"排列"→"顺序"→"到图层前面"命令, 将它们移到背景图形之上, 如图 2-4-14 所示。

图 2-4-11　天鹅和它的倒影图形　图 2-4-12　"从"按钮的颜色面板　图 2-4-13　背景

（8）选中填充渐变色的矩形图形, 单击"排列"→"顺序"→"到图层前面"命令, 使选中图形移到天鹅和它的倒影图形对象的上边。单击工具箱内交互式展开工具栏中的"透明度"按钮 , 在填充渐变色的矩形图形之上垂直向下拖动, 产生一条垂直箭头线和两个控制柄。再将调色板内的灰色色块拖动到上边白色控制柄处, 改变它的颜色, 也改变渐变色矩形图形的透明度, 效果如图 2-4-15 所示。

图 2-4-14　移动后的图形　　　　　　　　　图 2-4-15　添加透明效果

3. 创建心形图案和英文文字

（1）使用工具箱内的"矩形工具" , 在绘图页面内绘制一幅浅蓝色、2.0mm 轮廓宽度的矩形图形, 设置它的宽度为 298mm, 高度为 158mm。

（2）单击工具箱内的"基本形状"按钮 , 在其"完美形状"属性栏内单击"完美形状"按钮, 调出它的图形列表, 选中其内的心形图案 , 设置"轮廓宽度"为 1.0mm, 此时的属性栏如图 2-4-16 所示。然后在绘图页面内绘制一个心形图形, 在属性栏内设置心形的边线颜色为冰蓝色。

（3）使用工具箱内的"选择工具" 选中心形图形, 将它复制多个, 调整好大小、位置和旋转角度, 然后将它们组成一个群组, 放置在矩形边框的左上角。

（4）选中由多个心形组成的群组, 复制一份, 再单击其属性栏内的"垂直镜像"按钮, 使复制的群组对象水平翻转。将该群组对象移到矩形边框的右上角, 如图 2-4-17 所示。

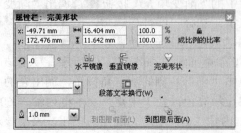

图 2-4-16　"完美形状"属性栏　　　　　　图 2-4-17　绘制心形图形

（5）选择工具箱中的"文本工具"字，在属性栏中设置文字的"字体"为 Monotype Corsiva，再输入 Swan Lake 英文文字。选中该文字，设置文字轮廓和颜色均为浅绿色。

（6）使用工具箱内的"选择工具"选中英文文字，单击工具箱内交互式展开工具栏内的"阴影"按钮，然后在文字中间向右边拖动，再在其属性栏内设置"阴影的不透明度"为 100，"阴影羽化"为 14，如图 2-4-18 所示。拖动调色板内的白色色块到右边的控制柄内，设置"阴影颜色"为白色，文字效果如图 2-4-19 所示。

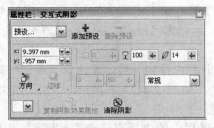

图 2-4-18　"交互式阴影"属性栏

图 2-4-19　文字阴影

4. 绘制金鱼和小花等图形

（1）单击工具箱中曲线展开工具栏内的"艺术笔"按钮，单击其属性栏中的"喷涂"按钮，此时"艺术笔对象喷涂"属性栏如图 2-4-20 所示。

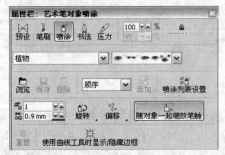

图 2-4-20　"艺术笔对象喷涂"属性栏

（2）在"类别"下拉列表框中选择"植物"选项，在"喷射图样"下拉列表框中选择一种小花图案，再单击"喷涂列表设置"按钮，调出"创建播放列表"对话框，如图 2-4-21 左图所示。单击该对话框内的 Clear（清除）按钮，将"播放列表"列表框内的所有对象删除。

（3）按住【Ctrl】键，同时选中"喷涂列表"列表框内的"图像 1"和"图像 6"选项，再单击"添加"按钮，在"播放列表"列表框内添加"图像 1"和"图像 6"选项，如图 2-4-21 右图所示。然后，单击"确定"按钮，关闭"创建播放列表"对话框。

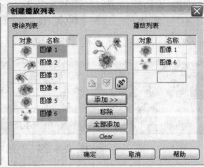

图 2-4-21　"创建播放列表"对话框

（4）在"艺术笔对象喷涂"属性栏内的"喷涂对象大小"数值框中输入 30，设置绘制图形的百分数为 30%，在"喷涂顺序"下拉列表框中选择"顺序"选项，在 ⚒ 数值框内输入 1，在 ⚒ 数值框内输入 0.9。设置后的"艺术笔对象喷涂"属性栏如图 2-4-20 所示。

（5）在绘图页面内水平拖动，绘制一条较长的水平直线，得到相应的小花图形，如图 2-4-22 所示。如果绘制的水平直线较长，则会产生较多的小花图形；如果绘制的水平直线较短，则会产生较少的小花图形。然后调整图形的大小和位置。

（6）使用工具箱内的"选择工具" ▨ 选中小花图形，单击"排列"→"拆分艺术笔群组"命令，将选中的小花图形和一条水平直线分离。再单击"排列"→"取消群组"命令，将多个小花图形再分离，使小花图形独立。

（7）单击如图 2-4-23 左图所示的一组小花图形，将它移到一旁，单击其"组合"属性栏内的"垂直镜像"按钮 ▨，使小花图形垂直翻转，如图 2-4-23 右图所示。拖动选中剩余的水平直线和小花图形，按【Delete】键，删除选中的图形。

（8）调整小花图形的大小，单击其"组合"属性栏内的"垂直镜像"按钮 ▨，将复制的天鹅轮廓线垂直镜像。然后，复制一幅小花图形。

（9）分别将 2 幅小花图形移到天鹅图形的两边，选中右边的小花图形，单击其"组合"属性栏内的"水平镜像"按钮 ▨，将复制的小花图形水平镜像。

图 2-4-22　小花图形　　　　　　　图 2-4-23　选中小花图形

（10）选择工具箱中曲线展开工具栏内的"艺术笔工具" ▨，单击其属性栏中的"喷涂"按钮，在"类别"下拉列表框中选择"其他"选项，在"喷射图样"下拉列表框中选择一种金鱼图案。按照上述方法添加一些金鱼图形，如图 2-4-1 所示。

【相关知识】

1. 艺术笔工具

单击"艺术笔工具"按钮 ▨，调出它的属性栏，艺术笔工具的使用方法如下。

（1）"预设"方式：单击"预设"按钮，此时"艺术笔预设"属性栏如图 2-4-5 所示。在"手绘平滑"数值框内输入平滑度，在"笔触宽度"数值框内设置笔宽，在"预设笔触"下拉列表框内选择一种艺术笔触样式，再拖动绘制图形。

（2）"笔刷"方式：单击"笔刷"按钮，此时的"艺术笔刷"属性栏如图 2-4-24 所示。在"类别"下拉列表框中选择一种类型，设置"手绘平滑"和"笔触宽度"数值，在"笔刷笔触"下拉列表框内选择一种笔触样式，再拖动绘制图形。

图 2-4-24　"艺术笔刷"属性栏

（3）"喷涂"方式：单击"喷涂"按钮，此时的"艺术笔对象喷涂"属性栏如图 2-4-20 所示。在其内"类别"下拉列表框中选择一种类型，在"喷射图样"下拉列表框内选择一种喷涂图形样式。设置"喷涂对象大小"数值，在"喷涂顺序"下拉列表框中选择一种喷涂对象的顺序，在两个数值框内设置组成喷涂对象的图像个数和图像间距参数。单击"喷涂列表设置"按钮，调出"创建播放列表"对话框，如图 2-4-21 所示。利用它可以设置喷涂图像的种类。然后，再在绘图页面内拖动，即可绘制图形。

（4）"书法"方式：它也叫书写方式。单击下"书法"按钮，此时的"艺术笔书法"属性栏如图 2-4-25 所示。在其内设置"手绘平滑"和"笔触宽度"，在"书法的角度"数值框内设置书写的角度。然后，再在绘图页面内拖动，即可绘制图形。

（5）"压力"方式：单击"压力"按钮，此时的"艺术笔压感笔"属性栏如图 2-4-26 所示。在属性栏内设置"手绘平滑""笔触宽度"。然后，再在绘图页面内拖动绘制图形。在绘图中按键盘上的【↑】或【↓】方向键，可以加大或减小笔的压力。

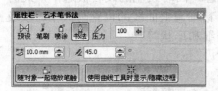
图 2-4-25　"艺术笔书法"属性栏

图 2-4-26　"艺术笔压感笔"属性栏

2．使用贝塞尔工具和钢笔工具绘制线

（1）先绘制曲线再定切线的方法：选择"贝塞尔工具"按钮，单击曲线起点处，然后松开鼠标左键，再单击下一个节点处，则在两个节点之间会产生一条线段；在不松开鼠标左键的情况下拖动鼠标，会出现两个控制点和两个控制点间的蓝色虚线，如图 2-4-27（a）图所示，蓝色虚线是曲线的切线，再拖动鼠标，可以改变切线的方向，以确定曲线的形状。

如果曲线有多个节点，则应依次单击下一个节点，并在不松开鼠标左键的情况下拖动鼠标，以产生两个节点之间的曲线，如图 2-4-27（b）所示。曲线绘制完后，按空格键或双击，即可结束该曲线的绘制。绘制完的曲线如图 2-4-27（c）所示。

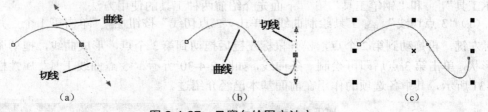
图 2-4-27　贝赛尔绘图方法之一

（2）先定切线再绘制曲线的方法：单击"贝塞尔工具"按钮，在绘图页面内单击要绘制曲线的起点处，不松开鼠标左键，拖动鼠标以形成方向合适的蓝色虚线的切线，然后松开鼠标左键，此时会产生一条直线切线，如图 2-4-28（a）所示。再单击下一个节点处，则该节点与起点节点之间会产生一条曲线。如果曲线有多个节点，则应依次单击下一个节点，并在不松开鼠标左键的情况下拖动鼠标，以产生两个节点之间的曲线，如图 2-4-28（b）所示。曲线绘制完后，按空格键或双击结束，即可绘制一条曲线，如图 2-4-28（c）所示。

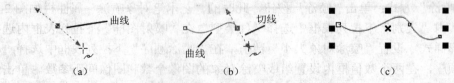

图 2-4-28　　贝塞尔绘图方法之二

使用"贝塞尔工具" ↖ 确定节点后，如果没有松开鼠标左键，则按下【Alt】键的同时拖动鼠标，可以改变节点的位置和两节点之间曲线的形状。

使用"钢笔工具" ♤ 绘制曲线的方法与使用"贝塞尔工具" ↖ 绘制曲线的方法基本一样，只是在拖动鼠标时就会显示出一条直线或曲线，而使用"贝塞尔工具" ↖ 在拖动鼠标时不显示直线或曲线，只是在再次单击后才显示一条直线或曲线。

3．手绘与贝塞尔工具属性的设置

绘制完线后，"选择工具"按钮 ↖ 会自动呈按下状态，同时绘制的线会被选中，此时的"曲线"属性栏如图 2-1-17 所示。利用该属性栏可以精确调整曲线的位置与大小，以及设定曲线两端是否带箭头和带什么样的箭头、曲线的粗细和形状等。

单击"工具"→"选项"命令，调出"选项"对话框，再单击该对话框右边目录栏中的"工具箱"→"手绘/贝塞尔工具"选项，这时的"选项"对话框内的"手绘/贝塞尔工具"栏如图 2-4-29 所示。利用该对话框可以进行"手绘工具"与"贝塞尔工具"属性的设置。

图 2-4-29　"选项"对话框的"手绘/贝塞尔工具"栏

（1）手绘平滑：决定手绘曲线与鼠标拖动的匹配程度，数字越小，匹配的准确度越高。

（2）边角阈值：决定边角突变节点的尖突程度，数字越小，节点的尖突程度越高。

（3）直线阈值：决定一条线相对于直线路径的偏移量，该线在直线阈值内视为直线。

（4）自动连结：决定两个节点自动接合所必需的接近程度。

4．使用"3 点切线"和 B-Spline 工具绘制曲线

绘制曲线主要使用工具箱内曲线展开工具栏中的"3 点切线" ⚬、B-Spline ∿、"贝塞尔工具" ↖ 和"钢笔工具" ♤。下面先介绍前两种工具的使用方法。

（1）"3 点切线" ⚬ 工具绘制曲线：单击"3 点切线"按钮 ⚬，单击第 1 个点并按下鼠标左键，再拖动到第 2 个点，松开鼠标左键后拖动到第 3 个点，形成曲线，拖动调整曲线形状，单击第 3 点后即可绘制一条曲线，如图 2-4-30 所示。"3 点曲线工具"属性栏如图 2-4-31 所示，其中各选项的作用在前面基本已经介绍过。

图 2-4-30　曲线

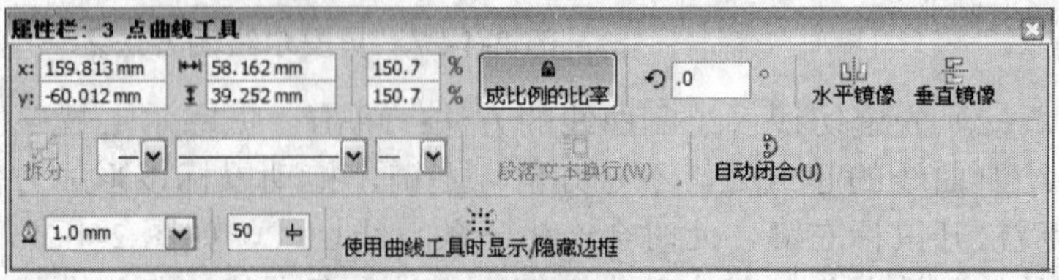

图 2-4-31　"3 点曲线工具"属性栏

（2）B-Spline ∿ 工具绘制曲线：单击 B-Spline 按钮 ∿，拖动出一条直线，如图 2-4-32 左图所示；单击后拖动到第 3 点，如图 2-4-32 中图所示；单击后再移到下一点，如此继续，最后双击，完成曲线的绘制，如图 2-4-32 右图所示。

图 2-4-32　曲线

5. 节点基本操作

（1）选中节点：在对节点进行操作以前，应首先选中节点。要选中节点，应首先单击工具箱中的"形状"工具按钮 。选中节点的方法很多，简介如下。

◎ 曲线起始和终止节点：按【Home】键，可以选中曲线起始点节点；按【End】键，可以选中曲线终止点节点。

◎ 选中一个或多个节点：单击节点，可以选中该节点。按住【Shift】键单击各个节点，可以选中多个节点。也可以拖动鼠标框选要选择的所有节点。

◎ 选中所有节点：按住【Shift+Ctrl】组合键，同时单击任何一个节点，即可选中所有节点。

（2）取消节点的选中：按住【Shift】键，同时单击选中的节点，可以取消节点的选中。

（3）添加节点：单击曲线上非节点处的一点，单击其"编辑曲线、多边形和封套"属性栏中的"添加"按钮，可以添加一个节点。双击曲线上非节点处的一点，也可以在双击点处添加一个节点。

（4）删除节点：选中曲线上的一个或多个节点，单击其属性栏中的"删除"按钮或按【Delete】键，可以删除选中的节点。双击曲线上的一个节点，也可以删除该节点。

（5）调整节点位置：使用"形状"工具 单击节点。拖动节点，可以调整节点的位置，同时也改变了曲线的形状。

（6）调整节点处的切线：对于一些曲线图形，选中的节点处有切线，切线两端有蓝色箭头，可以拖动切线的箭头，调整曲线的形状，如图 2-4-33 所示。如果节点处没有切线，可单击其属性栏内的"转换为曲线"按钮 ，将选中的节点转换为曲线节点，曲线节点处会产生切线。

图 2-4-33　选中的节点

思考与练习2-4

1. 制作一幅"丘比特箭"图形，如图 2-4-34 所示。这是一幅丘比特之箭图形，一支绿色的箭射穿红色的心脏，红色的心脏中有"思恋"两个黄色的字，它表示思恋着心中的人。

2. 制作一幅"七色花"图形，如图 2-4-35 所示。绘制该图形运用了将图形转换成曲线、旋转变换、渐变填充、顺序调整等操作。

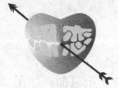

图 2-4-34　"丘比特箭"图形　　　　图 2-4-35　"七色花"图形

3．绘制一幅如图 2-4-36 所示的"小树"图形。

4．绘制一幅如图 2-4-37 所示的"花盆"图形。

5．绘制一幅如图 2-4-38 所示的"水果漫画"图形。

图 2-4-36 "小树"图形　　图 2-4-37 "花盆"图形　　图 2-4-38 "水果漫画"图形

6．绘制一幅"节日礼物"图形，如图 2-4-39 所示。它是一张由气球、糖果、礼花、晶莹剔透的珠宝和项链等组成的卡片。

7．绘制一幅"CPU 咖啡"图形，如图 2-4-40 所示。该图形是由 C、P、U 三个字母组成的，其中咖啡杯的上半部分是字母 C，咖啡杯的手把由字母 P 组成，咖啡杯的下半部分是字母 U。整个创意突出地表现了一杯香浓的 CPU 咖啡这样一个主题。

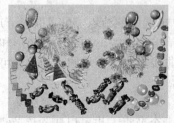 

图 2-4-39 节日礼物　　　　图 2-4-40 "CPU 咖啡"图形

2.5 【案例 5】扑克牌

【案例效果】

"扑克牌"图形如图 2-5-1 所示，其中左图是扑克牌的背面，其他是扑克牌的正面。通过本案例的学习，可以掌握曲线节点的调整等操作。

 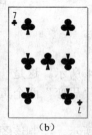   

　（a）　　　　　（b）　　　　　（c）　　　　　（d）　　　　　（e）

图 2-5-1 "扑克牌"图形内 5 个页面中的图形

【操作步骤】

1．设置页面大小和背景图案

（1）设置绘图页面的宽度为 105mm，高度为 148mm。

（2）单击 4 次页面计数器中"1/1"左边或右边的 图标，增加 4 个页面，如图 2-5-2 所示。单击页计数器中的"页 1"按钮，将绘图页面转到第 1 页。

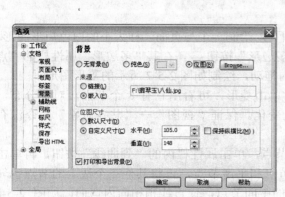

图 2-5-2　页计数器

（3）单击"布局"→"页面背景"命令，调出"选项"对话框"背景"选项卡。选中"位图"单选按钮，表示使用位图作为扑克牌的背景图像。再单击 Browse（浏览）按钮，调出"导入"对话框。选择一幅"鹦鹉.jpg"图像，单击"导入"按钮，回到"选项"对话框"背景"选项卡。

（4）选中"选项"对话框"背景"选项卡中的"自定义尺寸"单选按钮，取消选中"保持纵横比"复选框，分别在"水平"和"垂直"数值框内输入 105 和 148，如图 2-5-3 所示。再单击"确定"按钮，将选中的图像作为背景图像置于画布中，如图 2-5-1（a）所示。

（5）切换到"贴齐对象"选项卡。单击该对话框内的"全部取消"按钮，不选中捕捉模式列表框内的所有复选框，选中"贴齐对象"复选框，"贴齐半径"设置为 5，如图 2-5-4 所示，单击"确定"按钮。以后调整节点位置和改变曲线时可以更加得心应手。

<table>
<tr><td></td></tr>
</table>

图 2-5-3　"选项"对话框　　　　　图 2-5-4　"选项"（贴齐对象）对话框

2．绘制"草花 7"扑克牌

（1）单击页计数器中的"页 2"按钮，将绘图页面转换到第 2 页。使用工具箱中的"矩形工具"，在绘图页内绘制一个与页面一样大小的黑色轮廓线、白色填充的矩形图形。

（2）在绘图页面内拖动绘制一个圆形图形，其内部填充黑色，再复制两个大小完全相同的圆形图形，将它们移到适当的位置，完成后的效果如图 2-5-5 所示。

（3）选择工具箱中完美形状展开工具栏内的"基本形状"工具，单击属性栏中的"完美形状"按钮，调出图形列表，单击该列表内的△图标。在绘图页内拖动，绘制一个无轮廓线的黑色梯形图形。

（4）使用工具箱内的"形状"工具水平向内调整梯形图形的红色菱形控制柄，如图 2-5-6 左图所示。然后，将梯形图形移到如图 2-5-5 所示的 3 个圆形图形的下边。

（5）绘制一个圆形图形，并将该圆形图形拖动到 3 个圆形图形的交接处，盖住其中的空隙，完成草花图形的绘制，如图 2-5-6 右图所示。

图 2-5-5　3 个圆形

图 2-5-6　草花图形

（6）使用"选择工具" ↳ 选中组成草花图形的所有图形，单击"排列"→"群组"命令，将这些选中的图形组成一个群组，形成草花群组。

（7）按 7 次【Ctrl+D】组合键，将草花群组复制 8 个，并将复制的一个草花群组缩小，设置宽为 7mm，高为 8mm。将小草花群组复制 1 个，单击其"组合"属性栏内的"垂直镜像"按钮 吕，使选中的小草花群组垂直颠倒。再将 4 个大草花群组垂直颠倒。

（8）将各草花群组移到相应位置，单击"排列"→"对齐和分布"→"对齐与分布"命令，调出"对齐与分布"对话框。利用该对话框将左边和右边 3 个草花群组组成的 1 列调整为左对齐和等间距分布，3 行草花群组顶部对齐，效果如图 2-5-1 所示。

（9）单击工具箱中的"文本工具"按钮 字，单击绘图页面内左上角，即进入美术字输入状态。同时调出相应的"文本"属性栏，设置字体为黑体、字体大小为 48pt 等。然后，输入文字"7"，再设置文字颜色为黑色。按【Ctrl+D】组合键复制一份。

（10）将复制的"7"字移到绘图页面的右下角。然后，单击其"文本"属性栏内的"垂直镜像"按钮 吕，使选中的"7"字垂直颠倒。最后"草花 7"扑克牌如图 2-5-1 所示。

3．绘制"方块 9"扑克牌

（1）将绘图页面转换到第 3 页。在绘图页内绘制一个与页面一样大小的白色矩形图形。

（2）选择工具箱对象展开工具栏的"多边形"按钮 ○，在其"多边形"属性栏的"点数或边数"数值框内输入 4。在绘图页面内拖动，绘制如图 2-5-7 所示的菱形图形。

（3）使用工具箱中的"形状"工具 ↳ 单击菱形，可看出它有 8 个节点，对称分布，调节一个节点，其他的三个节点也会随之变化。保证"视图"→"贴齐对象"命令没有选中。

（4）选中菱形图形四边中的任意一个节点，单击属性栏内的"到曲线"按钮，再单击"平滑"按钮，将选中的节点转换为曲线节点和平滑节点，再将其他三个边上的节点也转换为曲线节点和平滑节点。依次拖动四边的中间节点，使直线稍稍向内弯曲，如图 2-5-8 所示。

（5）使用工具箱内的"选择工具" ↳ 选中菱形图形，调整菱形图形的宽为 21mm，高为 28mm，为其内部填充红色，取消轮廓线，效果如图 2-5-9 所示。

（6）按 9 次【Ctrl+D】组合键，将菱形图形复制 9 个，并将复制的一个菱形图形缩小，设置宽为 9mm，高为 11mm。将小菱形图形复制 1 个。

（7）将各菱形图形移到相应位置，调出"对齐与分布"对话框，利用该对话框调整 4 行菱形图形水平对齐，2 列菱形图形居中对齐和等间距分布，如图 2-5-1 所示。

（8）使用工具箱中的"文本工具"字 单击绘图页面内左上角，即进入美术字输入状态。同时调出相应的"文本"属性栏，设置字体为黑体、字体大小为 48pt 等。然后，输入文字"9"，再设置文字颜色为红色。按【Ctrl+D】组合键，复制一份。

（9）将复制的"9"字移到绘图页面的右下角，然后，将该"9"字垂直颠倒。

4．绘制"红桃 8"扑克牌

（1）切换到绘图页面的第 4 页。在绘图页内绘制一个与页面一样大小的白色矩形。

（2）单击工具箱内"完美形状展开工具"栏中的"基本形状"按钮 ⬚，单击其"完美形状"属性栏中的"完美形状"按钮，调出图形列表，单击该列表内的 ♡ 图案。按住【Ctrl】键，同时在绘图页内拖动绘制一个心形图形，为其填充红色，取消轮廓线，如图 2-5-8 左图所示。

（3）选中红桃图形，在其属性栏内调整图形宽为 20mm，高为 20mm。单击其"完美形状"属性栏内的"垂直镜像"按钮 吕，使红桃图形垂直颠倒，如图 2-5-8 右图所示。

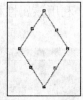
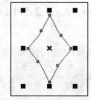

图 2-5-7　菱形图形　图 2-5-8　调整菱形　图 2-5-9　填充颜色　图 2-5-10　红桃图形

（4）按 8 次【Ctrl+D】组合键，将红桃图形复制 8 个，并将复制的一个红桃图形缩小为宽和高均为 7.8mm。然后，将小红桃图形复制 1 个。

（5）选中一个大红桃图形，单击其"完美形状"属性栏内的"垂直镜像"按钮，使选中的大红桃图形垂直颠倒，再将另外 5 个大红桃图形垂直颠倒。

（6）选中复制的小红桃图形，单击其"完美形状"属性栏内的"垂直镜像"按钮，使选中的小红桃图形垂直颠倒。

（7）将各红桃图形移到绘图页面内的相应位置。将左上角的大红桃图形移到正确位置，按住【Shift】键，选中左边一列 3 个大红桃图形。单击"排列"→"对齐和分布"→"对齐与分布"命令，调出"对齐与分布"对话框，利用该对话框将选中图形居中对齐，等间距分布。采用相同方法将其他两列大红桃图形居中对齐，将左边一列大红桃图形居中对齐。

（8）按照前面介绍的方法创建 2 个文字"8"。

5.　绘制"黑桃 10"扑克牌

（1）切换到绘图页面的第 5 页。在绘图页内绘制一个与页面一样大小的白色矩形。

（2）绘制一个无轮廓线的黑色心形图形，调整该图形的宽为 20mm，高为 20mm，如图 2-5-11 所示。然后，使用工具箱内的"贝塞尔工具"或"钢笔工具"，在黑色桃形图形的下边绘制一个梯形轮廓线，如图 2-5-12（a）所示。

（3）单击工具箱中的"形状"工具按钮，调整梯形轮廓线四个顶点节点的位置，从而调整梯形轮廓线的形状，如图 2-5-12（b）所示。然后，为其内部填充"黑色"，取消轮廓线，形成黑色梯形图形，如图 2-5-12（c）所示。

（4）单击工具箱内的"选择工具"按钮，将黑色梯形图形移到黑色心形图形的下边，使其重叠一部分，形成一个黑桃图形，如图 2-5-13 所示。拖动出一个矩形，将整个黑桃图形全部选中，单击"排列"→"群组"命令，将它们组成一个群组。

（5）按照上面制作"红桃 8"扑克牌的方法制作"黑桃 10"扑克牌，效果如图 2-5-1 所示。

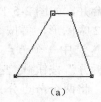

（a）　　　　　（b）　　　　　（c）

图 2-5-11　心形图形　　图 2-5-12　梯形轮廓线和梯形图形　　图 2-5-13　黑桃图形

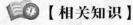【相关知识】

1.　使用形状工具调整曲线

在绘图页面内绘制一个图形，使用"选择工具"选中该图形，再单击其属性栏内的"转换为曲线"按钮，可将选中的图形转换为曲线。使用工具箱中的"形状"工具选中一个节点，此时的"编辑曲线、多边形和封套"属性栏如图 2-5-14 所示。利用该属性栏可以对节点进行操作。

图 2-5-14 "编辑曲线、多边形和封套"属性栏

（1）调整节点和节点切线：使用工具箱中的"形状"工具 ，选中一个或多个节点。拖动节点可以调整节点的位置，同时也改变与节点连接的曲线的形状。拖动曲线节点的切线两端的蓝色箭头，可以调整曲线的形状。如果节点处没有切线，可单击其属性栏内的"到曲线"按钮 ，将选中的节点转换为曲线节点。

（2）缩放曲线图形：使用"形状"工具 ，选中一个或多个节点。其属性栏中的"缩放"与"旋转与倾斜"按钮变为有效。单击其内的"缩放"按钮，则选中的节点与它们之间的曲线周围有 8 个黑色控制柄，如图 2-5-15 左图所示。此时拖动控制柄，可以缩放选中与节点相连接的曲线图形，如图 2-5-15 右图所示。

（3）旋转曲线图形：选中一个或多个节点。单击其属性栏中的"旋转与倾斜"按钮，则选中的节点及与它们相连的曲线周围出现 8 个双箭头控制柄，如图 2-5-16 左图所示。此时拖动控制柄，可以旋转或倾斜选中与节点相连接的曲线图形，如图 2-5-16 右图所示。

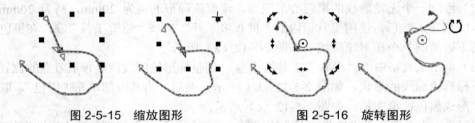

图 2-5-15 缩放图形　　　　　　图 2-5-16 旋转图形

2. 合并与拆分节点

（1）合并节点：单击工具箱中的"形状"工具按钮 ，按住【Shift】键，选中两个节点，此时"编辑曲线、多边形和封套"属性栏中的"连接"按钮变为可用，再单击"连接"按钮，即可合并节点，如图 2-5-17 左图所示。

另外，还可以将不同图形的起点和终点节点合并，如图 2-5-17 右图所示。但是，需要在合并前，先将 2 个图形进行结合，方法是选中 2 幅图形，再按【Ctrl+L】组合键。

（2）拆分节点：使用工具箱中的"形状"工具 ，选中一个节点（不是起点或终点节点），此时"编辑曲线、多边形和封套"属性栏中的"拆分"按钮 变为可用，再单击"拆分"按钮，即可拆分该节点。方法是拖动拆分的节点，将两个节点分开，如图 2-5-18 所示。

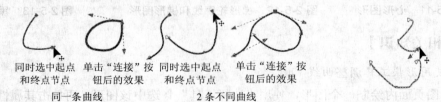

同时选中起点　单击"连接"按　同时选中起点　单击"连接"按
和终点节点　　钮后的效果　　和终点节点　　钮后的效果
　　　同一条曲线　　　　　　　　2 条不同曲线

图 2-5-17 合并节点　　　　　　　图 2-5-18 拆分节点

3. 曲线反转和封闭

（1）反转曲线方向：一条非封闭的曲线，有起始节点与终止节点之分，可以通过按【Home】键或【End】键来选择判断。使用工具箱中的"形状"工具 选中一条或多条非封闭的曲线，如图 2-5-19 左图所示，再单击"编辑曲线、多边形和封套"属性栏中的"反转子路径"按钮 ，即可将选中曲线的起始与终止节点互换，如图 2-5-19 右图所示。

（2）曲线闭合：选中两条线，再按【Ctrl+L】组合键，将 2 两条曲线进行结合。使用工具箱中的"形状"工具 选中两条线的一个节点，如图 2-5-19 所示。再单击"编辑曲线、多边形和封套"属性栏中的"闭合"按钮 ，即可产生一条连接两个节点的直线，如图 2-5-20 所示。

（3）曲线封闭：选中曲线的起始与终止节点，如图 2-5-21 左图所示，单击其属性栏的"自动闭合"按钮，可产生一条连接起始节点与终止节点的直线，将曲线封闭，如图 2-5-21 所示。

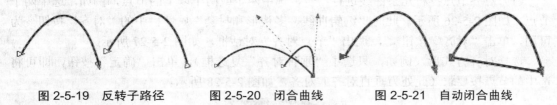

图 2-5-19　反转子路径　　　图 2-5-20　闭合曲线　　　图 2-5-21　自动闭合曲线

4. 节点属性的调整

节点有直线节点和曲线节点两类，曲线节点又可分为尖突节点（也叫尖角节点）、平滑节点（也叫缓变节点）和对称节点。不同类型的节点之间可以通过"编辑曲线、多边形和封套"属性栏进行相互转换，转换的方法如下。

（1）直线节点和曲线节点的相互转换：使用工具箱中的"形状"工具 选中和图 2-5-22 所示折线中间的节点，拖动中间的节点，会发现随着节点位置的变化，两边直线的长短也会发生变化，但仍为直线。这说明该节点是一个直线节点。

此时，属性栏中的"到曲线"按钮变为可用，单击"到曲线"按钮，即可将直线节点转换为曲线节点。拖动中间的节点，会发现随着节点位置的变化，该节点与上一个节点（即本例中的起始节点）间的直线会变为曲线，如图 2-5-23 所示，这说明该节点是曲线节点。

选中中间的节点，此时属性栏中的"到直线"按钮变为可用，单击该按钮即可将曲线节点转换为直线节点，该节点与上一个节点间的曲线会变为直线，如图 2-5-22 所示。

（2）尖突节点和平滑节点的相互转换：尖突节点和平滑节点都属于曲线节点。拖动尖突节点时，节点两边的路径会完全不同，节点处呈尖突状，如图 2-5-23 所示。用鼠标拖动平滑节点时，节点两边的路径在节点处呈平滑过渡，如图 2-5-24 所示。

使用工具箱中的"形状"工具 选中节点。此时，如果选中的节点是尖突节点，则属性栏中的"平滑"按钮变为可用，单击"平滑"按钮，即可将尖突节点转换为平滑节点；如果选中的节点是平滑节点，则属性栏中的"尖突"按钮变为可用，单击"尖突"按钮，即可将平滑节点转换为尖突节点。

（3）对称节点：使用"形状"工具 选中的图 2-5-22 所示图形的中间节点，再单击属性栏中的"平滑"按钮，使该节点变为曲线节点，则曲线节点两边的线均变为曲线。

如果选中终点或起始节点，则"平滑"按钮无效。选中中间的曲线节点时，属性栏中的"对称"按钮变为可用，单击"对称"按钮，即可将该节点变为对称节点。

拖动对称节点时，对称节点两边的路径的幅度会有相同的变化，变化的方向相反，而且在同一条直线上，如图 2-5-25 所示。拖动平滑节点时，平滑节点一边的路径幅度会有变化。

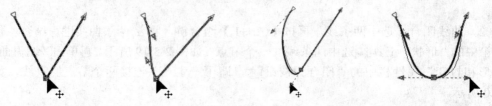

图 2-5-22　直线节点　　图 2-5-23　曲线节点　　图 2-5-24　平滑节点　　图 2-5-25　对称节点

5．对齐节点与弹性模式设定

（1）对齐节点：将几条曲线进行结合，选中两个或两个以上的节点，例如，选中两个节点，如图 2-5-26 所示。此时"编辑曲线、多边形和封套"属性栏中的"对齐"按钮变为可用，单击"对齐"按钮，调出"节点对齐"对话框，如图 2-5-27 所示。

选择对齐方式后（例如，只选中"垂直对齐"复选框），单击"确定"按钮，即可将选中的节点按要求（此处为垂直对齐）对齐，如图 2-5-28 所示。

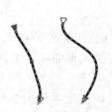 

图 2-5-26　选中两个节点　　图 2-5-27　"节点对齐"对话框　　图 2-5-28　将选中节点对齐

（2）弹性模式设定：选择工具箱中的"形状"工具，单击其属性栏中的"节点"按钮，选中如图 2-5-26 所示图形中的 4 个节点，然后拖动一个节点，会发现整个图形会随之移动。如图 2-5-29 所示。此时单击属性栏中的"弹性模式"按钮，再拖动一个节点（如终止节点），会发现起始节点位置不变，曲线随之移动，如图 2-5-30 所示。

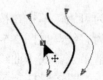 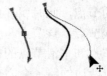

图 2-5-29　整个图形随之移动　　　　图 2-5-30　其他节点与曲线随之移动

思考与练习2-5

1．绘制一幅"扑克图案"图形，如图 2-5-31 所示，它由一副扑克牌背景图像和四幅扑克牌图形组成。

2．使用"手绘"、"贝塞尔"、"钢笔"和"形状"等工具绘制如图 2-5-32 所示的图形。

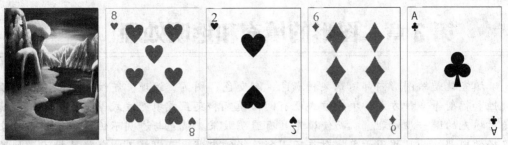

图 2-5-31 "扑克图案"图形

图 2-5-32 "网页生活黄页内标志"图形

3. 绘制一幅如图 2-5-33 所示的"螃蟹"图形。

4. 绘制一幅如图 2-5-34 所示的艺术文字图形。

5. 绘制一幅"卡通动物"图形，如图 2-5-35 所示。

图 2-5-33 "螃蟹"图形

图 2-5-34 "艺术文字"图形

图 2-5-35 "卡通动物"图形

6. 制作一幅"海岛风情"图形，如图 2-5-36 所示。这是一幅旅游宣传海报。其内绘有几个小岛、一棵椰子树和一些草丛，还有太阳悄悄地从小岛后面伸出头来。

7. 绘制一幅"蝴蝶风筝"图形，如图 2-5-37 所示。

8. 绘制一幅"手提带"图形，如图 2-5-38 所示。

图 2-5-36 "海岛风情"图形

图 2-5-37 "蝴蝶风筝"图形

图 2-5-38 "手提袋"图形

第3章　图形的填充和透明处理

　　填充就是给图形内部填充某种颜色、渐变色、图案、纹理、花纹和图像，渐变填充有线性和辐射等多种方式，填充方式还有网格填充和交互式填充方式等。透明类似于填充，是对填充的进一步处理，从而使填充具有透明效果。填充与透明不但适用于单一对象闭合路径的内部，而且适用于单一对象不闭合路径的内部，可以将不闭合路径封闭。如果要对不闭合路径进行填充，需要先进行设置，方法是选中"选项"对话框"常规"选项卡内的"填充开放式曲线"复选框。填充使用的是填充展开工具栏和交互式填充展开工具栏内的工具，透明使用的是交互式展开工具栏内的"透明度"工具。

　　本章通过学习4个案例的制作，可以使读者初步掌握"调色板管理器"泊坞窗、调色板、"颜色"泊坞窗和"轮廓颜色"对话框的使用方法，掌握填充和透明度工具的使用方法。

3.1 【案例6】荷塘月色

【案例效果】

　　"荷塘月色"图形如图 3-1-1 所示。其背景是从蓝色到深蓝色的线性渐变色，如图 3-1-2 所示。宁静的湖面上飘着荷花，在月光下更显美丽。通过本案例的学习，可以进一步掌握"手绘"和"形状"工具的使用方法，掌握填充展开工具栏内的"均匀填充"和"渐变填充"工具的使用方法，初步掌握"调和"和"阴影"工具的使用方法等。

图 3-1-1　"荷塘月色"效果图

图 3-1-2　背景

 ### 【操作步骤】

　　1. 绘制背景图形

　　（1）新建一个 CorelDRAW 文档，设置绘图页面的宽度和高度都为 80mm。使用工具箱中的"矩形工具" □，在绘图页内绘制一个与页面一样大小的矩形。

　　（2）单击工具箱填充展开工具栏内的"渐变填充"按钮 ▉，调出"渐变填充"对话框，如图 3-1-3 所示（还没有设置）。在该对话框中的"类型"下拉列表框内选择"线性"选项，在"角度"数值框内输入 90，在"颜色调和"选项组中选择"双色"单选按钮，如图 3-1-3 所示。

　　（3）单击"从"按钮，调出它的调色板，单击该面板内的"其他"按钮，调出"选择颜色"对话框，单击其内的海蓝色色块，如图 3-1-4 所示。单击"确定"按钮，即可设置"从"颜色为海蓝色。按照相同的方法，设置"到"下拉列表框中的颜色为深蓝色。单击"确定"按钮，完成矩形内海蓝色到深蓝色的线性垂直渐变色的填充。右击右侧调色板中的浅蓝色色块，设置矩形轮廓线的颜色为浅蓝色。

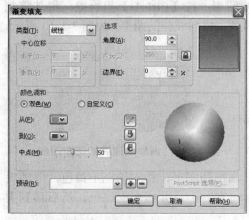
图 3-1-3　"渐变填充"对话框

图 3-1-4　"选择颜色"对话框

（4）使用工具箱中的"矩形工具" ▢，在绘图页内绘制一个与页面宽度一样，高度为 50mm 的矩形。单击工具箱填充展开工具栏内的"渐变填充"按钮 ▨，调出"渐变填充"对话框，设置与图 3-1-3 基本一样，只是"从"下拉列表框中的颜色为浅蓝色，"到"下拉列表框中的颜色为黄色，单击"确定"按钮，绘制的矩形填充色如图 3-1-5 所示。

（5）单击交互式展开工具栏内的"透明度"按钮 ♈，在如图 3-1-5 所示的矩形之上从上向下拖动，进行透明度处理，如图 3-1-6 所示。在其"交互式渐变透明"属性栏内进行设置，如图 3-1-7 所示。最后绘图页面的背景图形如图 3-1-2 所示。

图 3-1-5　渐变填充的矩形

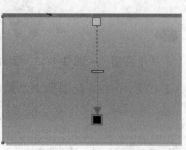
图 3-1-6　添加透明度处理

图 3-1-7　"交互式渐变透明"属性栏

2. 绘制荷花图形

（1）选择工具箱曲线展开工具栏内的"手绘"工具 ◠，在其"曲线"属性栏内的"手绘平滑"数值框内输入 100，拖动绘制一个花瓣图形，如图 3-1-8 左图所示。

（2）单击工具箱填充展开工具栏内的"均匀填充"按钮 ▇，调出"均匀填充"对话框，它与如图 3-1-4 所示的对话框基本一样。利用该对话框选择粉红色，单击"确定"按钮，给花瓣图形填充粉红色，取消轮廓线，效果如图 3-1-8 中图所示。

（3）将花瓣图形复制一份，缩小复制的花瓣图形，选中该图形，单击"均匀填充"按钮 ▇，调出"均匀填充"对话框。选择浅棕黄色，单击"确定"按钮，给小花瓣图形填充浅棕黄色，将它放在大花瓣图形内的右侧，如图 3-1-8 右图所示。

（4）单击工具箱交互式展开工具栏内的"调和"按钮 ，从小花瓣向人花瓣拖动，此时的图形如图 3-1-9 左图所示。在其"交互式调和工具"属性栏内的"调和对象"数值框内输入 50，按【Enter】键后，花瓣图形如图 3-1-9 右图所示。

（5）使用工具箱内的"选择工具" 选中花瓣图形，按【Ctrl+D】组合键，将其复制多个。调整各花瓣图形的大小、方向、旋转角度和位置，排列成花的图形，如图 3-1-10 所示。

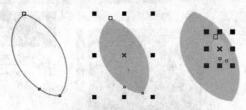
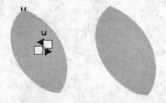

图 3-1-8　绘制花瓣图形　　　　图 3-1-9　调和处理后的花瓣图形

（6）使用工具箱内的"椭圆形"工具 绘制一幅椭圆图形，将它填充上黄色，取消轮廓线。按【Ctrl+D】组合键，复制一幅椭圆图形，将它缩小，并填充上红色，然后移到大椭圆图形的正下方，如图 3-1-11 所示。

（7）选中小椭圆图形，单击"排列"→"顺序"→"置于此对象后"命令，此时的鼠标指针变成一个黑色的箭头，单击大椭圆图形，将小椭圆图形置于大椭圆图形之后。

（8）使用工具箱交互式展开工具栏内的"调和"工具 ，从小椭圆图形向大椭圆图形拖动，此时的图形如图 3-1-12 所示。

（9）选择工具箱内的"椭圆形"工具 ，在按住【Ctrl】键的同时拖动，绘制一幅圆形图形，将它填充红色，取消轮廓线。按【Ctrl+D】组合键，复制多个圆形图形，排列在黄色的椭圆内，如图 3-1-13 所示。选中多个小椭圆和调和后的椭圆图形，将它们组成一个群组。

图 3-1-10　荷花图形　　　图 3-1-11　2 个椭圆　　　图 3-1-12　调和效果　　图 3-1-13　莲蓬图形

（10）将整个图形放置在如图 3-1-10 所示的荷花图形上，调整一些荷花瓣的前后顺序，最后效果如图 3-1-14 所示。

3．绘制荷叶图形

（1）使用工具箱内的"椭圆形"工具 绘制一个椭圆。然后使用工具箱中的"形状"工具 拖动其中的节点沿边缘旋转，调整椭圆图形为扇形图形，如图 3-1-15 左图所示。

（2）将扇形填充上浅绿色，取消轮廓线。按【Ctrl+D】组合键复制一个扇形，将它放大，并填充上深绿色。将小扇形图形移到大扇形图形的中心位置，如图 3-1-15 中图所示。

图 3-1-14　莲花和莲蓬图形

（3）使用工具箱交互式展开工具栏内的"调和"工具 ，在小扇形图形到大扇形图形之间拖动，将它们进行调和处理，形成荷叶图形，如图 3-1-15 右图所示。

（4）使用工具箱内的"选择工具" 选中荷叶图形，单击"排列"→"群组"命令，将荷叶图形组成一个荷叶群组对象。同样，将荷花图形组成一个荷花群组对象。

（5）选中荷叶群组对象，多次按【Ctrl+D】组合键，复制多幅荷叶群组对象，调整它们的大小和形状，并将它们移到背景上合适的位置。

图 3-1-15　绘制荷叶图形

（6）选中荷花群组对象，多次按【Ctrl+D】组合键，复制多个荷花群组对象，调整好大小，移到背景上合适的位置，如图 3-1-1 所示。

4．制作月亮和文字

（1）选择工具箱中的"椭圆形"工具 ○，按住【Ctrl】键的同时，在绘图页面内的右上角拖动，绘制一个圆形图形。将它填充上黄色，取消轮廓线，如图 3-1-16 所示。

（2）选择工具箱中的"阴影"工具 □，在它的"交互式阴影"属性栏内的"预设列表"下拉列表框内选择"中等辉光"选项，在"阴影颜色"下拉列表框内选择黄色，设置"羽化方向"为中间，设置"羽化边缘"为线性，在"阴影的不透明度"数值框内输入 98，在"阴影羽化"数值框内输入 98，如图 3-1-17 所示。完成后的月亮图形如图 3-1-18 所示。

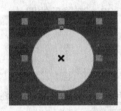

图 3-1-16　黄色圆形　　　　图 3-1-17　"交互式阴影"属性栏　　　　图 3-1-18　月亮图形

（3）使用工具箱中的"文本"工具 字 在页面内单击一下，在其属性栏内设置"字体"为华文行楷，"大小"为 60pt，"填充色"和"轮廓线"都为红色，然后输入"荷塘月色"四个字。

（4）使用工具箱内的"阴影"工具 □，在"荷塘月色"文字上拖动，并在其"交互式阴影"属性栏内设置"阴影颜色"为黄色，其他设置如图 3-1-19 所示，文字如图 3-1-20 所示。

图 3-1-19　"交互式阴影"属性栏　　　　图 3-1-20　添加阴影的文字

（5）将文字移到绘图页面的左上方，适当调整文字的大小，如图 3-1-1 所示。

5．导入天鹅图像

（1）单击标准工具栏内的"导入"按钮 ，调出"导入"对话框，选择一幅名为"天鹅 1.jpg"的图像，单击"导入"按钮。在画布中拖动鼠标，将"天鹅 1.jpg"图像导入到绘图页面外部，如图 3-1-21 所示。

（2）单击"位图"→"位图颜色遮罩"命令，打开"位图颜色遮罩"泊坞窗，然后单击其内的"颜色选择"按钮 ，此时鼠标指针变成吸管状，然后单击图片周围的蓝色，设置"容限"为 19，如图 3-1-22 所示，单击"应用"按钮。此时的图像如图 3-1-23 所示，再将它移至背景图形的上部。

（3）使用工具箱内的"选择工具" 将如图 3-1-23 所示的图像调小一些，再将该图像复制两份，调整它们的位置，如图 3-1-1 所示。

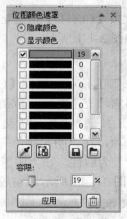

图 3-1-21 "天鹅 1.jpg"图像　图 3-1-22 "位图颜色遮罩"泊坞窗　图 3-1-23 遮罩后的图片

【相关知识】

1. 调色板管理

单击"窗口"→"泊坞窗"→"调色板管理器"命令，调出"调色板管理器"泊坞窗，如图 3-1-24 所示。"调色板管理器"泊坞窗内有 6 个按钮 ，将鼠标指针移到按钮之上可显示按钮名称。利用该泊坞窗可以打开、保存、新建和编辑调色板。

（1）添加和取消调色板：单击"调色板管理器"泊坞窗内调色板名称左边的 图标，使它变为 图标，可以将该调色板添加到 CorelDRAW X5 工作区右边的调色板区域中。单击 图标，使它变为 图标，可以将该调色板从 CorelDRAW X5 工作区内取消。

另外，单击"窗口"→"调色板"命令，调出"调色板"菜单，选中其内的命令，即可增加一个调色板。单击选中的命令，则取消选中该命令，从而取消该调色板。

（2）打开调色板：单击"调色板管理器"泊坞窗内的"打开调色板"按钮 ，调出"打开调色板"对话框，如图 3-1-25 左图所示，在"文件类型"下拉列表框内可以选择调色板的各种类型，如图 3-1-25 右图所示。选中要打开的调色板名称后，单击"打开"按钮，即可将选中的外部调色板打开，同时导入到 CorelDRAW X5 工作区右边的调色板区域中。

（3）编辑调色板：在"调色板管理器"泊坞窗内选中一个自定义调色板名称，再单击"打开调色板编辑器"按钮 ，调出"调色板编辑器"对话框，如图 3-1-26 所示，可以看到该调色板的情况。利用该对话框内的下拉列表框可以更换自定义调色板；单击右排的按钮，还可以给调色板添加新颜色，可以替换调色板内的颜色，可以删除调色板内的颜色，可以将调色板内的颜色色块按照指定的方式排序显示等。

（4）新建调色板：打开文档，选中一个对象，单击"调色板管理器"泊坞窗内的"使用选定的对象创建一个新调色板"按钮 ，调出"另存为"对话框，利用该对话框可以将选中对象所使用的颜色保存为一个调色板文件（扩展名为 xml）。如果单击"使用文档创建一个新调色板"按钮 ，调出"另存为"对话框，利用该对话框可以将打开文档所用的颜色保存为一个调色板文件。如果单击"创建一个新的空白调色板"按钮 ，调出"另存为"对话框，利用该对话框可以保存一个新的空白调色板文件。

图 3-1-24　"调色板管理器"泊坞窗　　　图 3-1-25　"打开调色板"对话框和文件类型

（5）删除自定义调色板：在"调色板管理器"泊坞窗内选中一个自定义调色板名称，再单击该泊坞窗右下角的"删除所选的项目"按钮 ，调出一个提示框，单击"确定"按钮，即可删除"调色板管理器"泊坞窗内选中的自定义调色板。

2. 纯色着色

（1）使用调色板着色：使用"选择工具" 选中图形，将鼠标指针移到调色板内的色块之上，稍等片刻，会显示颜色名称。单击色块，即可给选中的图形填充颜色；右击色块，可设置选中图形轮廓的颜色；按住【Ctrl】键并单击色块，可将单击的颜色与原来的颜色混合。

在选中任何对象后，拖动调色板中的颜色块到对象上方，当鼠标指针指向对象内部时，则给对象内部填充颜色；当鼠标指针指向对象轮廓线时，则改变对象轮廓线的颜色。

如果按住【Shift】键，同时单击色块，则会调出"按名称查找颜色"对话框，如图 3-1-27所示。在该对话框内的"颜色名称"下拉列表框内可以选择一种颜色的名字，再单击"确定"按钮，即可将鼠标指针定位在要选择的颜色的色块处。

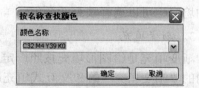

图 3-1-26　"调色板编辑器"对话框　　　图 3-1-27　"按名称查找颜色"对话框

（2）"颜色"泊坞窗着色：单击"窗口"→"泊坞窗"→"彩色"命令或单击轮廓展开工具栏内的"彩色"（或"颜色"）按钮 ，调出"颜色"泊坞窗，如图 3-1-28 所示。在下拉列表框中可以选择颜色模式，在色条中单击可以选择某种颜色或在相应的文本框中输入颜色数据。颜色选好后，单击"填充"按钮，即可给图形填充选定的颜色，单击"轮廓"按钮，即可改变选中对象的轮廓线颜色。

单击"显示颜色滑块"按钮 ，可以切换"颜色"泊坞窗，如图 3-1-29 所示，拖动滑块或者在文本框内输入，都可以调整颜色数据。单击"显示调色板"按钮 ，可以切换"颜色"泊坞窗，如图 3-1-30 所示，单击右边垂直颜色条中的色块，可以整体改变左边的调色板内容；单击 按钮，可以向上移动调色板内的色块；单击 按钮，可以向下移动调色板内的色块。

单击"颜色"泊坞窗左下角的"自动应用颜色"按钮，可以使该按钮在 和 之间切换。当按钮呈 状态时，表示单击调色板内的色块后，选中对象的填充颜色即可随之变化，轮廓线颜色不变；当按钮呈 状态时，表示单击调色板内的色块后，需要单击"填充"按钮才可以改变选中对象的填充颜色，需要单击"轮廓"按钮才可以改变选中对象的轮廓颜色。

图 3-1-28 "颜色"泊坞窗 1

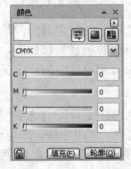
图 3-1-29 "颜色"泊坞窗 2

图 3-1-30 "颜色"泊坞窗 3

（3）使用"均匀填充"对话框着色：使用"选择工具" 选中对象，再单击工具箱中的交互式填充展开工具栏内的"交互式填充"按钮 ，在其属性栏内的"填充类型"下拉列表框内选择"均匀填充"选项，如图 3-1-31 所示。单击该属性栏中的"编辑填充"按钮 ，调出"均匀填充"对话框，如图 3-1-32 所示。

单击"混和器"标签，可切换到"混和器"选项卡，单击"调色板"和"模型"标签，可以切换到"调色板"和"模型"选项卡。使用它们也可以选择要填充的颜色，再单击"确定"按钮，即可给选中的对象填充选定的颜色。

单击工具箱中填充展开工具栏内的"均匀填充"按钮 ，也可以调出"均匀填充"对话框。

（4）使用"对象属性"泊坞窗着色：使用"选择工具" 右击对象，调出它的快捷菜单，再单击该菜单中的"属性"命令，调出"对象属性"泊坞窗，如图 3-1-33 所示。使用该泊坞窗也可以选择填充的颜色。

3．渐变填充

渐变填充是给图形填充按照一定的规律发生变化的颜色。使用工具箱中填充展开工具栏内的"渐变填充" 和交互式填充展开工具栏内的"交互式填充" 等工具，以及如图 3-1-33 所示的"对象属性"泊坞窗等，都可以给选中的对象填充渐变色，它们的方法很相似，有着很多共同点，主要的操作都是使用"渐变填充"对话框。使用"选择工具" 选中对象，再单击填充展开工具栏内的"渐变填充"按钮 ，调出"渐变填充"对话框，如图 3-1-34 所示。利用该对话框进行渐变填充的具体方法如下。

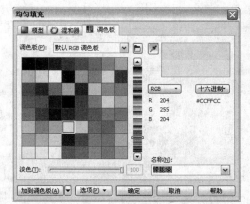

图 3-1-31　"交互式均匀"属性栏　图 3-1-32　"均匀填充"对话框　图 3-1-33　"对象属性"泊坞窗

（1）在"类型"下拉列表框内可以选择渐变填充的类型，有线性、辐射、圆锥和正方形四种类型，选择不同的类型，"渐变填充"对话框会不一样。例如，选择"圆锥"类型选项后的"渐变填充"对话框如图 3-1-34 左图所示；选择"线性"类型选项后的"渐变填充"对话框如图 3-1-3 所示；选择"正方形"类型选项后的"渐变填充"对话框如图 3-1-34 右图所示；选择"辐射"类型选项后的"渐变填充"对话框如图 3-1-35 所示。

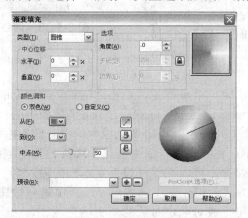

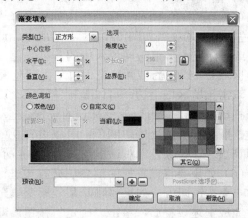

图 3-1-34　"渐变填充"（圆锥和正方形）对话框

（2）如果选择的不是线性类型，则还需要在"中心位移"选项组内选择起始颜色所在的位置，也可以在"渐变填充"对话框右上角的显示框内单击来确定起始颜色所在的点，显示框内的图形会给出渐变填充的效果。在选择类型和确定中心点后，图形会随之发生变化。

（3）在"选项"选项组内可以设置颜色渐变效果。在改变"角度"、"步长"和"边界"三个数值框内的数据时，可以同步在显示框内看到设置的颜色渐变效果。单击"步长"按钮，可以使"步长"数值框在有效和无效之间切换。

（4）在"颜色调和"选项组内，如果选择"双色"单选按钮，则"颜色调和"选项组如图 3-1-35 左图所示；如果选择"自定义"单选按钮，则"颜色调和"选项组如图 3-1-35 右图所示。单击"从"按钮，调出调色板，如图 3-1-36 所示。单击调色板内的色块，即可设置起始的"从"颜色为该色块颜色；单击调色板内的"其他"按钮，可以调出"选择颜色"对话框，如图 3-1-4 所示，用来设置"从"颜色；单击调色板内的按钮，鼠标指针呈吸管状，单击屏幕上任何一处的颜色，即可设置该颜色为"从"颜色，如红色。

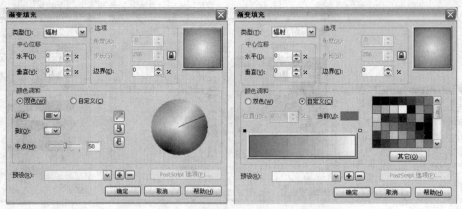

图 3-1-35　"渐变填充"（辐射）对话框

按照上述的方法，也可以在"到"下拉列表框内选择一种颜色，如白色。从而设置了渐变色为红色到白色。再拖动调整"中点"的滑块或在其文本框内输入数据，可以调整颜色渐变的中心点。

单击"颜色调和"选项组内的"直接渐变" 、"逆时针渐变" 、"顺时针渐变" 三个按钮，可以设置颜色的渐变方式。

图 3-1-36　调色板

（5）在"颜色调和"选项组内如果选择"自定义"单选按钮，则"颜色调和"选项组如图 3-1-35 右图所示。此时单击预览区域左上角的□或■标记，再单击调色板中的一种颜色，即可设置起始色；单击预览区域右上角的□或■标记，再单击调色板中的一种颜色，即可设置终止色。

双击预览区域上边，可以使预览区域上边出现一个▼标记，单击"位置"数值框的按钮或拖动▽标记，可以改变标记的位置。拖动▼标记到一定位置后，单击调色板中的一种颜色，即可设置此处的中间色。可以设置 99 个中间颜色。单击调色板内的"其他"按钮，可以调出"选择颜色"对话框，如图 3-1-4 所示。在"当前"框内会显示▼标记处的颜色。

（6）如果要将设置好的渐变填充方式进行保存，可以在"预设"文本框内输入名字，再单击 按钮即可。如果要删除某种渐变填充方式，可先选中它的名字，再单击 按钮。完成上述设置后，单击"确定"按钮，即可完成对选定对象的渐变填充。

思考与练习3-1

1．绘制一幅立体几何图形，如图 3-1-37 所示，它们具有较强的立体效果。绘制该图形需要使用"渐变填充"和"阴影"工具等。

2．绘制一幅"圣诞贺卡"图形，如图 3-1-38 所示。

图 3-1-37　"立体几何"图形　　　　图 3-1-38　"圣诞贺卡"图形

3．绘制一幅"卷页效果"图形，如图 3-1-39 所示。它就像一幅图像的边缘被卷了起来。

4．绘制一幅"我的小屋"图形，如图 3-1-40 所示。

5．绘制一幅如图 3-1-41 所示的"城市夜景"图形。

图 3-1-39　"卷页效果"图形　　图 3-1-40　"我的小屋"图形　　　图 3-1-41　"城市夜景"图形

3.2　【案例 7】新年快乐

【案例效果】

"新年快乐"图形如图 3-2-1 所示。可以看到，正中间上边是礼花，下边是两个儿童围着"恭喜发财"的金元宝，儿童两旁是"新年"和"快乐"两组纹理填充的渐变七彩文字，两边各有一只大红灯笼，大红灯笼下边有一串鞭炮。大红灯笼中间亮四周暗，有阴影，给人一种强烈的三维效果。通过制作该图形，可以进一步掌握图形的渐变填充方法以及"调和"工具和"阴影"工具的使用，掌握图样与底纹填充的方法等。

图 3-2-1　"新年快乐"图形

【操作步骤】

1．导入图像和礼花图形

（1）新建一个 CorelDRAW 文档，设置绘图页面的宽度为 200mm，高度为 100mm，背景色为红色。

（2）单击"文件"→"导入"命令，调出"导入"对话框，选中"迎新年.jpg"图像文件，单击"导入"按钮，关闭"导入"对话框。

（3）在绘图页面内拖动，绘制一个矩形，即导入一幅"迎新年.jpg"图像，将该图像移到绘图页面内中间偏下的位置，如图 3-2-2 所示。

（4）使用工具箱中的"选择工具" 选中导入的图像，单击"窗口"→"泊坞窗"→"位图颜色遮罩"命令，调出"位图颜色遮罩"泊坞窗。

（5）选中"隐藏颜色"单选按钮，单击"颜色选择"按钮 ，再单击"迎新年.jpg"图像的白色背景，选中第 1 个复选框，在"容限"文本框内输入 33，如图 3-2-3 所示。然后，单击"应用"按钮，即可隐藏节日图像的背景白色，如图 3-2-4 所示。

图 3-2-2　"迎新年.jpg"图像　图 3-2-3　"位图颜色遮罩"泊坞窗　　图 3-2-4　隐藏白色

（6）选择工具箱中曲线展开工具栏内的"艺术笔"工具 ，单击其属性栏中的"喷涂"按钮，在"类别"下拉列表框中选择"其他"选项，在"喷射图样"下拉列表框中选择一种礼花图案。按照【案例 4】所述方法添加一些礼花图形，如图 3-2-1 所示。

2．绘制鞭炮和制作文字

（1）使用工具箱中的"矩形工具" □ 在绘图页面外边绘制一个矩形图形。使用工具箱中的"选择工具" ▶ 选中矩形图形，单击填充展开工具栏内的"渐变填充"按钮 ■，调出"渐变填充"对话框，在"类型"下拉列表框内选择"线性"渐变填充类型，选中"自定义"单选按钮，"渐变填充"对话框如图 3-2-5 所示。

（2）单击预览区域左上角的 □ 或 ■ 标记，再单击调色板中的棕红色色块，设置起始色为棕红色；单击预览区域右上角的 □ 或 ■ 标记，再单击调色板中的棕红色色块，设置终止色也为棕红色。双击预览区域上边，可以使预览区域上边中间位置出现一个 ▼ 标记，单击调色板中的黄色色块，设置此处的中间色为黄色。此时选中的矩形图形填充的线性渐变色为棕红色到黄色，再到棕红色，如图 3-2-6 所示。

（3）按【Ctrl+D】组合键，将如图 3-2-6 所示的矩形复制一份，选中复制的矩形，单击填充展开工具栏内的"渐变填充"按钮 ■，调出"图样填充"对话框。选中"全色"单选按钮，单击"图样"按钮，调出"图样"面板，选中该面板内第 1 行第 1 列图案，在"大小"选项组的"宽度"和"高度"数值框内分别输入 10.0mm，其他设置如图 3-2-7 所示。

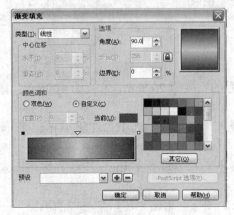

图 3-2-5　"渐变填充"对话框　　图 3-2-6　矩形　　图 3-2-7　"图样填充"对话框

（4）单击"确定"按钮，则选中的矩形填充指定图样，形成图样填充的矩形，如图 3-2-8 所示。再将该矩形移到如图 3-2-6 所示的矩形之上。

（5）单击工具箱中交互式展开工具栏中的"透明度"按钮 ，再在矩形图形中从左向右拖动，使该矩形图形产生透明效果，同时产生两个方形控制柄和一个条形透明控制柄，如图 3-2-9 所示。

（6）连续两次将调色板内的深灰色色块拖动到矩形上边的方形控制柄内，使矩形的透明度增加。在它的"交互式渐变透明"属性栏内的"透明中心点"文本框内输入 50，其他设置如图 3-2-10 所示。最后绘出一种爆竹图形，再将它旋转一定的角度，效果如图 3-2-11 左图所示。

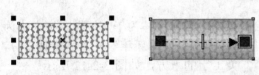

图 3-2-8　图样填充矩形　图 3-2-9　透明度处理　　图 3-2-10　"交互式渐变透明"属性栏

（7）使用工具箱中的"选择工具" 选中如图 3-2-11 左图所示的爆竹图形，按 3 次【Ctrl+D】组合键，复制 3 幅相同的爆竹图形。

（8）选中其中一幅复制的爆竹图形，将如图 3-2-6 所示的透明的矩形图形移开，选中如图 3-2-8 所示的填充有一种图样的矩形。再调出"图样填充"对话框，单击"图样"按钮，调出"图样"面板，选中另外一种图样图案，再单击"确定"按钮，完成矩形填充图样的更换。然后，将如图 3-2-6 所示的矩形图形移到更换了图样的矩形图形之上，效果如图 3-2-11 中的第 2 幅图形所示。

（9）按照上述方法，再将复制的其他两幅爆竹图形的图样进行修改，然后分别将 4 幅爆竹图形进行群组。将 4 幅爆竹图形复制 3 份，形成 16 幅 4 种不同类型的爆竹图形。

（10）选择工具箱对象展开工具栏内的"复杂星形工具" ，在其属性栏内的"锐度"数值框 中输入 3，在"点数或边数"数值框内输入 9，然后拖动绘制一个无轮廓线、黄色的星形图形，如图 3-2-12 所示。再在星形图形中心处绘制一个无轮廓线的黄色圆形，形成一个爆炸效果，如图 3-2-13 所示。然后，将它们组成一个群组对象。

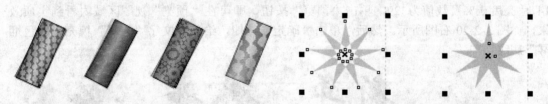

图 3-2-11　四种爆竹图形　　图 3-2-12　复杂的多边形图形　图 3-2-13　爆炸效果

（11）分别调整 16 幅爆竹图形中 8 幅爆竹图形的旋转角度，分别调整 16 幅爆竹图形的位置，绘制一条棕色的垂直线，将 16 幅爆竹图形连在一起，再将如图 3-2-13 所示的爆炸效果图形移到 16 幅爆竹图形的下边，将它们组成群组，形成一串鞭炮图形，如图 3-2-14 所示。

（12）将一串鞭炮图形旋转一定的角度，复制一份，再将复制的一串鞭炮图形水平镜像，然后将这两幅一串鞭炮图形分别移到绘图页面内，如图 3-2-15 所示。

图 3-2-14　一串鞭炮图形　　图 3-2-15　"迎新年"图像、礼花和爆竹图形

3．制作立体文字

（1）使用工具箱中的"文本工具"字，在绘图页面中输入字体为华文行楷、字大小为 48pt 的"新年"美工字，设置颜色为红色，如图 3-2-16 所示。将"新年"美工字复制 2 份，设置颜色为黄色，将它调小，并移到红色"新年"美工字的下方，如图 3-2-17 所示。

（2）使用工具箱中的"选择工具" 选中红色"新年"文字，设置该文字的轮廓线颜色为黄色。再单击"排列"→"顺序"→"到图层前面"命令，将红色"新年"美工字移到黄色"新年"文字对象的前面。

（3）单击工具箱中交互式展开工具栏内的"调和工具"按钮，在其"交互式调和工具"属性栏中的"调和对象"文本框中输入 30，单击"直接调和"按钮。然后从红色"新年"美工字垂直向下拖动到黄色"新年"美工字，形成一系列渐变"新年"美工字，如图 3-2-18 所示。

（4）使用工具箱中的"选择工具" 选中复制的一份红色"新年"文字，单击"排列"→"顺序"→"到图层前面"命令，将红色"新年"美工字移到其他对象的前面。再将该红色"新年"文字移到如图 3-2-18 所示的调和图形中红色"新年"文字之上，如图 3-2-19 所示。

（5）单击工具箱中的填充展开工具栏内的"底纹填充"按钮，调出"底纹填充"对话框，如图 3-2-20 左图所示。在"底纹库"下拉列表框内选择"样品"选项，在"底纹列表"列表框内选择最后一个"紫色烟雾"底纹选项，在"星云"选项组内设置各个数值框的数值，使"红色软度%"数值为 100，"绿色软度%"数值为 50，"蓝色软度%"数值为 14，"亮度±%"数值为 29，单击"预览"按钮，即可在"预览"视图区域内看到实质效果，如图 3-2-20 右图所示。然后，单击"确定"按钮，给红色文字"新年"填充"紫色烟雾"底纹。

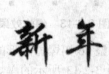

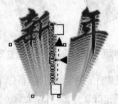

图 3-2-16　"新年"字　　图 3-2-17　两组文字　　图 3-2-18　调和效果　图 3-2-19　选中红色文字

（6）选中黄色"新年"文字，调整它的位置，使文字调和图形倾斜一些。

（7）将"新年"文字调和图形复制一份，调整它朝水平相反的方向倾斜一些。将黄色、红色和填充底纹的"新年"文字分别改为"快乐"，再将它们按照原来的方式组合在一起。

图 3-2-20　"底纹填充"对话框

（8）分别将两组文字的调和图形组成群组，再分别移到"迎新年"图像的两边，效果如图 3-2-1 所示。

4．绘制灯笼图形

（1）设置绘图页面的宽为 200mm，高为 100mm，背景颜色为红色。使用工具箱中的"椭圆工具" ○ ，在绘图页面外绘制一个椭圆作为灯笼的主体。然后，按【Ctrl+D】组合键复制一份，将复制的椭圆图形移到绘图页面的外边。

（2）使用工具箱中的"矩形工具" □ ，在椭圆图形的下面绘制一个矩形。单击其属性栏中的"转换为曲线"按钮，将矩形转换为可编辑的曲线。再使用工具箱中的"形状"工具 ↳ ，将矩形的节点调整成如图 3-2-21 所示的样子，完成灯笼底部图形的绘制。

（3）使用工具箱中的"选择工具" ↳ 选中刚刚调整的矩形，按【Ctrl+D】组合键复制一份，再单击其属性栏内的"垂直镜像"按钮 ，使选中的对象垂直翻转。然后，将垂直翻转的对象移到灯笼主体的上边，如图 3-2-22 所示。

（4）在如图 3-2-22 所示的图形上绘制一个椭圆图形，选中这两个图形，如图 3-2-23 所示。单击"排列"→"造形"→"修剪"命令，形成灯笼的顶部图形，如图 3-2-24 所示。

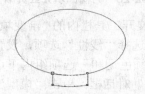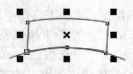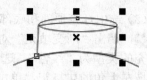

图 3-2-21　椭圆和调整矩形　　　图 3-2-22　顶部图形　　　图 3-2-23　椭圆图形

（5）在灯笼的中央绘制一条竖直的直线，并将所绘竖线设置为绿色，如图 3-2-25 所示。单击工具箱中交互式展开工具栏内的"调和"按钮 ，在其"交互式调和工具"属性栏中的"调和对象" 数值框内输入 4，设置调和形状之间的偏移量。将鼠标指针移到椭圆中间的竖线上，水平向右拖动到椭圆轮廓线处，形成一系列渐变曲线，制作出灯笼的骨架对象，如图 3-2-26 所示。

（6）同时选中作为灯笼主体的骨架对象，单击"排列"→"顺序"→"到图层后面"命令，将这 2 个对象移到其他图形对象的后面。

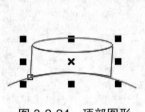

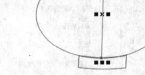

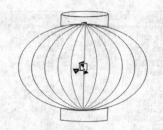

图 3-2-24　顶部图形　　　图 3-2-25　绘制直线　　　图 3-2-26　形成灯笼的骨架

（7）将绘图页面外边的椭圆图形移到骨架对象之上，单击工具箱中的填充展开工具栏内的"渐变填充"按钮■，调出"渐变填充"对话框，如图 3-2-27 左图所示。在"类型"下拉列表框内选择"辐射"选项，设置渐变填充为"辐射"；选中"双色"单选按钮，单击"从"按钮，调出调色板，如图 3-2-27 右图所示，单击红色色块，设置"从"颜色为红色；单击"到"按钮，调出调色板，设置"到"颜色为黄色；拖动右上角显示框内的黄色，此时"水平"和"垂直"数值框内的数据也会随之变化，最后"水平"和"垂直"数值框内的数值分别为-12 和 16；在"边界"数值框内输入 20，"中心"数值框保持 50，如图 3-2-27 左图所示。单击"确定"按钮，给灯笼的椭圆部分填充从红色到黄色的圆形渐变色，效果如图 3-2-28 所示。

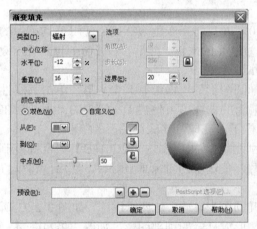

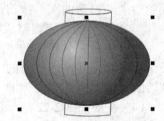

图 3-2-27　"渐变填充"（辐射）对话框和调色板　　　图 3-2-28　为椭圆填充红黄渐变色

（8）选中灯笼顶部和底部的矩形图形，单击工具箱中填充展开工具栏内的"渐变填充"按钮■，调出"渐变填充"对话框。在"类型"下拉列表框内选择"线性"选项，设置渐变填充的类型为"线性"；选中"自定义"单选按钮，单击"颜色调和"选项组内下边预览区域左上角的□标记，单击"其他"按钮，调出"选择颜色"对话框。单击"模型"标签，如图 3-2-29 所示，利用该对话框设置颜色为金黄色。单击"确定"按钮，关闭"选择颜色"对话框，回到"渐变填充"对话框。再单击调色板中的金黄色色块，设置起始颜色为金黄色；单击预览区域右上角的□标记，再设置该点的颜色为金黄色，即终止颜色为金黄色。

单击预览区域上边，使其出现一个▼标记，调整▼标记的位置，单击调色板中的白色色块，设置此处颜色为白色，如图 3-2-30 所示。再在预览区域靠近右边□标记处单击，使其上边出现一个▼标记，设置此处的颜色为黄色。

（9）单击"渐变填充"对话框内的"确定"按钮，关闭该对话框，给灯笼顶部和底部填充金黄—白—黄—金黄色的线性渐变颜色。再将灯笼的骨架线颜色改为金黄色。

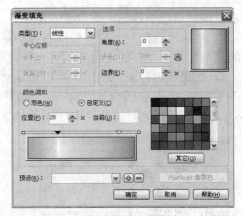

图 3-2-29　"选择颜色"对话框　　　图 3-2-30　"渐变填充"（线性）对话框

（10）使用工具箱中的"矩形工具" □在灯笼的顶部绘制一幅长条矩形图形，为其填充和顶部矩形相同的渐变色，取消轮廓线，将其作为灯笼的挂绳，形成的灯笼图形如图 3-2-31 所示。

5．绘制灯笼穗和灯笼阴影

（1）使用工具箱中的"手绘工具" ，在灯笼的底部绘制一条垂直的红色直线，线的宽度为 0.5mm。将该垂直直线复制一份，调整 2 条直线的位置，如图 3-2-32 所示。

（2）单击工具箱中交互式展开工具栏内的"调和工具"按钮 ，在其"交互式调和工具"属性栏中的"调和对象"文本框中输入 30，将鼠标指针移到左边的垂直直线之上，水平向右拖动到另一条垂直直线，形成共 32 条垂直直线，构成灯笼穗图形，如图 3-2-33 所示。然后，将灯笼穗颜色改为黄色。

（3）使用工具箱中的"选择工具" 选中红灯笼中的所有对象，单击"排列"→"群组"命令，将所选对象组成一个群组对象，如图 3-2-34 所示。

  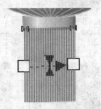 

图 3-2-31　灯笼图形　　图 3-2-32　2 条直线　　图 3-2-33　灯笼穗图形　　图 3-2-34　灯笼穗图形

（4）单击工具箱中交互式展开工具栏内的阴影按钮 ，从灯笼上向灯笼左上角拖动出一个箭头，形成灯笼的黑色阴影，效果如图 3-2-1 所示。

（5）选中灯笼和它的阴影，按【Ctrl+D】组合键，复制一份灯笼和它的阴影图形，再将其移动到右边，再水平镜像，效果如图 3-2-1 所示。

【相关知识】

1．图样填充

使用"选择工具" 选中对象，单击工具箱中填充展开工具栏的图样填充按钮 ，调出"图样填充"对话框，如图 3-2-35 所示。利用该对话框可以进行双色（双色位图）、全色（矢量图）和位图（全色位图）三种类型的图样填充。设置填充图案的方法如下。

（1）双色图样填充：选中"双色"单选按钮，此时的"图样填充"对话框如图 3-2-35

所示。该对话框中各选项的设置方法如下。

◎ 单击"图样"下拉列表框右边的 ∨ 按钮，调出"图样"列表，再选中"图样"列表内的某个图样，即可确定相应的填充图样。

◎ 如果要设计新的图样，可以单击"创建"按钮，调出"双色图案编辑器"对话框，如图 3-2-36 所示。在该对话框内的"位图尺寸"选项给内可选择组成图案的点阵个数，在"笔尺寸"选项组内可选择绘制图案的笔大小。

 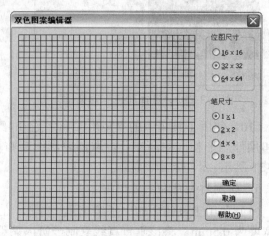

图 3-2-35 "图样填充"对话框　　　　　图 3-2-36 "双色图案编辑器"对话框

在绘图框内拖动鼠标或单击，都可以绘制像素点；按住鼠标右键拖动或右击，都可以擦除像素点。图 3-2-37 所示为一种已经设计好的图案。

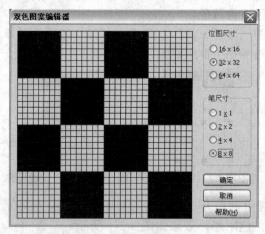

图 3-2-37 设计的图案

◎ 单击"前部"按钮，调出调色板，用来选择前景色；单击"后部"按钮，调出调色板，用来选择背景色。在"图样填充"对话框下边的"原始"（图案中心距对象选择框左上角的距离）、"大小"（图案大小）、"变换"（图案倾斜和旋转角度）和"行或列位移"（图案分布在对象内行或列交错的数值）选项组内可以进行图案在对象内拼接（即平铺）状况的设置。

◎ 如果选中"将填充与对象一起变换"复选框，则当对象进行旋转和倾斜等变换时，图样填充也会随之变化。如果选中"镜像填充"复选框，则采用镜像填充方式进行填充。

◎ 如果要删除图案，可以首先选择要删除的图案，再单击"删除"按钮。

◎ 如果要使用外部的图像作为图案，可以单击"装入"按钮，调出"导入"对话框，利用该对话框可以载入外部图像。

（2）全色图样填充：选中"全色"单选按钮，则对话框上半部分发生变化，如图 3-2-38 所示。单击"图样"下拉列表框右边的 按钮，可以调出"图样"列表，选中"图样"列表内的某种图案，再进行其他设置，最后单击"确定"按钮即可。

（3）位图图样填充：选中"位图"单选按钮，则对话框上半部分发生变化，如图 3-2-39 所示。单击"图样"下拉列表框右边的 按钮，调出"图样"列表，选中"图样"列表框内的某种图样，再进行其他设置，然后单击"确定"按钮即可。

图 3-2-38　"图样填充"（全色）对话框

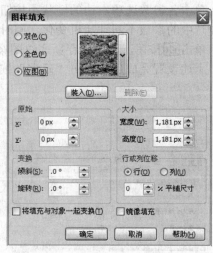

图 3-2-39　"图样填充"（位图）对话框

2. 底纹填充

底纹填充（即纹理填充）是用小块的位图随机地填充到对象的内部，以产生天然纹理的效果。纹理位图只能是 RGB 颜色。使用"选择工具" 选中图形，单击工具箱中填充展开工具栏的"底纹填充"按钮 ，调出"底纹填充"对话框，如图 3-2-40 所示。利用该对话框可以进行各种底纹的填充。底纹的种类很多，还可以对底纹进行调整，方法如下。

图 3-2-40　"底纹填充"对话框

（1）"底纹库"下拉列表框：在其内可以选择底纹库类型，在"底纹列表"列表框内可以选择该类型库中的某种底纹图案，在预览框内可以显示选中的底纹图案。

（2）"选项"按钮：单击该按钮，可以调出"底纹选项"对话框，如图 3-2-41 所示。利用该对话框可以进行位图分辨率和底纹最大平铺（即拼接）宽度的设置。

（3）"平铺"按钮：单击该按钮，可以调出"平铺"对话框，如图 3-2-42 所示。使用该对话框可以进行底纹图案在对象内拼接状况的设置。

（4）"纸面"选项组：其内有多个数值框和列表框，可以用来进行底纹图案参数的设置，不同的底纹图案会有不同的参数。底纹图案参数设置完后，单击"预览"按钮，在预览框内会显示修改参数后的底纹图案效果。

单击各参数选项右边的锁状小按钮后，表示选中此参数，再不断单击"预览"按钮，可使选中的参数不断地随机变化，同时预览框内的底纹图案也会随之变化。

单击 🕀 按钮，可以保存新底纹图案；单击 ➖ 按钮，可删除选中的底纹图案。

上述设置完成后，单击"确定"按钮，即可将选定的纹理图样填充到选中的对象内。

图 3-2-41　"底纹选项"对话框

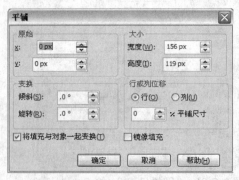

图 3-2-42　"平铺"对话框

思考与练习 3-2

1．绘制一幅"餐桌"图形，如图 3-2-43 所示。

2．绘制一幅"茶杯"图形，如图 3-2-44 所示。

3．绘制一幅"梦幻星空"图形，如图 3-2-45 所示。可以看到，在美丽的夜空中，一颗蓝色的星球在星星的衬托下显得分外美丽，象征着我们的地球。

图 3-2-43　"餐桌"图形

图 3-2-44　"茶杯"图形

图 3-2-45　"梦幻星空"图形

4．绘制一幅"树叶标本"图形，如图 3-2-46 左图所示。该图形是在背景图像之上放置一片树叶的标本图形，外边的标本边框组成的树叶标本页（见图 3-2-46 右图）倾斜放置，左边有醒目的黄色立体文字，教育我们要努力环保，保卫好我们的地球。

5．绘制一幅"台球"图形，如图 3-2-47 所示。

图 3-2-46 "树叶标本"图形

图 3-2-47 "圣诞贺卡"图形

3.3 【案例 8】学海无涯

【案例效果】

"学海无涯"图形如图 3-3-1 所示。该图形显示的是一个笔记本的封皮，封皮上有一个笔筒和几支铅笔，灰色纹理填充的立体椭圆形背景之上是"学海无涯"四个大字，表现出学无止境的道理。通过制作该案例，可以进一步掌握各种基本图形的绘制和编辑方法，掌握 PostScript 填充和交互式填充的方法等。

图 3-3-1 "学海无涯"效果图

【操作步骤】

1. 绘制笔记本

（1）设置绘图页面的宽度为 160mm，高度为 200mm。使用工具箱中的"矩形工具" ，在绘图页面绘制一幅宽 158mm、高 190mm 的矩形图形，并为其内部填充"棕色"，取消轮廓线。再在棕色矩形之上绘制一幅宽 150mm、高 180mm 的橘黄色矩形图形，取消轮廓线。

（2）使用工具箱中的"选择工具" 选中第 2 幅矩形图形，在其"矩形"属性栏内的 4 个"圆角半径"数值框 内输入 15.638，调整矩形 4 个边角的圆滑度，此时的属性栏如图 3-3-2 所示，完成后的图形如图 3-3-3 所示。

（3）选中两个矩形，单击属性栏中的"对齐和分布"按钮 ，调出"对齐与分布"（对齐）对话框。在该对话框中选中垂直"中"和水平"中"复选框，如图 3-3-4 所示。然后，单击"应用"按钮，将它们中心对齐排列，作为笔记本的正面图形，完成后的效果如图 3-3-5 所示。

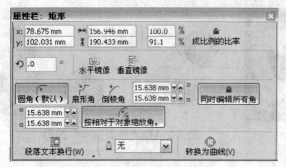

图 3-3-2 "矩形"属性栏

图 3-3-3 设置第 2 幅矩形图形

图 3-3-4 "对齐与分布"对话框

图 3-3-5 绘制笔记本的正面图形

（4）使用工具箱中的"矩形工具"□绘制一幅垂直狭长的小矩形，使用工具箱中的"选择工具"▷选中该矩形，再单击该矩形，这时矩形四周的控制柄变成双向箭头状。将鼠标指针移到上面中间的箭头处水平拖动，使它水平倾斜。将倾斜的矩形复制一份，再将这两幅小矩形移到笔记本正面图形的左上角和右上角，如图 3-3-6 所示。

（5）使用工具箱交互式展开工具栏中的"调和"工具🗗，从左边的小矩形向右边的小矩形拖动，调和后的图形如图 3-3-7 所示。使用工具箱中的"选择工具"▷选中调和过的矩形，复制一份副本，放在笔记本正面图形的下边中间位置。

（6）按照上述方法制作笔记本正面左右两侧的调和图形，最后效果如图 3-3-8 所示。

图 3-3-6 绘制小矩形

图 3-3-7 调和后的图形

图 3-3-8 笔记本的四周图形

（7）使用工具箱中的"椭圆工具"◯在图纸旁边绘制一个椭圆，单击工具箱内的"渐变填充"工具■，调出"渐变填充"对话框。在"类型"下拉列表框内选中"线性"选项，在"颜色调和"选项组内选中"自定义"单选按钮，设置从灰到白再到灰的线性渐变色，如图 3-3-9 所示。单击"确定"按钮，填充线性渐变色后的椭圆图形如图 3-3-10所示。

图 3-3-9　"渐变填充"对话框　　　　图 3-3-10　渐变填充后的椭圆图形

（8）使用工具箱中的"椭圆工具" ◯，在绘图页面外绘制另一幅椭圆图形。单击工具箱内的"底纹填充"工具 ▨，在"底纹库"下拉列表框内选择"样本"选项，在"底纹列表"列表框中选择"灰泥"选项，此时的对话框如图 3-3-11 所示。单击"确定"按钮，给选中的椭圆图形填充底纹图案，再将该椭圆移到如图 3-3-10 所示的椭圆图形之上。

（9）使用工具箱中的"选择工具" ◢ 将两个椭圆都选中。单击属性栏中的"对齐和分布"按钮 ▤，调出"对齐与分布"（对齐）对话框。在该对话框中选中垂直"中"、水平"中"复选框，然后，单击"应用"按钮，将它们中心对齐排列，效果如图 3-3-12 所示。

图 3-3-11　"底纹填充"对话框　　　　图 3-3-12　中心对齐后的椭圆图形

2. 绘制笔筒和铅笔

（1）使用工具箱中的"矩形工具" ▢ 绘制一个矩形图形，作为笔筒。单击工具箱填充展开工具栏内的"渐变填充"工具 ▨，调出"渐变填充"对话框，设置"类型"为线性，"颜色调和"为"自定义"，填充从棕色到浅褐、白、浅褐再到棕色的渐变色，如图 3-3-13 所示。取消轮廓线，完成后的图形如图 3-3-14 所示。

（2）使用工具箱中的"形状"工具 ◣ 选中矩形图形，在其"矩形"属性栏内单击四个"圆角半径"数值框之间的小锁按钮 🔒，使小锁按钮处于"开锁"状态 🔓，设置两组"圆角半径"数值框内下边的数字为 12mm，上边的数字为 10mm，从而使矩形图形下边两个角

103

呈圆弧状，如图 3-3-14 所示。然后将该图形移到绘图页面的外边。

（3）使用工具箱中的"矩形工具" □ 绘制一幅细长的矩形，取消轮廓线，作为铅笔图形的笔身。单击工具箱填充展开工具栏内的"PostScript 填充"按钮 ▧ ，调出"PostScript 底纹"对话框，在左上角的列表框中选中一种花纹，选中"预览填充"复选框，在右上角的显示框内即可看到选中花纹的图案。单击"确定"按钮，给选中矩形填充选中的花纹，如图 3-3-15（a）所示。

（4）使用工具箱中的"矩形工具" □ 在矩形的内部再绘制一幅细窄的黄色矩形，作为铅笔笔身的装饰，如图 3-3-15（b）所示。单击"排列"→"顺序"→"到图层后面"命令，将细窄的黄色矩形置于笔身图形的后面，如图 3-3-15（c）所示。

（5）选择工具箱中的"多边形"工具 ◯ ，在其属性栏中设置"点数或边数"数值框的数值为 3，绘制一大一小两个三角形。为大三角形内部填充桃色、取消轮廓线，作为铅笔削出的木纹；为小三角形内部填充蓝色、取消轮廓线，作为铅笔笔尖，效果如图 3-3-15（d）所示。然后，将它们移到如图 3-3-15（d）所示的图形之上，如图 3-3-15（e）所示。

图 3-3-13 "渐变填充"对话框

图 3-3-14 笔筒图形

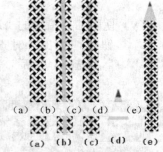

图 3-3-15 绘制铅笔

（6）同时选中组成铅笔的所有图形，复制 6 个，分别修改复制的铅笔图形的填充花纹或修改为填充一种纹理，调整其颜色。再分别将各铅笔图形组成一个群组，调整其大小和旋转角度，将它们移到不同的位置，完成后的图形如图 3-3-16 所示。

（7）单击工具箱中的"文本工具"按钮 字 ，在属性栏中设置文字的"字体"为华文行楷、"字号"为 48pt，输入文字"学海无涯"，并为其填充紫色，再移到如图 3-3-12 所示的椭圆图形之上，效果如图 3-3-17 所示。

图 3-3-16 绘制的图形

图 3-3-17 紫色"学海无涯"文字

（8）使用工具箱中的"选择工具" ▷ 将图 3-3-16 中的铅笔和笔筒图形移到绘图页面内中间偏下位置，将图 3-3-17 中的椭圆背景图形和文字移到绘图页面内中间偏上位置，整个图形效果如图 3-3-1 所示。

3．绘制笔筒和铅笔的另外一种方法

（1）使用工具箱中的"矩形工具" □ 绘制一个矩形图形，在其"矩形"属性栏内单击四个"圆角半径"数值框之间的小锁按钮 🔒，使其处于"开锁"状态 🔓，设置两组"圆角半径"数值框内下边的数字为 12mm，上边的数字为 10mm，从而使矩形图形下边两个角呈圆弧状，形成笔筒轮廓线图形，如图 3-3-18 所示。然后将该图形移到绘图页面的外边。

（2）单击工具箱内交互式填充展开工具栏中的"交互式填充"按钮 ◆，再在笔筒轮廓线图形内拖动，给该图形填充白色到灰色的线性交互式填充，如图 3-3-19 所示。

（3）将调色板内的深棕色色块拖动到交互式填充线左边的方形控制柄之上，使其颜色改为深棕色。再继续将调色板内的其他颜色色块依次拖动到交互式填充线之上，使双色渐变改为多色渐变，效果如图 3-3-20 所示。

（4）使用工具箱内交互式填充展开工具栏中的"交互式填充"工具 ◆，在铅笔图形中的矩形图形内水平拖动，填充交互式线性渐变色。再将调色板内的黄色色块拖动到交互式填充线的两个控制柄之间，将棕黄色色块依次拖动到起始控制柄和终止控制柄之上，形成棕黄色到黄色再到棕黄色的线性渐变填充，如图 3-3-21 所示。

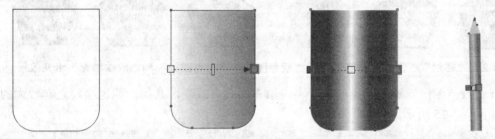

图 3-3-18　笔筒轮廓线　图 3-3-19　交互式填充效果　图 3-3-20　多色渐变　图 3-3-21　铅笔图形

【相关知识】

1．PostScript 填充

PostScript 填充只有在"增强模式"的视图模式下才会显示填充内容。使用"选择工具" ▸ 选中要填充花纹的图形对象，单击填充展开工具栏内的"PostScript 填充"按钮 ▨，调出"PostScript 底纹"对话框，如图 3-3-22 所示。在左上角的列表框中选中一种花纹，在"参数"选项组内修改参数，选中"预览填充"复选框，在右上角的显示框内即可看到选中花纹的图案。单击"确定"按钮，即可给选中图形填充指定的 PostScript 底纹图案。

2．交互式填充

单击工具箱内交互式填充展开工具栏中的"交互式填充"按钮 ◆，再在图形内拖动，可以给多边图形填充红色到白色的线性交互式填充，如图 3-3-23 左图所示。此时的"交互式双色渐变填充"属性栏如图 3-3-23 右图所示。其中各选项的作用如下。

（1）两个下拉列表框：分别用来设置填充的起始颜色和终止颜色。将调色板内的红色和白色色块分别拖动到起始或终止方形控制柄内，也可以产生相同的效果。如果将调色板内的色块拖动到起始或终止方形控制柄之间的虚线上，可以设置多个颜色之间的渐变效果。拖动虚线上的 ▭ 控制柄，可以调节渐变效果。

（2）"填充类型"下拉列表框：用来选择填充类型，其内有"无填充"、"均匀填充"、"线性"、"辐射"、"圆锥"、"正方形"、"双色图样"、"全色图样"、"位图图样"、"底纹填充"和"PostScript 填充"填充类型。选择不同类型后填充的样式会发生变化。

选择"线性"选项后的填充效果如图 3-3-23 左图所示。选择"辐射"、"圆锥"、"正方形"、"双色图样"、"全色图样"和"底纹填充"选项后的填充效果如图 3-3-24 所示。

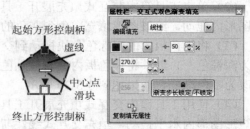

图 3-3-22 "PostScript 底纹"对话框　　　图 3-3-23 "交互式填充"效果和其属性栏

图 3-3-24 "辐射"、"圆锥"、"正方形"、"双色图样"、"全色图样"和"底纹填充"填充效果

选择"双色图样"等填充类型后，不但填充样式会改变，其属性栏也会随之有较大的改变，如图 3-3-25 所示。

图 3-3-25 "交互式图样填充"（双色图样）属性栏

（3）"编辑填充"按钮：单击该按钮，会调出相应的有关填充设置的对话框，利用该对话框可以进行相应的填充编辑。

例如，在选择了"线性"填充类型后，单击该按钮，可以调出"渐变填充"（线性）对话框；在选择了"辐射"填充类型后，单击该按钮，可以调出"渐变填充"（辐射）对话框。

（4）"填充中心点"数值框 ✛：可以调整填充中心点的位置。拖动如图 3-3-23 左图所示的图形内的 ▭ 的效果与改变"填充中心点"数值框 ✛ 内数据的效果一样。

（5）"角度和边界"数值框 ：两个数值框分别用来调整起始和终止方形控制柄距离中心点滑块 的距离，以及起始和终止方形控制柄连线的旋转角度。拖动起始和终止方形控制柄，同样可以产生相同的效果。

（6）"渐变步长"数值框：单击"渐变步长锁定/不锁定"按钮，可以在两种状态之间切换。当该按钮呈抬起状态时，该数值框变为有效。该数值框用来设置渐变颜色的变化步长，此数值越大，颜色渐变越细腻。

思考与练习3-3

1．绘制一幅"蝴蝶"图形，如图 3-3-26 所示。可以看到，在褐色地面和蓝色天空之上，一些小鸟和蝴蝶在花与绿叶中飞翔的画面。绘制该图像需要使用将图形转换成曲线、旋转变换、渐变填充、结合、群组与拆分等操作。

2．绘制一幅"旭日之路"图形，如图 3-3-27 所示。在蓝天下，太阳从山脉中升起，一条马路和两旁的小树由近及远地延伸出去。绘制这幅图形采用了渐变填充、透视等技术。

图 3-3-26　"蝴蝶"效果图

图 3-3-27　"旭日之路"图形

3.4 【案例 9】立体图书

【案例效果】

"立体图书"图形如图 3-4-1 所示。它是一幅具有很强立体感的《中文 CorelDRAW X5 案例教程》图书的立体图形。立体图书图形由书的正面、侧面、上面和背面组成。书的正面有图书的名称和作者名称，有 CorelDRAW X5 的标志图形、计算机图形和照相机图形，还有出版社的名称；书的侧面有图书的名称和出版社名称。通过制作该图形，可以进一步掌握渐变填充、导入图像、倾斜变换、竖排文字输入和位图遮罩技术等方法，还可以掌握使用渐变透明填充的方法等。

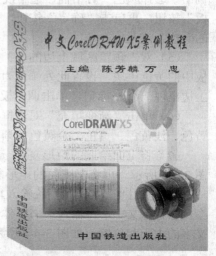

图 3-4-1　立体图书图形

【操作步骤】

1．绘制背景及输入文字

（1）设置绘图页面的宽为 160mm，高为 180mm，背景色为白色。使用工具箱中的"矩形工具" □ 绘制一幅无轮廓线的矩形图形。

（2）选中矩形图形，单击工具箱中的填充展开工具栏内的"渐变填充"按钮 ■，调出"渐变填充"对话框。在"类型"下拉列表框内选择"线性"选项，选中"自定义"单选按钮，在"角度"数值框内输入 90.0，在"边界"数值框内输入 0，如图 3-4-2 所示（其他还没有设置）。

（3）单击"颜色调和"选项组内下边预览区域左上角的 □ 标记，单击"其他"按钮，调出"选择颜色"（调色板）对话框，选中金黄色（R=255，G=153，B=0），如图 3-4-3 所示。单击"加到调色板"按钮，将选中的颜色添加到"渐变填充"对话框内的调色板中。单击"确定"按钮，关闭"选择颜色"对话框，回到"渐变填充"对话框，设置起始颜色为金黄色。

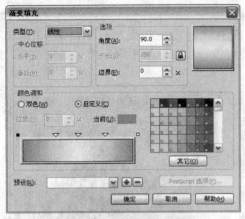

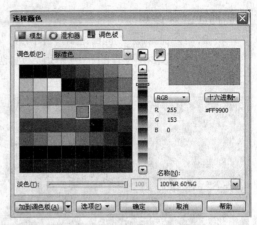

图 3-4-2 "渐变填充"对话框　　　　　　　　图 3-4-3 "选择颜色"对话框

（4）单击预览区域右上角的□标记，单击调色板中的金黄色色块，设置终止颜色也为金黄色。双击预览区域上边的中间位置，使双击处出现一个▼标记，单击"其他"按钮，调出"选择颜色"对话框，选中浅黄色（R=255，G=255，B=153）色块。单击"加到调色板"按钮，再单击"确定"按钮，关闭该对话框，回到"渐变填充"对话框。设置▼标记的颜色为浅黄色。

（5）双击预览区域上边的 1/3 处的位置，使预览区域上边出现一个▼标记，单击调色板中的黄色色块，设置此处颜色为黄色。再双击预览区域上边的 2/3 处的位置，使预览带上边出现一个▼标记，单击调色板中的黄色色块，设置此处颜色也为黄色。

（6）单击"渐变填充"对话框内的"确定"按钮，给矩形图形从上到下填充金黄色、黄色、浅黄色、黄色、金黄色的渐变颜色，作为书侧面，如图 3-4-4 所示。

（7）将上面绘制的矩形复制一份，然后在水平方向调宽，作为书的正面背景图形，如图 3-4-5 所示。再将书正面的矩形复制一份作为书的背面图形，移到一边。

（8）使用"文本工具"字输入华文行楷字体、40pt 大小、绿色的"中文 CorelDRAW X5案例教程"文字，再输入隶书字体、24pt、红色的"主编 陈芳麟　万忠"文字。然后调整文字的大小和位置，如图 3-4-6 所示。

图 3-4-4 书侧面　图 3-4-5 书正面背景图形　　　　　图 3-4-6 输入两行文字

（9）在正面背景图形的下边再输入隶书字体、24pt 大小、深蓝色的"中国铁道出版社"文字，并调整该文字的大小和位置，如图 3-4-1 所示。

2. 插入图像和隐藏图像背景白色

（1）准备"CorelDRAW X5.jpg"、"计算机.jpg"和"照相机.jpg"3 幅图像，如图 3-4-7所示。单击"文件"→"导入"命令，调出"导入"对话框，按住【Ctrl】键，选中"CorelDRAW X5.jpg"、"计算机.jpg"和"照相机.jpg"图像文件，单击"导入"按钮，关闭该对话框。

图 3-4-7　3 幅图像

（2）在绘图页面外拖出一个矩形，导入"CorelDRAW X5.jpg"图像，接着再拖出两个矩形，依次导入"计算机.jpg"和"照相机.jpg"两幅图像。

（3）使用工具箱中的"选择工具" ↳ 将"计算机.jpg"图像移到绘图页面内。单击交互式展开工具栏内的"透明度"按钮 ♈，在选中图像上从中间偏上处垂直向下拖动，再将调色板内的深灰色色块拖动到调和线上下边的方形控制柄之上，将调色板内的灰色色块拖动到调和线上下边的方形控制柄之上，再调整透镜控制柄（即中心点滑块）◥，效果如图 3-4-8 所示。

（4）将导入的"CorelDRAW X5.jpg"图像移到绘图页面内中间位置。单击交互式展开工具栏内的"透明度"按钮 ♈，在"CorelDRAW X5.jpg"图像上从上向下拖动，再调整中心点滑块，效果如图 3-4-8 所示。

（5）将导入的"照相机.jpg"图像移到绘图页面内，使它位于如图 3-4-8 所示图像的右下方，如图 3-4-9 所示。单击"窗口"→"泊坞窗"→"位图颜色遮罩"命令，调出"位图颜色遮罩"泊坞窗。

（6）在"位图颜色遮罩"泊坞窗内选中"隐藏颜色"单选按钮，单击"颜色选择"按钮 ✎，再单击"照相机.jpg"图像的白色背景，选中第 1 个复选框，在"容限"文本框内输入 15，如图 3-4-10 所示。

图 3-4-8　交互式透明效果　　图 3-4-9　"照相机"图像　图 3-4-10　"位图颜色遮罩"泊坞窗

（7）单击"应用"按钮，即可隐藏图像的背景白色，效果如图 3-4-11 左图所示。

（8）按照上述方法，将导入的"计算机.jpg"图像移到如图 3-4-8 所示图像的左下方。然后，在"位图颜色遮罩"泊坞窗的"容限"文本框内输入 2，单击"应用"按钮，隐藏"计算机.jpg"图像的背景白色，效果如图 3-4-11 右图所示。

（9）使用工具箱中的"选择工具" ↳ 选中如图 3-4-11 左图所示的图像，单击工具箱交互式展开工具栏内的"透明度"按钮 ♈，在选中图像之上形成线性透明。在其"交互式渐变透明"属性栏内的"透明度类型"下拉列表框中选择"辐射"选项，调整"透明中心点" ✛ 的数值为 84，如图 3-4-12 所示。

图 3-4-11　隐藏背景白色

图 3-4-12　"交互式渐变透明"属性栏

　　（10）将调色板内的深灰色色块拖动到圆虚线的方形控制柄■之上，将调色板内的白色色块拖动到圆心的方形控制柄■之上，将起始控制柄颜色改为白色。可以拖动调整起始控制柄■、终止控制柄□和透镜控制柄＼的位置。透明度调整后的效果如图 3-4-13 所示。

　　（11）按照上述方法，给如图 3-4-11 右图所示的图像添加辐射渐变透明效果，如图 3-4-14 所示。

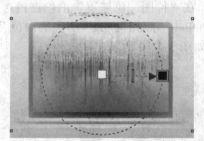

图 3-4-13　对照相机进行辐射渐变透明　　　　图 3-4-14　对计算机属性栏进行辐射渐变透明

　　3．制作立体图书

　　（1）在如图 3-4-4 所示的"书侧面"图形之上，输入华文彩云字体、红色、32pt、竖排的"中文 CorelDRAW X5"文字，再输入隶书字体、绿色、28pt、竖排的"中国铁道出版社"文字。

　　（2）选中书侧面的所有对象，将它们组成一个群组对象。

　　（3）双击书侧面对象，进入对象旋转和倾斜调整状态，将鼠标指针移到右边中间的控制柄处，当鼠标指针呈上下箭头状时垂直拖动，使书侧面对象倾斜，如图 3-4-1 所示。

　　（4）绘制一幅白色矩形，选中书侧面图形，单击"排列"→"变换"→"倾斜"命令，调出"变换"（倾斜）泊坞窗。在该泊坞窗"倾斜"选项组内的"水平"文本框中输入 60.0，再单击"应用"按钮，将该矩形水平倾斜 60°，形成一个平行四边形，如图 3-4-15 所示。

图 3-4-15　平行四边形

（5）将前面复制的作为书背面的矩形图形，与书的正面图形、侧面图形和平行四边形组合成立体书的形状，再将平行四边形的边框线去掉，平行四边形作为书的上面。

（6）将图书的所有部件组合成群组，形成一幅立体图书图形，如图 3-4-1 所示。

【相关知识】

1. 线性渐变透明

创建透明效果就是使填充对象具有透明的效果。当对象具有透明效果后，改变对象的填充内容不会影响其透明效果，改变对象的透明效果也不会影响其填充内容。

（1）为了能够看清楚透明效果，首先绘制一幅圆形图形和一幅五边形图形，并填充不同的花纹和底纹。再在两幅图形之上绘制一个矩形图形，填充另一种底纹。

（2）选中矩形图形。单击工具箱中交互式展开工具栏的"透明度"按钮，再在矩形图形中从左向右拖动，使该矩形图形产生透明效果，如图 3-4-16 所示。

（3）在"交互式渐变透明"属性栏内的"透明度类型"下拉列表框中选择"线性"选项，在"透明度操作"下拉列表框内选择"常规"选项，如图 3-4-17 所示。

图 3-4-16　使矩形图形产生透明效果　　图 3-4-17　"交互式渐变透明"属性栏

"透明度类型"下拉列表框中提供了"标准"、"线性"和"辐射"等透明度类型。

"透明度操作"下拉列表框中提供了"常规"、"添加"和"减少"等操作。

（4）拖动如图 3-4-18 所示图中的 2 个控制柄和"透镜"滑块，或者调整属性栏中的两个"角度和边界"数值框内的数值，均可以调整透明程度与透明的渐变状态。

（5）拖动属性栏中的"透明中心点"滑块或改变其文本框中的数据，可以调整透明度。

（6）单击"冻结"按钮后，可以使透明效果固定不变。在移动对象或改变背景对象的填充内容后，矩形图形的透明效果不变，如图 3-4-18 所示（移出矩形图形）。如果"冻结"按钮呈抬起状态，则矩形图形透明效果会随着图形位置或背景填充内容的变化而改变，如图 3-4-19 所示。

图 3-4-18　使透明效果固定不变　　　图 3-4-19　透明效果随填充内容而改变

（7）单击"清除透明度"按钮或在"透明度类型"列表框内选择"无"，可清除透明效果。

2. 其他渐变透明

（1）辐射渐变透明：单击工具箱中的"交互式透明工具"按钮，选中矩形图形，在其"交互式渐变透明"属性栏的"透明度类型"下拉列表框内选择"辐射"类型选项，绘图页面内的图形如图 3-4-20 所示。

（2）圆锥渐变透明：在其属性栏的"透明度类型"下拉列表框内选择"圆锥"透明效果类型，则其绘图页面如图 3-4-21 所示。

（3）正方形渐变透明：在其属性栏的"透明度类型"下拉列表框内选择"正方形"透明效果类型，则其绘图页面如图 3-4-22 所示。

 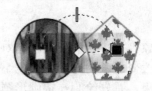 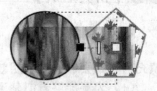

图 3-4-20 "辐射"透明　　　图 3-4-21 "圆锥"透明　　　图 3-4-22 "正方形"透明

（4）双色图样渐变透明：在其属性栏的"透明度类型"下拉列表框内选择"双色图样"选项，单击调色板内的绿色色块，绘图页面内的图形如图 3-4-23 所示。

使用属性栏中的按钮 1 可以改变图案的类别和图案的种类，这与图样填充的相应操作基本一样。拖动属性栏中的两个滑块，可以调整起点与终点的透明度。拖动对象上的控制柄，可以调整图案在对象内拼接的状况。

（5）其他渐变透明：在其属性栏的"透明度类型"列表框内还可以选择"全色图样"、"位图图样"和"底纹"选项，其属性栏会随之变化，但相差不大，操作方法基本一样。

图 3-4-23 双色图样透明效果

3．网格填充

选中对象，单击工具箱内交互式填充展开工具栏中的"网状填充"按钮 ，即可给图形添加网格线，如图 3-4-24 所示，用鼠标拖动网格线和图形的节点，可以改变网格线和图形的形状，如图 3-4-25 左图所示。拖动调色板内不同的颜色到网格线的不同网格内，即可完成对象内的网状填充，如图 3-4-25 右图所示。

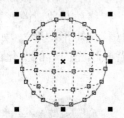 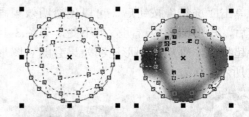

图 3-4-24 添加网格　　　　　　图 3-4-25 改变网格线和网格填充

"交互式网状填充工具"属性栏如图 3-4-26 所示。其中各选项的作用如下。

图 3-4-26 属性栏

（1）"网格大小"数值框：它是两个数值框，可以改变网格线的水平与垂直线的个数。

（2）"清除网状"按钮：单击该按钮，可以清除图形内网格的调整，回到原状态。

（3）"复制网状填充属性自"按钮：选中一个有网格线的对象，如图 3-4-27 所示，再单击该按钮，此时鼠标指针变为黑色大箭头状，单击另外一个有网格线和填充色的对象，可将该对象的填充色等填充属性复制到第 1 个选中的有网格线的对象中，如图 3-4-28 所示。

（4）"删除"按钮：单击该按钮，可以删除当前选中的节点。

（5）"平滑"等数值框：用来改变节点属性。

（6）"添加交叉点"按钮：单击非节点处，再单击该按钮，可以创建一个新节点和与之相连的网格线。

图 3-4-27　网格线　　　　图 3-4-28　网状填充

 思考与练习3-4

1．参考本案例的制作方法，绘制另外一幅"立体图书"图形。

2．绘制一幅"娱乐天地"图形，如图 3-4-29 所示。

3．绘制一幅"电话本"图形，如图 3-4-30 所示。

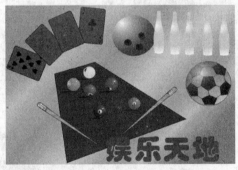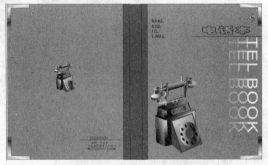

图 3-4-29　"娱乐天地"图形　　　　图 3-4-30　"电话本"图形

第4章 图形的交互式处理

本章通过5个案例,介绍了交互式展开工具栏和轮廓展开工具栏内一些工具的使用方法。使用这些工具可以创建各种轮廓线,可以进行交互式调和处理、创建轮廓图、交互式变形处理、交互式立体化处理、交互式阴影处理,以及创建透视、封套和透镜等效果。

4.1 【案例10】时光隧道

【案例效果】

"时光隧道"图形如图4-1-1所示,它由一组不同颜色的矩形图形组合而成,颜色由蓝色渐变成红色,就像一个隧道,骑自行车的人的寓意是人在不断与时间赛跑。制作该图形主要运用了交互式展开工具栏内的"调和"工具 🔳 。

图4-1-1 "时光隧道"图形

【操作步骤】

1. 制作一组矩形图形

(1) 新建一个文档,设置绘图页面的宽度为100mm,高度为80mm,背景色为白色。

(2) 使用工具箱内的"矩形"工具 □ 在绘图页面内的右上边拖动,绘制一幅小矩形图形,再在绘图页面内的左下边绘制一幅大矩形图形。

(3) 单击"选择工具"按钮 ⿰ ,选中小矩形图形,右击调色板中的蓝色色块,设置小矩形的轮廓线为蓝色;选中大矩形图形,右击调色板中的红色色块,设置大矩形的轮廓线为红色。然后适当调整两个矩形图形的大小和位置,最终效果如图4-1-2所示。

(4) 单击工具箱中交互式展开工具栏内的"调和"按钮 🔳 ,用鼠标从右上边的矩形图形拖动到左下边的矩形图形,在绘图页面内产生一组由小变大、颜色由蓝色变红色的矩形图形。在其"交互式调和工具"属性栏内的"调和对象"(也叫步数或调和形状之间的偏移量)数值框 ⿰100 ⿰ 内输入数值为100,调和的层次数100,如图4-1-3所示。此时由小变大的一组矩形如图4-1-4所示。

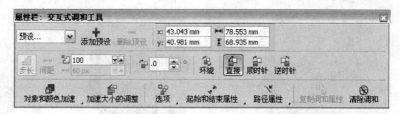

图 4-1-2　两个矩形　　　　　　　　图 4-1-3　"交互式调和工具"属性栏

（5）单击"交互式调和工具"属性栏内的"顺时针"按钮，则一组由小变大的矩形的颜色会产生更多的变化。

（6）单击"交互式调和工具"属性栏内的"对象和颜色加速"按钮 ，调出一个"对象和颜色加速"面板，如图 4-1-5 所示，用鼠标拖动滑块，可以改变各层次的间距的变化。另外，用鼠标拖动调和对象的两个箭头控制柄，也可以调整各层次的间距和颜色变化。调整效果如图 4-1-6 所示。

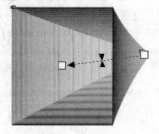
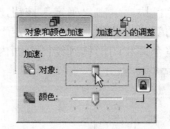
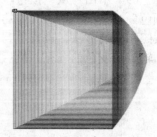

图 4-1-4　一组矩形　　　图 4-1-5　"对象和颜色加速"面板　　　图 4-1-6　调整后的效果

2．调整隧道形状和制作背景

（1）用鼠标拖动调和对象上的正方形控制柄，可以调整起始或结束对象的位置。拖动调和对象上的两个箭头控制柄，可实现各层次的间距和颜色变化。

（2）单击工具箱内的"智能绘图工具"按钮 ，在其属性栏内的"形状识别等级"下拉列表框和"智能平滑等级"下拉列表框中均选择"最高"选项，在"轮廓宽度"下拉列表框中选择"细线"选项。用鼠标在绘图页面内拖动，绘制如图 4-1-7 所示的曲线图形。

（3）使用"选择工具" 选中调和对象，再单击其"交互式调和工具"属性栏内的"路径属性"按钮，调出它的菜单，单击该菜单中的"新路径"命令，鼠标指针会变为弯曲的黑色箭头状。将鼠标指针移到曲线路径上，再单击，就将它们调和好了。

（4）单击其"交互式调和工具"属性栏内的"起始和结束属性"按钮，调出它的列表框，单击其内的"显示终点"按钮，图形如图 4-1-8 所示。此时可以调整终止图形的大小、位置和形状，整个调和图形也会随之改变。

（5）使用工具箱内的"形状"工具 选中路径曲线，曲线上的节点也会显示出来，拖动调整节点位置，拖动节点处的切线位置，都可以改变路径曲线的形状，同时整个调和图形也会随之改变，如图 4-1-9 所示。

（6）使用工具箱内的"选择工具" 选中曲线图形，再右击调色板内的 按钮，取消曲线。或者单击"排列"→"拆分"命令，再将路径曲线选中，按【Delete】键将曲线删除。

（7）单击工具箱内的"贝塞尔工具"按钮 ，绘制 2 条如图 4-1-8 所示的曲线，颜色为橙色。再单击工具箱内的"形状"工具 调节曲线，使它紧贴着各个矩形。

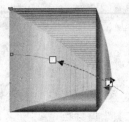 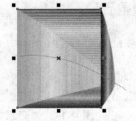 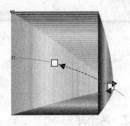

图 4-1-7　调和对象沿路径变化　　图 4-1-8　显示终点图形　　图 4-1-9　调整路径形状

（8）使用工具箱内的"矩形"工具 □，在绘图页面内拖动绘制一幅与绘图页面大小基本一样的矩形。使用工具箱内的"选择工具" ▷ 选中该矩形图形，单击工具箱填充展开工具栏内的"渐变填充"按钮 ■，调出"渐变填充"对话框。在该对话框中的"类型"下拉列表框内选择"辐射"选项，在"角度"数值框内输入 90，在"颜色调和"选项组中选择"双色"单选按钮，如图 4-1-10 所示。

（9）单击"从"按钮，调出它的调色板，单击该面板内的"其他"按钮，调出"选择颜色"对话框，单击其内的棕色色块，单击"确定"按钮，即可设置"从"颜色为棕色。按照相同的方法，设置"到"的颜色为黄色。单击"确定"按钮，完成矩形内棕色到黄色的辐射渐变色的填充。然后将整个调和图形移到绘图页面内，效果如图 4-1-11 所示。

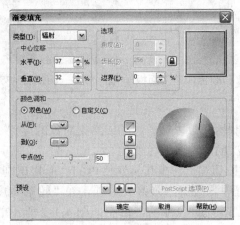

图 4-1-10　"渐变填充"对话框

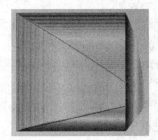

图 4-1-11　绘制好的隧道

3. 导入图像和创建文字

（1）单击"文件"→"导入"命令，弹出"导入"对话框。选中一幅图，单击"导入"按钮，再在画布中拖动，将图像置入到画布中。然后将图像移到大矩形里面，如图 4-1-12 所示。图像周围的白色把后面的隧道图形遮住了。

（2）选中图像，再单击"位图"→"位图颜色遮罩"命令，调出"位图颜色遮罩"泊坞窗，如图 4-1-13 所示。单击其内的小吸管图标 ✎，然后单击图像内的白色，将白色隐藏起来，完成后的效果如图 4-1-14 所示。

（3）选择工具箱内的"文本工具"字，在其属性栏内设置字体为华文行楷，大小为 24pt，单击其属性栏内的"垂直文本"按钮 ⅲ，然后在页面内输入文字"我们一直在与时间赛跑"，设置文字的轮廓线颜色为绿色，填充色为绿色，如图 4-1-1 所示。

（4）单击工具箱内的"选择工具" ▷，选中文字，单击工具箱内交互式展开工具栏内的"阴影"按钮 □，在选中文字上向右上方拖动，产生黑色阴影，同时调出它的"交互式阴影"属性栏。

图 4-1-12　导入图形　　　　　　　　　图 4-1-13　"位图颜色遮罩"泊坞窗

（5）在它的"交互式阴影"属性栏的"预设"下拉列表框内选择第 2 个选项，设置"阴影的不透明度"为 90，"阴影羽化"为 2，在"透明度操作"下拉列表框内选择"正常"选项，在"阴影颜色"下拉列表框内设置阴影颜色为黄色，其他设置如图 4-1-15 所示。

（6）用鼠标在文字上向右下方拖动，形成阴影，如图 4-1-1 所示。

图 4-1-14　将白色隐藏　　　　　　　　图 4-1-15　"交互式阴影"属性栏

【相关知识】

1．沿直线渐变调和

调和可以产生由一种图形等对象渐变为另外一种图形等对象的过程。调和可以沿指定的路径进行，调和包括了对象的大小、轮廓粗细填充内容和轮廓与填充颜色等内容的渐变。下面通过一个实例介绍创建调和的过程以及编辑调和的基本方法。

（1）绘制两个大小、颜色、填充内容和轮廓粗细均不同的对象，如图 4-1-16 所示。

（2）单击工具箱中交互式展开工具栏内的"调和"按钮 ，从一个图形拖动到另外一个图形。在"交互式调和工具"属性栏内单击"直接"按钮 ，使其呈按下状态，颜色按直线规律变化；设置"调和对象"数值框 内的数值为 10，调和的层次数为 10；在"调和方向"数值框内输入 5，如图 4-1-17 所示。交互式调和效果如图 4-1-18 所示。

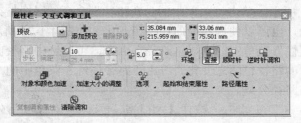

图 4-1-16　两个对象　　　图 4-1-17　"交互式调和工具"属性栏　　　图 4-1-18　调和效果

（3）拖动调和对象连接虚线上的两个箭头控制柄，可以调整各层次的间距和颜色的变化。使用工具箱中的"选择工具" ，调整两个原对象（即调和对象的起始和终止图形）的位置、大小、颜色、填充内容和轮廓线宽度等属性，也可以改变交互式调和图形的形状和颜色。

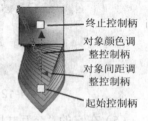

（4）单击"交互式调和工具"属性栏内的"对象和颜色加速"按钮 ，调出"对象和颜色加速"面板，如图 4-1-5 所示，拖动滑块，可改变各层次的间距和颜色变化。

图 4-1-19　调整调和

"对象和颜色加速"面板内的 按钮呈按下状态（默认状态）时，拖动"对象"或"颜色"滑块，两个滑块会一起变化，拖动图 4-1-19 中的两个三角控制柄中的任何一个，两个控制柄会一起移动，颜色和间距会同时改变。单击 按钮，使该按钮呈抬起状态，可以单独拖动"对象"滑块和"颜色"滑块，也可以单独拖动图 4-1-19 中的两个三角控制柄中的任何一个，单独调整层次的间距和颜色

（5）单击"加速大小的调整"按钮 ，可以使各层画面的大小变化加大。

（6）改变属性栏内"调和方向"数值框 5.0 内的数据，可以改变调和的旋转角度，旋转角度为 90° 时的调和对象如图 4-1-20 所示。

（7）单击"顺时针"按钮 后，调和对象的颜色会按顺时针方向变化。单击"逆时针调和"按钮 后，对象的颜色会按逆时针方向变化。单击"环绕"按钮 后，对象的中间层会沿起始和终止画面的旋转中心旋转变化，如图 4-1-21 所示。

设置"调和对象"的数值为 10，在"调和方向"数值框内输入 360，单击"环绕"按钮 、"顺时针"按钮 后的调和效果如图 4-1-22 所示。

图 4-1-20　旋转 90°　　　　图 4-1-21　环绕处理　　　　图 4-1-22　调整调和效果

2. 沿路径渐变调和

（1）调整上面加工的调和对象的位置和大小，再绘制一条曲线，如图 4-1-23 所示。

（2）单击工具箱中交互式展开工具栏内的"调和"按钮 ，单击交互式调和渐变对象，右击调和对象非起始和终止画面，调出它的快捷菜单，单击该菜单内的"新路径"命令，鼠标指针呈弯曲的箭头状 。然后单击曲线路径，即可使调和对象沿曲线路径变化，如图 4-1-24 所示。

另外，单击"交互式调和工具"属性栏内的"路径属性"按钮，调出一个"路径属性"快捷菜单，如图 4-1-25 所示。单击该菜单中的"新路径"命令，鼠标指针会变为弯曲的箭头状，再单击曲线路径，也可以使调和沿曲线路径变化，如图 4-1-24 所示。

（3）单击"路径属性"菜单中的"显示路径"命令，可以选中路径曲线。如果改变了路径曲线，则渐变对象的路径也随之变化。单击"路径属性"菜单中的"从路径分离"命令，可以将渐变对象与路径分离。

（4）单击"调和工具"按钮 ，按住【Alt】键，从一个对象到另外一个对象拖动绘出一条曲线路径，松开鼠标左键后，即可产生沿手绘路径调和的对象。

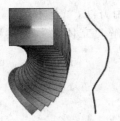

图 4-1-23　绘制曲线　　　　图 4-1-24　调和沿曲线变化　　图 4-1-25　"路径属性"菜单

 思考与练习4-1

1．绘制一幅"五彩蝴蝶"图形，如图 4-1-26 所示。

2．绘制一幅"足球世界"图形，如图 4-1-27 所示。它是一幅足球的宣传画。制作该图形需要使用基本绘图、用自然笔工具绘图、填充、群组和分解群组、渐变等操作技术。

图 4-1-26　"五彩蝴蝶"图形

图 4-1-27　"足球世界"图形

4.2 【案例 11】世界和平

【案例效果】

"世界和平"图形如图 4-2-1 所示。利用工具箱中的"手绘"工具绘制几条曲线，再利用"调和"工具创建象征和平鸽身体的一系列调和曲线，经过变形形成和平鸽身体；和平鸽的头部是利用工具箱中的"手绘"工具绘制的，将它们组合在一起，便形成了一个抽象的和平鸽图案，再以和平鸽图形为主题组成"世界和平"图形。

图 4-2-1　"世界和平"图形

通过制作该图形，可以进一步掌握"调和"工具的使用方法，"艺术笔"工具的使用方法，以及"轮廓笔"工具的使用方法等，初步了解"立体化"工具的使用方法。

 【操作步骤】

1. 绘制和平鸽的身体

（1）新建一个文档，设置绘图页面的宽为 200mm，高为 80mm，背景颜色为白色。

（2）使用工具箱中的"钢笔工具"在绘图区中绘制一条曲线。使用工具箱中的"形状"工具调整曲线两端的控制柄，形成一条如图 4-2-2 所示的弯曲曲线。

（3）单击工具箱中的轮廓展开工具栏内的"轮廓笔"按钮，调出"轮廓笔"对话框，如图 4-2-3 所示。在"颜色"下拉列表框中选择外框的颜色为蓝色，其他设置采用默认值，如图 4-2-3 所示。单击"确定"按钮，关闭"轮廓笔"对话框，完成轮廓线的设置。

（4）选中曲线并单击菜单栏中的"编辑"→"再制"命令，复制一条曲线。将第 2 条曲线移到第 1 条曲线的下面，并将第 2 条曲线的颜色设置为红色，如图 4-2-4 所示。

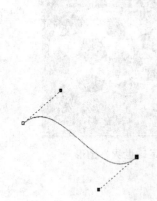

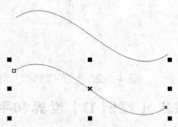

图 4-2-2　一条弯曲的曲线　　　图 4-2-3　"轮廓笔"对话框　　　图 4-2-4　2 条曲线

（5）单击工具箱中交互式展开工具栏内的"调和"按钮，从第 1 条曲线向第 2 条曲线拖动，生成一组调和曲线。单击其"交互式调和工具"属性栏中的"顺时针"按钮，在"调和对象"数值框内输入 20，创建一组五彩调和曲线，如图 4-2-5 所示。

（6）选择第 1 条曲线，使用工具箱中的"形状"工具将该曲线变形，如图 4-2-6 所示，形成鸽子的翅膀轮廓曲线。再调整复制的第 2 条曲线，将其变形，如图 4-2-7 所示，形成鸽子的身体轮廓曲线。

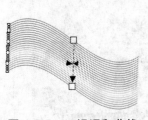

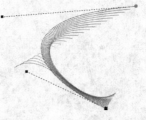

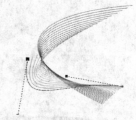

图 4-2-5　一组调和曲线　　　图 4-2-6　调和曲线变形　　　图 4-2-7　变形调整

2. 绘制鸽子的头部

（1）使用工具箱中的"手绘工具"绘制一条曲线段，作为鸽子头部的上轮廓线，再给所绘制的曲线着红色，如图 4-2-8 所示。

（2）绘制一条曲线作为鸽子头部的下轮廓线，给该曲线着蓝色，如图 4-2-9 所示。

（3）绘制出鸽子的嘴部轮廓线，将其填充为黄色，轮廓线着土黄色，如图 4-2-10 所示。

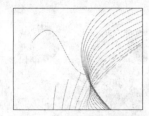 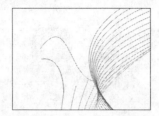 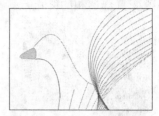

图 4-2-8　鸽子头部上的轮廓线　图 4-2-9　鸽子头部的下轮廓线　图 4-2-10　鸽子的嘴部

（4）使用工具箱中的"椭圆形"工具 ○ 绘制一个圆形图形，复制一个该圆形图形，将复制的圆形图形调小一些，填充黑色并移到第 1 个圆形内的左下角作为眼珠。

（5）将眼睛图形移动到鸽子头部适当的位置，如图 4-2-1 所示。

【相关知识】

1. 调和的"选项"菜单

（1）单击"交互式调和工具"属性栏内的"选项"按钮，调出"选项"菜单，如图 4-2-11 所示。选中菜单中的"沿全路径调和"复选框，可以使对象沿完整路径渐变，如图 4-2-12 左图所示。选中"旋转全部对象"复选框，可以使渐变对象的中间层与路径形状相匹配，调和效果如图 4-2-12 中图所示。

（2）映射节点：单击"选项"菜单的"映射节点"按钮，鼠标指针会变为弯箭头状 ↙，分别先后单击起始和终止画面的节点，可以建立两个节点的映射，不同节点的映射会产生不同的调和效果，交错节点的映射所产生的效果如图 4-2-12 右图所示。

（3）拆分调和对象：单击"选项"菜单内的"拆分"按钮，鼠标指针会变为弯箭头状 ↙，单击调和对象的中部，即可将一个调和对象分割为两个调和对象，拖动对象的中部，效果如图 4-2-13 所示。

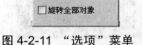
   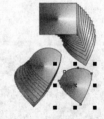

图 4-2-11　"选项"菜单　　图 4-2-12　三种不同情况的调和效果　　图 4-2-13　拆分调和对象

2. 调和复合与调和分离

（1）调和对象的复合：就是由两个或多个调和对象组成的一个调和对象，各调和对象之间的连接也是有调和过程的。制作两个调和对象，如图 4-2-14 所示。复合调和的操作如下。

◎ 单击工具箱中的"调和"按钮 ，从调和对象的起始或结束画面处拖动到另外一个调和对象的起始或结束画面处，复合调和的结果如图 4-2-15 所示。

◎单击工具箱中的"调和"按钮 ，单击一个调和对象（如右边的调和对象），单击"交互式调和工具"属性栏内的"起始和结束属性"按钮，调出它的菜单。单击该菜单中的"新起点"命令 ，则鼠标指针呈粗箭头状 ，单击另一个图形对象（例如，左边调和对象内下边的心形图形），即可改变调和的连接形式，如图 4-2-16 所示。采用此种方法也可以改变复合调和的终止点。

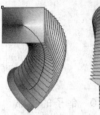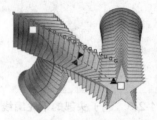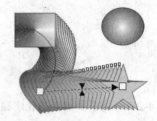

图 4-2-14　两个调和对象　　　图 4-2-15　复合调和　图 4-2-16　改变复合调和的连接形式

◎ 在对复合调和进行对象的选择时，如果要选中某一段调和对象的起始或结束图形，可以先使用"选择工具" 单击画布空白处，再单击复合调和对象的非起始或终止画面处，选中整个复合调和对象；如果按住【Ctrl】键并单击一段调和对象，可以选中该段调和对象。

（2）调和对象的分离：使用工具箱中的"选择工具" 选中要分离的调和对象，单击"排列"→"拆分×××"命令，再单击"排列"→"取消全部组合"命令，即可将调和对象分离。拖动调和对象中的一层图形，可以将其分解成独立的对象。

思考与练习4-2

1．绘制一幅"天籁之音"图形，如图 4-2-17 所示。可以看到，在蓝天和海洋之间，一个天使在弹奏琵琶，无数的五彩曲线从天上飘然而下。

2．绘制一幅"浪漫足球"图形，如图 4-2-18 所示，它是一幅足球的宣传画，可以看到一串从小到大变化的透明足球，天空中飘浮着多彩透明的曲面，一串逐渐变小和变色的文字。

图 4-2-17　"天籁之音"图形　　　　　图 4-2-18　"浪漫足球"图形

4.3 【案例 12】名花网页按钮

【案例效果】

"名花网页按钮"图形如图 4-3-1 所示，该图形背景是一幅虚幻的鲜花图像，该图像之上有一个"世界名花"和"城市市花"矩形按钮，还有"兰花"、"梅花"、"荷花"、"菊花"

和"茶花"5 个透明圆形按钮。通过制作这些按钮图形，可以进一步掌握交互式轮廓图工具、交互式调和工具和交互式变形工具的使用方法。可以使用"宏"工具栏将一个完整的制作步骤录制成一个文件并保存成 Script 文件（扩展名为.csc），然后应用 Script 文件来制作其他具有相同特点的图形。该图形的制作方法和相关知识介绍如下。

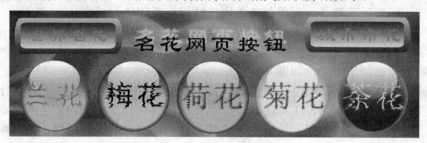

图 4-3-1　"名花网页按钮"图形

【操作步骤】

1．制作矩形按钮和标题文字

（1）新建一个文档，设置绘图页面的宽为 220mm，高为 70mm，背景色为白色。

（2）使用工具箱中的"矩形工具"□在绘图页面内拖动绘制一幅矩形图形。在其"矩形"属性栏内的两个"对象大小"数值框内设置宽为 60mm，高为 20mm，在 4 个"边角圆滑度"文本框内输入 95，如图 4-3-2 所示。

（3）单击"渐变填充"工具，调出"渐变填充"对话框，设置从黄色到橙色的线性渐变色，其他设置如图 4-3-3 所示。

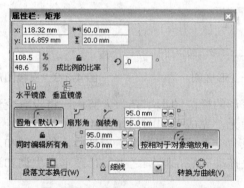

图 4-3-2　"矩形"属性栏

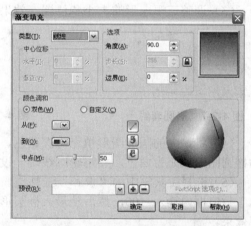

图 4-3-3　"渐变填充"对话框

（4）单击"渐变填充"对话框内的"确定"按钮，给矩形图形填充从黄色到橙色的线性渐变色，如图 4-3-4 所示。

（5）使用工具箱中的"矩形工具"□绘制一个边角圆滑度都为 30 的矩形，给该矩形填充从橙色到黄色的线性渐变色（与刚才的矩形的填充色正好相反）。然后，将刚刚绘制的矩形移到如图 4-3-4 所示的矩形之上，形成一个矩形按钮图形，如图 4-3-5 所示。

图 4-3-4　填充黄色到橙色线性渐变色的矩形

图 4-3-5　矩形按钮图形

（6）使用工具箱中的"选择工具" ![] 将如图 4-3-5 所示的按钮图形全部选中，将它们组成一个群组对象，调整按钮图形的大小，然后再复制一份，调整这两幅按钮图形的位置。选中这两幅按钮图形，单击其"多个对象"属性栏中的"对齐和分布"按钮![]，调出"对齐与分布"（分布）对话框。选中该对话框内的"上"复选框，然后单击"应用"按钮，将这两幅按钮图形顶部对齐。再单击"关闭"按钮，关闭该对话框。

（7）单击工具箱内的"文本工具"按钮![字]，输入颜色为绿色、字大小为 28pt、字体为隶书的文字"世界名花"。再将文字复制一份，将复制文字改为"城市市花"。然后将它们分别移到矩形按钮图形之上，如图 4-3-1 所示。

（8）输入字体为隶书、颜色为蓝色、字大小为 36pt 的"名花网页按钮"文字。使用交互式展开工具栏内的"阴影"工具![]，在"名花网页按钮"文字上向右上方拖动，松开鼠标左键后，文字添加阴影效果。将调色板内的黄色色块拖动到上边的终止控制柄![]之上，使阴影颜色改为黄色，如图 4-3-6 所示。拖动控制柄，可以改变阴影的位置和形状；拖动透镜控制柄，可以调整阴影的不透明度。

2. 制作圆形按钮

（1）使用工具箱内的"椭圆工具" ![○]，按住【Ctrl】键的同时在绘图页面内拖动绘制一幅圆形图形。然后，再绘制两个椭圆图形。

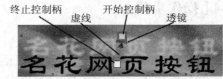

终止控制柄　　开始控制柄
　　　　虚线　　　　透镜

图 4-3-6　"名花网页按钮"文字和它的阴影

（2）使用工具箱内的"选择工具" ![] 选中其中一幅椭圆图形，再单击工具箱中交互式展开工具栏内的"封套工具"![]，此时椭圆图形外添加了虚线封套线，如图 4-3-7 所示。拖动其上的 8 个小方形控制柄，以及控制柄处的切线，可以调节椭圆图形的形状，调整后的效果如图 4-3-8 所示。

（3）调整三幅图形的大小和位置，效果如图 4-3-9 所示。

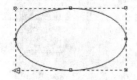

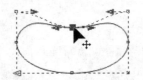

图 4-3-7　椭圆套封　　　　　　图 4-3-8　变形椭圆　　　　　　图 4-3-9　三幅图形

（4）将最大的圆形图形填充为深蓝色，将变形的椭圆图形填充为天蓝色，将没有变形的椭圆图形填充为白色，并将轮廓线统一设置为无，完成后的图形如图 4-3-10 所示。

（5）选择工具箱中的"调和"工具![]，在其"交互式调和工具"属性栏内的"调和对象"数值框内输入 100，然后从最大椭圆形中央拖动到底部椭圆之上，让图形产生调和过渡效果。

（6）选择工具箱中交互式展开工具栏内的"透明"工具![]，其"交互式渐变透明"属性栏设置如图 4-3-11 所示，然后从白色椭圆图形的顶端拖动到其底端，让按钮的高光部分柔和过渡，完成后的透明效果如图 4-3-12 所示。

图 4-3-10　填充颜色　　　　图 4-3-11　"交互式渐变透明"属性栏　　　　图 4-3-12　透明效果

（7）使用工具箱内的"选择工具" ![选择工具]将所有关于圆形按钮的图形都选中，再复制 4 个，设置 5 个圆形图形（以及下面的 5 个变形椭圆图形）的颜色分别为红色（浅红色）和绿色（浅绿色）等颜色，然后将它们等间距、顶部对齐放置，如图 4-3-13 所示。

图 4-3-13　5 个圆形按钮图形

3．制作按钮文字

（1）单击工具箱内的"文本工具"按钮字，在绘图页面内单击，在其"文本"属性栏内设置字体为黑体，文字大小为 40pt，颜色为浅棕色，单击"水平文本"按钮，然后输入"兰花"文字。

（2）复制 4 份"兰花"文字，再分别将它们改为"梅花"、"荷花"、"菊花"和"茶花"，颜色也进行改变，如图 4-3-14 所示。

兰花 梅花 荷花 菊花 茶花

图 4-3-14　输入文字并复制、修改文字

（3）使用工具箱内的"选择工具" ![选择工具]选中"兰花"文字，然后单击"排列"→"拆分美术字"命令，将文字变成单独的个体，同时选中"兰"字，如图 4-3-15 所示。

（4）单击工具箱中交互式展开工具栏内的"变形"（有的版本将其错译为"扭曲"）按钮 ![变形]，再单击其"交互式变形-推拉效果"属性栏内的"推拉"按钮 ![推拉]，在"推拉振幅"数值框内输入 25，如图 4-3-16 所示。此时的"兰"字如图 4-3-17 左图所示。

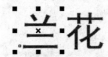

图 4-3-15　拆分文字

图 4-3-16　"交互式变形-推拉效果"属性栏

（5）单击工具箱内的"选择工具" ![选择工具]，选中"花"字，单击工具箱中交互式展开工具栏内的"变形"按钮 ![变形]，再单击其"交互式变形-拉链效果"属性栏内的"拉链"按钮 ![拉链]，在"拉链失真振幅"数值框内输入 12，在"拉链失真频率"数值框内输入 5，如图 4-3-18所示。此时的"花"字如图 4-3-17 右图所示。

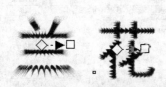

图 4-3-17　变形文字

图 4-3-18　"交互式变形-拉链效果"属性栏

（6）使用工具箱内的"选择工具" ![选择工具]选中变形的"兰"和"花"字，调整它们的大小，将它们移到第一个圆形按钮之上，如图 4-3-1 所示。

（7）按照上述方法，分别给其他 4 个圆形按钮添加变形文字。然后，分别将各按钮图形组成群组，效果如图 4-3-1 所示。

4. 制作批量变形文字

如果不同颜色的文字进行相同的变形加工,可以采用"宏"工具栏中的工具来快速完成。方法如下。

(1) 单击"窗口"→"工具栏"→"宏"命令,调出"宏"工具栏,如图 4-3-19 所示。

(2) 使用工具箱中的"选择工具" ↳ 选中"兰花"美术文字。单击"宏"工具栏中的"开始记录"按钮 ●,调出"记录宏"对话框。在其内的"宏名"文本框内输入 Macro1,其他设置如图 4-3-20 所示。单击"确定"按钮,开始录制以后的操作。

图 4-3-19 "宏"工具栏

图 4-3-20 "记录宏"对话框

(3) 单击工具箱中交互式展开工具栏内的"变形"按钮 ⟳,再单击其属性栏内的"拉链"按钮,在"交互式变形-拉链效果"属性栏内设置"拉链失真振幅"数值为 11,设置"拉链失真频率"数值为 38,单击"随机"和"平滑"按钮,如图 4-3-21 所示。变形文字效果如图 4-3-22 所示。

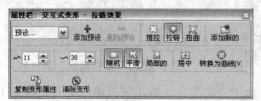

图 4-3-21 "交互式变形-拉链效果"属性栏

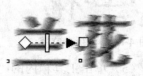

图 4-3-22 变形文字效果

(4) 单击"宏"工具栏中的"停止记录"按钮 ■,终止宏的录制操作。

(5) 使用工具箱中的"选择工具" ↳ 选中"梅花"美术文字,单击"宏"工具栏中的"运行宏"按钮 ▷,调出"运行宏"对话框。选中该对话框的列表框内刚录制的 RecordedMacros Macro1 宏名称选项,如图 4-3-23 所示。然后,单击"运行"按钮,稍等片刻,即可制作出与"兰花"具有相同特点的变形文字"梅花"。

(6) 采用与上述一样的方法,将其他文字变形成与"兰花"具有相同特点的变形文字。

图 4-3-23 "运行宏"对话框

【相关知识】

1. 创建和分离轮廓图

轮廓图是指在对象轮廓线的内侧或外侧的一组形状相同的同心轮廓线图形。

（1）创建轮廓图：绘制如图 4-3-24 左图所示的图形，工具箱中交互式展开工具栏内的"轮廓图"按钮▣，在图形处拖动，形成轮廓图。再在其"交互式轮廓线工具"属性栏内单击"内部"按钮▣，在"轮廓图偏移"数值框▣内输入 1mm，在"轮廓图步长"数值框▢内输入 9，单击"线性"按钮▢，如图 4-3-25 所示。此时的图形如图 4-3-24 右图所示。"交互式轮廓线工具"属性栏内各选项的作用如下。

◎ "到中心"按钮▣：单击该按钮，可以创建向对象中心扩展的轮廓图。

◎ "内部"按钮▣：单击该按钮，可以创建向对象内部扩展的轮廓图。

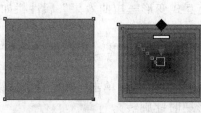
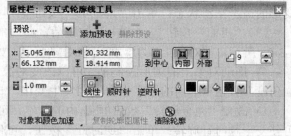

图 4-3-24　绘制图形与形成轮廓图　　　　图 4-3-25　"交互式轮廓线工具"属性栏

◎ "外部"按钮▣：单击该按钮，可以创建向对象外部扩展的轮廓图。

◎ "轮廓图步长"数值框▢：用来改变轮廓图的层数。

◎ "轮廓图偏移"数值框▣：用来改变轮廓图各层之间的距离。

◎ "线性"▢、"顺时针"▢ 和"逆时针"▢三个按钮：用来控制颜色变化的顺序。

◎ "对象和颜色加速"按钮▣：单击该按钮，可以调出"对象和颜色加速"面板，用来调整轮廓线和颜色的变化速度。

◎ "清除轮廓"按钮▣：单击该按钮可以清除对象的轮廓图。

（2）分离轮廓图：就是将对象轮廓图的图形分离，使它成为独立的对象。使用"选择工具"▣选中所有轮廓图对象。单击"排列"→"拆分轮廓图群组"命令，再单击"排列"→"取消全部群组"命令，将对象的轮廓图分离出来。

2. "变形"工具

单击工具箱中交互式展开工具栏内的"变形"按钮▣，其属性栏会因为单击其内的工具按钮不同而有一些变化，工具按钮有三个，简要介绍如下。

（1）"推拉"按钮▣：单击该按钮后，此时的"交互式变形-推拉效果"属性栏如图 4-3-16 所示。在要变形的对象上拖动，即可将对象变形，如图 4-3-26 所示。

◎ 拖动对象上的菱形控制柄，可改变对象变形的中心点。拖动对象上的方形控制柄，可以改变对象的变形量和向内或向外变形，同时其属性栏中数值框内的数字也会随之变化。

◎ 单击"中心"按钮，可以使变形的中心点与对象的中心点对齐。

◎ 复制变形属性：使用"选择工具"▣选中没有变形的对象，单击"变形"按钮▣，再单击其属性栏中的"复制变形属性"按钮▣，此时鼠标指针变为大箭头状，单击变形对象，即可将它的变形属性复制到选中对象上。此方法也适用于其他类型变形。

（2）"拉链"按钮▣：单击该按钮后，此时的"交互式变形-拉链效果"属性栏如

图 4-3-21 所示。然后，在要变形的对象上拖动，即可将对象变形，如图 4-3-27 所示。同时属性栏中"拉链失真振幅"数值框内的数字也会随之发生变化。

图 4-3-26　将对象推拉变形　　　　　　　　　图 4-3-27　拉链变形

　◎ 拖动对象上的透镜控制柄，可以改变对象变形的齿数。同时属性栏中"拉链失真频率"数值框内的数字也会随之发生变化。

　◎ 单击"随机"按钮 ，可使变形的齿幅度随机变化；单击"平滑"按钮 ，可使变形的齿呈平滑状态；单击"局部的"按钮 ，可以使对象四周的变形是局部的。

　（3）"扭曲"按钮 ：单击该按钮后，此时的"交互式变形－扭曲效果"属性栏如图 4-3-28 所示。在对象上拖动，即可将对象变形，如图 4-3-29 所示。

　◎ 拖动对象上的圆形控制柄，可以改变对象扭曲变形的扭曲角度，同时属性栏中"附加角度"数值框 内的数字也会随之发生变化。

　◎ 改变"完全旋转"数值框 内的数字，可以确定旋转圈数。单击"顺时针"按钮，可使变形顺时针旋转；单击"逆时针"按钮，可使变形逆时针旋转。

图 4-3-28　属性栏　　　　　　　　　　　　图 4-3-29　扭曲变形

思考与练习4-3

　1．绘制一幅"变形文字"图形，如图 4-3-30 所示。

　2．绘制一幅"变形图形"图形，如图 4-3-31 所示。

图 4-3-30　"变形文字"图形　　　　　图 4-3-31　"变形图形"图形

　3．绘制一幅"水晶按钮"图形，如图 4-3-32 所示。

　4．绘制一幅"立体按钮"图形，如图 4-3-33 所示，该图形内包含矩形按钮以及"体育"、"新闻"、"养生"、"家庭"、"饮食"和"美容"6 个透明圆形按钮。

图 4-3-32　"水晶按钮"图形　　　　图 4-3-33　"立体按钮"图形

4.4 【案例 13】立体图形

 【案例效果】

"立体图形"图形如图 4-4-1 所示。该图形内有立体五角星、圆柱体、圆锥体、圆管体、正方体等立体图形。通过制作该图形，可以进一步掌握渐变填充、焊接造型等技术，掌握"立体化"工具 和"阴影"工具 的使用方法等。

图 4-4-1　"立体图形"图形

【操作步骤】

1. 制作球体和圆锥体图形

（1）设置绘图页面的宽度为 180mm，高度为 60mm，背景为"花 3.jpg"图像。

（2）使用工具箱内的"椭圆形"工具 在绘图页面外绘制一幅宽和高均为 16mm 的圆形图形，设置无轮廓线、红色填充，如图 4-4-2 所示。

（3）选中圆形图形。单击工具箱中填充展开工具栏内的"渐变填充"按钮，调出"渐变填充"对话框。在"类型"下拉列表框中选择"辐射"选项，在"从"下拉列表框中选择红色，在"到"下拉列表框中选择白色，在显示框内拖动，使白色起点位于左上边。单击"确定"按钮，制作出球形图形，如图 4-4-3 所示。

（4）绘制一幅宽 10mm、高 18mm 的长方形图形，如图 4-4-4 左图所示。再绘制一个宽 10mm、高 4mm 的椭圆形图形，并复制一份，如图 4-4-4 右图所示。调整好各个对象的大小和比例，其中一个椭圆形和矩形图形摆放成如图 4-4-5 左图所示的圆柱体轮廓线状态。

（5）同时选中椭圆形和矩形图形，单击"排列"→"造形"→"焊接"（也叫合并）命令，将选中的椭圆形和矩形图形焊接在一起，如图 4-4-5 右图所示。将焊接好的图形复制一份，以备后面制作圆锥体时使用。

　　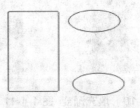　　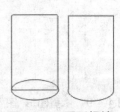

图 4-4-2　圆形图形　　图 4-4-3　球体图形　　图 4-4-4　矩形和椭圆形　　图 4-4-5　图形焊接

（6）选中如图 4-4-5 右图所示的轮廓线图形，单击"渐变填充"按钮，调出"渐变填充"对话框。利用该对话框给该轮廓线图形填充由紫色到白色，再到紫色的线性渐变色，如图 4-4-6 所示。

（7）单击工具箱中的"形状"按钮，即可在如图 4-4-6 所示图形的轮廓线上显示出选中多个节点。如果图形的左右两边有节点，应按住【Shift】键单击这两个节点，再单击其"编辑曲线、多边形和封套"属性栏内的"删除"按钮，删除选中的节点。

（8）选中左上角的节点，观察其"编辑曲线、多边形和封套"属性栏内的"到直线"按钮是否有效，如果有效，则说明选中的节点是曲线节点。可以单击"到直线"按钮，将选中的节点转换为直线节点。

（9）水平向右拖动左上角的节点到中间处，水平向左拖动右上角的节点到中间处，形成立体圆锥图形，如图 4-4-7 所示。使用工具箱内的"选择工具" ▶ 选中立体圆锥图形，取消其轮廓线，如图 4-4-8 所示。

图 4-4-6　轮廓线填充　　　图 4-4-7　节点调整　　　图 4-4-8　圆锥体

2. 制作圆柱体和圆管体图形

（1）将另外一个椭圆形图形移到如图 4-4-5 右图所示图形的上面，如图 4-4-9 左图所示。如果椭圆形图形在下面，需要将椭圆形图形的排列顺序移到图 4-4-5 右图所示图形的上面。选中如图 4-4-9 左图所示的所有图形，再单击"排列"→"造形"→"修剪"命令，将选中的图形修剪成如图 4-4-9 右图所示的圆柱形轮廓线图形。

（2）选中圆柱形轮廓线图形，单击工具箱中填充展开工具栏内的"渐变填充"按钮 ▣ ，调出"渐变填充"对话框。利用该对话框将圆柱面填充成橙色、金黄色、白色、金黄色、橙色的渐变色，如图 4-4-10 所示。

（3）选中顶部椭圆图形，单击"渐变填充"按钮 ▣ ，调出"渐变填充"对话框，设置浅棕色到白色的线性渐变填充，角度为–45°。单击"确定"按钮，给顶部的椭圆图形填充渐变色。去掉所有图形的轮廓线，将它们组成群组，形成圆柱体，如图 4-4-11 所示。

（4）将圆柱体图形复制一份，一个作为圆柱体图形。在另一个圆柱体图形之上绘制一个小一些的椭圆图形，使它位于其他图形的上面，并使两个椭圆的中心点对齐，如图 4-4-12 所示。

（5）选中小椭圆图形，利用"渐变填充"对话框也给小椭圆图形填充橙色、金黄色、白色、金黄色、橙色的渐变色。然后去掉椭圆图形的轮廓线，如图 4-4-13 所示。

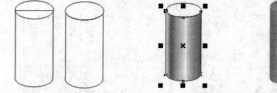

图 4-4-9　修剪图形　图 4-4-10　填充渐变　图 4-4-11　圆柱体　图 4-4-12　椭圆　图 4-4-13　圆管体

3. 制作立方体和立体五角星图形

（1）绘制正方形图形，填充绿色，给轮廓线着黄色。单击交互式展开工具栏内的"立体化"按钮 ▣ ，把正方形向右上方拖动，创建立方体，如图 4-4-14 所示。

（2）在其"交互式立体化"属性栏的"灭点属性"下拉列表框中选择"灭点锁定到对

象"选项。单击"立体化颜色"按钮▦，调出它的"颜色"面板，单击该面板内的"使用递减的颜色"按钮▦；单击"从"按钮，调出它的面板，设置"从"颜色为绿色；单击"到"按钮，调出它的面板，设置"到"颜色为浅绿色。立方体图形如图 4-4-15 所示。

（3）右击调色板内的黄色色块，给立方体图形的轮廓线着黄色，如图 4-4-1 所示。

（4）单击工具箱中对象展开工具栏内的"星形"按钮☆，在其"星形"属性栏内的"点数或边数"数值框☆内设置星形角数为 5，然后在绘图页面中拖动绘制一个五角星图形。再将五角星图形填充成红色，设置轮廓线为无，如图 4-4-16 所示。

（5）使用"立体化"工具▦从星形图形中间处向右上方拖动，创建立体效果。在其"交互式立体化"属性栏中单击"立体化类型"按钮▦，调出它的面板，选中该面板内的第 1 个图标，如图 4-4-17 所示，选定该立体类型。

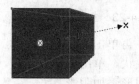
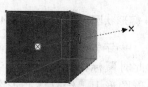

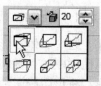

图 4-4-14　正方体　　图 4-4-15　递减颜色　图 4-4-16　五角星 图 4-4-17　"立体化类型"面板

（6）在"灭点属性"下拉列表框中选择"灭点锁定到对象"选项，在"灭点坐标"两个数值框内都输入 100px。此时，五角星图形立体化效果如图 4-4-18 所示。

（7）单击"交互式立体化"属性栏中的"立体化颜色"按钮，调出它的"颜色"面板，单击该面板内的"使用递减的颜色"按钮▦，如图 4-4-19 所示；单击"从"按钮，调出它的面板，单击红色色块，设置"从"颜色为红色；单击"到"按钮，调出它的面板，设置"到"颜色为白色。

（8）使用工具箱内的"选择工具"▦选中立体五角星图形，右击调色板内的黄色色块，给图形的轮廓线着黄色，在其属性栏内设置笔触宽度为 1px，效果如图 4-4-20 所示。

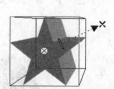
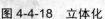

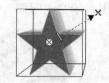

图 4-4-18　立体化　　图 4-4-19　"颜色"面板　　图 4-4-20　立体化调整

4. 制作其他立体图形和阴影

（1）将立体五角星组成群组。单击工具箱中交互式展开工具栏内的"阴影"按钮▦，在立体五角星下边向右上方拖动，即可产生阴影，如图 4-4-21 所示。

（2）选择工具箱中完美形状展开工具栏内的"基本形状"工具▦和"标题形状"工具▦，在其属性栏内的"完美形状"图形列表内选中一种图形，然后在绘图页面外拖动，即可绘制一幅相应的形状图形。按照这种方法绘制 4 幅形状图形，再分别给它们填充渐变色或单色，如图 4-4-22 所示。

（3）选中心形图形，单击交互式展开工具栏内的"立体化"按钮▦，再单击"交互式立体化"属性栏中的"复制立体化属性"按钮，鼠标指针呈黑色箭头状。单击立体五角星图形（正面五角星图形以外的任何部分），将立体五角星图形的立体化属性复制到选中的心形图形上，使心形图形立体化，如图 4-4-23 左图所示。

（4）单击"立体化"按钮，将单击立体心形图形，将画面的显示比例调小一些，使画面中可以看到灭点控制柄，拖动灭点控制柄和透镜控制柄，调整立体形状。

（5）单击属性栏中的"颜色"按钮，调出它的"颜色"面板，单击"到"按钮，调出它的面板，如图 4-4-19 所示，设置"到"颜色为黄色，效果如图 4-4-23 右图所示。

图 4-4-21　添加阴影　　　　图 4-4-22　4 幅形状图形　　　　图 4-4-23　立体心形图形

（6）选中立体心形图形，将它组成群组。单击"阴影"按钮，再单击"交互式立体化"属性栏中的"复制阴影的属性"按钮，此时鼠标指针呈黑色箭头状。单击立体五角星的阴影，将该阴影属性复制到选中的立体心形图形上，给立体心形图形添加阴影。

（7）再次选择"阴影"工具，调整阴影的大小、位置和颜色等。

（8）按照上述方法，将如图 4-4-22 所示的其他三幅图形立体化，再将圆柱体、圆管体、圆锥体和立方体等图形分别组成群组，给这些立体图形添加阴影。给正方体添加的阴影是朝右上方的，如图 4-4-1 所示。

5. 制作立体圆筒

（1）绘制一个轮廓线为紫色的圆形图形，复制一份，将两个圆形图形放置成如图 4-4-24 左图所示的样子。

（2）单击工具箱中交互式展开工具栏内的"调和"按钮，在其"交互式调和工具"属性栏内的"调和对象"数值框内设置步长为 60，然后从一个圆形图形对象拖动到另外一个圆形图形对象，形成一个圆筒图形，如图 4-4-24 右图所示。

（3）采用同样的方法制作 2 根棍子图形，如图 4-4-25 所示。

（4）把 2 根棍子图形连接在一起，设定 2 根棍子图形不同的层次，然后移到圆筒的中间，看似一根棍子穿过圆筒一样，效果如图 4-4-26 所示。

图 4-4-24　调和效果　　　　图 4-4-25　两根棍子图形　　　　图 4-4-26　棍子穿过圆筒

6. 制作立体文字

（1）单击工具箱内的"文本工具"按钮，在绘图页面外输入字体为隶书、字大小为 72pt 的"立体图形"文字。给文字填充红色，轮廓线着黄色。

（2）使用工具箱中交互式展开工具栏内的"立体化"工具，把文字向右上方拖动，创建立体文字，如图 4-4-27 所示。

（3）在其"交互式立体化"属性栏中的"灭点属性"下拉列表框中选择"灭点锁定到对象"。单击"交互式立体化"属性栏中的"立体化颜色"按钮，调出它的"颜色"面板，单击该面板内的"使用递减的颜色"按钮▦；单击"从"按钮，调出它的面板，单击该面板内的红色色块，设置"从"颜色为红色；单击"到"按钮，调出它的面板，单击该面板内的黄色色块，设置"到"颜色为黄色。效果如图 4-4-28 所示。

图 4-4-27　制作立体文字

图 4-4-28　调整立体文字的递减颜色和灭点位置

（4）单击"交互式立体化"属性栏内的"照明"按钮💡，调出一个"照明"面板，如图 4-4-29 所示（还没有设置）。依次单击 1 号、2 号和 3 号光源按钮，添加 3 个光源，调整 3 个光源的位置，如图 4-4-29 所示。此时的"立体图形"立体文字如图 4-4-1 所示。

（5）使用工具箱内的"选择工具"将所有立体图形和立体文字及其阴影移到绘图页面内适当的位置，调整好它们的大小，得到如图 4-4-1 所示的图形。

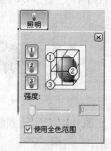

图 4-4-29　"照明"面板

【相关知识】

1．创建和调整立体化图形

（1）绘制五角星图形并填充红色，单击工具箱中交互式展开工具栏内的"立体化"按钮，在五角星图形上拖动产生立体化图形，如图 4-4-30 所示。其"交互式立体化"属性栏如图 4-4-31 所示。设置五角星轮廓线为黄色。

（2）拖动透镜控制柄，可改变图形的立体延伸深度，如图 4-4-32 所示，同时属性栏中"深度"数值框中的数字也会变化。改变该数值框中的数字，可以调整立体化深度。

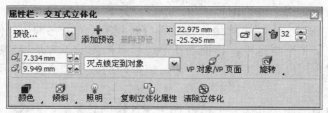

图 4-4-30　立体化图形　　　图 4-4-31　"交互式立体化"属性栏　　　图 4-4-32　改变延伸深度

（3）绘图页中箭头所指向的✕图标叫灭点控制柄（也叫消失点控制柄），它指示了立体化图形的会聚点，拖动它可以改变会聚点的位置，同时"交互式立体化"属性栏中"灭点坐标"数值框中的数字也会发生变化。"灭点坐标"数值框右边是"灭点属性"下拉列表框，它有四个选项，这四个选项决定了灭点的锁定位置和灭点的复制。它们的含义如下。

◎ "灭点锁定到对象"选项：灭点保持在对象的当前位置不变。

◎ "灭点锁定到页面"选项：灭点保持在页面的当前位置不变。

◎ "复制灭点，自"选项：将灭点复制到另一个对象，产生两个相同的灭点。

◎ "共享灭点"选项：可以与其他对象共有一个灭点。

（4）选中对象，则透镜控制柄周围出现一个带四个圆圈的箭头，鼠标指针呈 状，如图 4-4-33 所示。此时可拖动调整，使对象围绕透镜转圈和伸缩。当把鼠标指针移到四周的四个绿色箭头处时，鼠标指针呈转圈的双箭头状 ，可拖动调整，以使对象围绕自身的轴线旋转，如图 4-4-34 所示。

2．"交互式立体化"属性栏

（1）"VP 对象/VP 页面"按钮：单击该按钮后，灭点坐标以页坐标形式描述，页坐标原点在绘图页的左下角。当该按钮呈抬起状时，灭点坐标原点在对象上的⊠处。

（2）"旋转"按钮：单击"旋转"按钮，可以调出"旋转"面板，如图 4-4-35 所示，可以在圆盘上拖动调整对象的三维空间位置。

 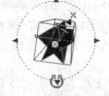 

图 4-4-33　转圈和伸缩对象　　图 4-4-34　旋转对象　　图 4-4-35 "旋转"面板

（3）"预设"下拉列表框：可用来选择不同的立体化样式。当调整好一种立体化样式后，可以单击"添加预置"按钮，调出"另存为"对话框，将它保存为一种预置样式。当灭点和灭点坐标数值框无效（呈灰色）时，单击它可使它们恢复有效。

（4）"立体化类型"按钮：单击右侧的下三角按钮 ，调出立体化类型图形面板，单击其内的一种图案，可以选择一种立体化类型。

（5）"立体化颜色"按钮：单击它可以调出"颜色"面板，使用它可以调整立体化图形的表面颜色。在该对话框内单击"使用对象填充"按钮 ，可以使用图形原来的填充物填充；单击"使用纯色"按钮 ，下边的"使用"列表框变为有效，用来确定填充的颜色，使用单色填充；单击"使用递减的颜色"按钮 ，下边的"从"和"到"下拉列表框均变为有效，用来确定渐变的两种颜色（例如，红色到黄色），使用渐变色填充，效果如图 4-4-36 所示。再下边的按钮是用来修饰图形边角的颜色，只有在有斜角时才有效。

（6）"立体化倾斜"（也叫"斜角修饰边"）按钮 ：单击它调出"倾斜"面板，如图 4-4-37 所示。选中第 1 个复选框，再拖动其下边显示框内的小方形控制柄，可以调整立体化对象原图形的斜角深度和角度，同时下边数值框内的数字也会变化，可以直接调整两个数值框内的数值。

修饰图形边角后的图形如图 4-4-38 左图所示。修饰对象后，再选中"只显示斜角修饰边"复选框，此时的图形如图 4-4-38 右图所示。

图 4-4-36　使用递减的颜色　图 4-4-37 "倾斜"面板　图 4-4-38　修饰图形边角和只显示斜角修饰边

（7）"照明"按钮 ：单击它后，会调出一个"照明"面板，如图 4-4-39 左图所示，使用它可以给对象加光源。单击 1 号光源按钮，则"照明"面板如图 4-4-39 右图所示（还没有"②"光源标记）。拖动"①"光源标记，可以改变光源位置；拖动滑块，可以改变光线强度。选中"使用全色范围"复选框，可以使光源作用于全彩范围；单击左边的灯泡图标，可添加光源，设置 2 个光源后的面板如图 4-4-39 右图所示，图形如图 4-4-40 所示。

　　3．"交互式阴影"属性栏

　　单击工具箱中交互式展开工具栏内的"阴影"按钮 🔲，在图形之上拖动可产生阴影。单击"排列"→"拆分阴影群组"命令，可以将阴影拆分成独立的对象。

　　此时的"交互式阴影"属性栏如图 4-4-41 所示，其中一些选项的作用如下。

图 4-4-39　"照明"面板　图 4-4-40　设置 2 个光源后的图形　图 4-4-41　"交互式阴影"属性栏

　　（1）"预设"下拉列表框：用来选择阴影样式。

　　（2）"阴影偏移"数值框：改变这两个数值框内的数据，可以改变阴影的偏移位置。拖动黑色方形控制柄也可以有相同的，"阴影偏移"两个数值框内的数据会随之发生变化。

　　（3）"阴影角度"带滑块的数值框 🔲：调整滑块或输入数字，可以改变阴影的起始位置、形状和方向，拖动白色方形控制柄也可以有相同的效果。

　　（4）"阴影的不透明度"带滑块的数值框 🔲：用来改变阴影的不透明度，拖动长条透镜控制柄也可以有相同的效果。

　　（5）"阴影羽化"带滑块的数值框 🔲：调整滑块或输入数字，可调整阴影边缘的模糊度。

　　（6）"阴影淡出"带滑块的数值框：调整滑块或输入数字，可以改变阴影颜色的深浅。

　　（7）"阴影延展"带滑块的数值框：调整滑块或输入数字，可以改变阴影的延伸大小，它的作用与拖动黑色方形控制柄的作用一样。

　　（8）"阴影颜色"按钮：单击它可调出一个调色板，用来确定阴影的颜色。

　　（9）"方向"按钮：单击它可调出"方向"面板，使用它可以调整阴影边缘的羽化方向。

　　（10）"边缘"按钮：给阴影添加羽化方向后该按钮才有效，单击它可以调出"边缘"面板，使用它可以调整阴影边缘的羽化状态。

思考与练习4-4

　　1．绘制一幅"立体文字"图形，如图 4-4-42 所示。

　　2．绘制一幅圆柱体和圆管体图形，如图 4-4-43 所示。

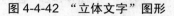

图 4-4-42　"立体文字"图形　　　　　　　　图 4-4-43　圆柱体和圆管体

3. 绘制"立体图形"图形，如图 4-4-44 所示。

4. 绘制一幅如图 4-4-45 所示的"礼品盒"图形。

5. 绘制一幅如图 4-4-46 所示的"冰箱"图形。

图 4-4-44 "立体图形"图形 　　图 4-4-45 "礼品盒"图形 　　图 4-4-46 "冰箱"图形

4.5 【案例14】放大文字

【案例效果】

"放大文字"图形形图 4-5-1 所示。可以看到，在一幅"幽静小路"背景图像（如图 4-5-2）之上有"幽静小路"立体文字和一个放大镜，同时"路"字被放大镜放大了。放大镜上面有高光并且显示出淡蓝色的镜片。

通过制作该实例，可以进一步掌握制作阴影文字的方法，使用"轮廓工具"和"交互式透明工具"的方法，使用"透镜"泊坞窗的方法，以及创建几种类型透镜的方法等。

【操作步骤】

1. 制作文字

（1）设置绘图页面的宽度为 100mm，高度为 80mm。单击标准工具栏内的"导入"按钮，调出"导入"对话框，在该对话框中选择"幽静小路.jpg"图像文件，单击"导入"按钮，关闭"导入"对话框。

（2）在绘图页面内拖动出一个与绘图页面大小一样的矩形，导入选中的"幽静小路.jpg"图像，将该图像作为背景图像，如图 4-5-2 所示。

图 4-5-1 "放大文字"图像 　　　　　　图 4-5-2 "幽静小路"图像

（3）使用工具箱内的"文本工具"字在绘图页面外输入字体为华文行楷、字大小为 44pt、颜色为红色的美术字"幽静小路"，并将其移到背景图像的上边。

（4）拖动选中文字，单击其"文本"属性栏中的"字符格式化"按钮 A，调出"字符格式化"对话框。在该对话框中的"字距调整范围"数值框内输入 30%，将文字的字距拉大；展开"字符效果"栏，单击"下画线"栏右边的下三角按钮 ∨，将其选中其内的"单组"选项，如图 4-5-3 所示。此时的"幽静小路"美术字如图 4-4-4 所示。

图 4-5-3　"字符格式化"对话框

（5）按小键盘上的【+】键，将文字复制一份。选中复制的文字。将其拖动到原文字的右下方，单击调色板中的白色色块，将复制的文字填充成白色。

（6）将白色文字调整到红色文字的后边，形成带白色阴影的立体字，如图 4-5-5 所示。

（7）选择工具箱中的"调和工具" 🗗，在其"交互式调和工具"属性栏内的"调和对象"数值框内输入 20，从红色文字中央拖动到白色文字之上，产生立体过渡效果，如图 4-5-6 所示。

图 4-5-4　"幽静小路"美术字

图 4-5-5　带白色阴影的立体字

2.　制作放大镜

（1）使用工具箱中的"椭圆形"工具 ○，按住【Ctrl】键的同时，在页面内拖动绘制出一个圆形图形。设置该圆形图形无填充、棕色轮廓线。

（2）单击轮廓展开工具栏内的"画笔"按钮 🖋，调出"轮廓笔"对话框，在该对话框中设置轮廓宽度为 3mm，其他设置保持不变，如图 4-5-7 所示。单击"确定"按钮，形成放大镜的镜框图形，如图 4-5-8 所示。

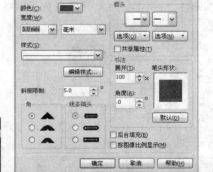

图 4-5-6　"幽静小路"立体文字　　图 4-5-7　"轮廓笔"对话框　　图 4-5-8　放大镜的镜框图形

（3）使用工具箱内的"矩形工具" □ 在绘图页面外拖动，绘制一幅矩形图形。单击工具箱中填充展开工具栏内的"渐变填充"按钮 ▨，调出"渐变填充"对话框。该对话框中设置的填充色为橙色、橙色、白色、橙色、橙色的渐变色，如图 4-5-9 所示。单击"确定"按钮，将矩形图形填充设置好的渐变色。

（4）在其"矩形"属性栏中设置矩形的"旋转角度"为 48°，再移到圆形轮廓线的右下方，作为放大镜的杆，如图 4-5-10 所示。

（5）再次绘制一幅矩形图形，为其内部填充橙色、橙色、白色、橙色、橙色的渐变色。在"矩形"属性栏中设置矩形 4 个角的"边角圆滑度"都为 60，设置矩形的"旋转角度"为 48°，再移到放大镜杆的下边，作为放大镜的把，完成后的图形如图 4-5-11 所示。然后，将绘制的放大镜的镜框、杆和把三部分图形组成一个群组。

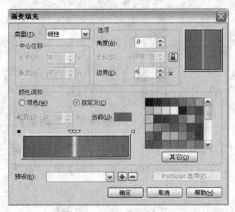

图 4-5-9 "渐变填充"对话框

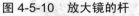

图 4-5-10 放大镜的杆

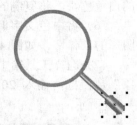

图 4-5-11 放大镜的把

（6）使用工具箱中的"椭圆工具" ，按住【Ctrl】键的同时，在页面内拖动绘制一个圆形图形。选中该圆形图形，按住【Ctrl】键，将其复制一份，不填充任何颜色，作为面边制作放大效果使用。选中原圆形图形，为该图形填充浅蓝色，作为放大镜的镜片。

（7）使用工具箱交互式展开工具栏中的"透明度" ，从镜片图形的中央向外拖动，拉出一条箭头。在其"交互式渐变透明"属性栏中设置透明度类型为"辐射"，使镜片产生射线透明效果，完成后的图形如图 4-5-12 所示。

（8）选中前面复制的圆形轮廓线，将该图形移到绘图页面内的"路"字之上。

单击"窗口"→"泊坞窗"→"透镜"命令，调出"透镜"泊坞窗。在"透镜"泊坞窗中的下拉列表框中选中"放大"选项，设置"数量"数值框内的数值为 1.5，如果"应用"按钮无效，可以单击 按钮，使"应用"按钮变为有效，同时该按钮变为 状态，如图 4-5-13 所示。单击"应用"按钮，放大的效果如图 4-5-14 所示。

图 4-5-12 放大镜镜片

图 4-5-13 "透镜"泊坞窗

图 4-5-14 放大的效果

（9）使用工具箱中的"手绘工具" 绘制一个三角形，如图 4-5-15 所示。使用工具箱中的"形状工具" 将三角形调整成水滴形状。再使用工具箱中的"椭圆工具" 在水滴图形的下方绘制一个圆形图形，完成后的图形如图 4-5-16 所示。

（10）同时选中这两个对象，将其移动到镜片的右上方，调整其大小，单击调色板中的白色色块，用白色填充这两个对象。使用工具箱交互式展开工具栏中的"透明度" ，从如图 4-5-16 所示的图形右上方向左下方拖动出一个箭头。在其"交互式渐变透明"属性栏中设置透明度类型为"线性"，使水滴图形产生线性透明效果。

（11）右击调色板中的"无"色块，取消所选图形的轮廓。选中镜片图形，右击调色板中的"无"色块，取消所选镜片图形的轮廓，制作出的放大镜图形如图 4-5-17 所示。

（12）使用工具箱内的"选择工具" 将所有放大镜图形选中，将它们组成一个群组，再将放大镜图形移到放大的"路"立体文字之上，如图 4-5-1 所示。

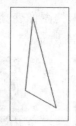
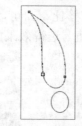

图 4-5-15　三角形　　　图 4-5-16　调整三角形　　　图 4-5-17　放大镜图形

【相关知识】

1. 创建透镜

使用透镜可以使图像产生各种丰富的效果。透镜可以应用于图形和位图，但不能应用于已经应用了立体化、轮廓线或渐变的对象。

（1）输入字体为隶书的绿色美工字"透镜"，导入一幅图像，再绘制一个圆形图形，轮廓线为红色，轮廓线宽度为 1mm，填充白色，作为透镜图形，如图 4-5-18 所示，为创建透镜和观看透镜效果做好准备。

如果透镜图形在其他对象的下边，则需将透镜图形移到其他对象的上边。

（2）将圆形图形移到美工字和图像之上，单击"效果"→"透镜"命令，调出"透镜"泊坞窗。在"透镜"泊坞窗内的下拉列表框内选择一种透镜（此处选择"颜色添加"），单击"颜色"按钮，调出颜色面板，选择红色，设置"比率"数值框内的数据为 60%（可以改变透镜作用的大小），如图 4-5-19 所示。

（3）单击"应用"按钮，可将选中的圆形图形设置为透镜，透镜的效果使透镜内的对象颜色偏紫色，如图 4-5-20 所示。

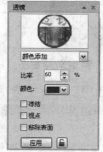

图 4-5-18　绘制图形　　　图 4-5-19　"透镜"泊坞窗　　　图 4-5-20　颜色添加效果

（4）选中"冻结"复选框，单击"应用"按钮后，再移动透镜位置，透镜内的对象仍保持不变，如图 4-5-21 所示。

（5）选中"视点"复选框，"视点"复选框右边会增加一个"编辑"按钮，单击该按钮，会在复选框的上边显示两个数值框，如图 4-5-22 所示，利用它们可以改变视角的位置。另外，还可以通过拖动透镜内新出现的 ✖ 标记（表示视点）来改变视角的位置。单击"应用"按钮，效果如图 4-5-23 所示。而且移动透镜的位置后，透镜内的对象仍保持不变。

（6）在改变视角的位置后，再选中"移除表面"复选框，单击"应用"按钮，透镜下除了显示透镜效果图外，还会显示原对象。而且移动透镜的位置后，透镜内的对象仍保持不变。

2．几种类型透镜的特点

（1）"变亮"选项：选择该选项后，调整比率，可以使透镜内的图像变亮或变暗。例如，设置比率为 50% 后，单击"应用"按钮，透镜效果如图 4-5-24 所示。

图 4-5-21　透镜内的图形不变　图 4-5-22　两个数值框　图 4-5-23　改变视角　图 4-5-24　图像变亮

（2）"色彩限度"选项：选择该选项后，单击"颜色"按钮，调出颜色调板，选择颜色（如黄色），再调整比率，即可获得类似于照相机所加的滤光镜效果，好像通过有色透镜观察图像一样。加入绿透镜，比率为 80%，单击"应用"按钮后，透镜效果如图 4-5-25 所示。

（3）"自定义彩色图"选项：选择该选项后，将滤光镜颜色设置为两种颜色间的颜色（例如，黄色到红色），用来确定图像和背景色。单击"应用"按钮后，效果如图 4-5-26 所示。

（4）"鱼眼"选项：选择该选项后，再调整比率（例如，比率设置为 200%），单击"应用"按钮后，可以使透镜下的文字和图像呈鱼眼效果，如图 4-5-27 所示。

（5）"热图"选项：选择该选项后，再调整调色板的旋转角度（例如，比率设置为 45°），单击"应用"按钮后，可以使透镜下的图形随调色板的颜色发生变化，如图 4-5-28 所示。

图 4-5-25　色彩限度　图 4-5-26　自定义彩色图　图 4-5-27　鱼眼透镜　图 4-5-28　热图透镜

（6）"反显"选项：选择该选项后，可使透镜下的对象呈负片效果，如图 4-5-29 所示。

（7）"灰度浓淡"选项：选择该选项后，调整颜色，使透镜下的图像呈选定颜色效果，如图 4-5-30 所示。

（8）"透明度"选项：选择该选项后，再调整比率和颜色，可使透镜下的图像呈半透明效果。例如，设置颜色为红色，比率为 50%，单击"应用"按钮后，透镜效果如图 4-5-31 所示。

（9）"线框"选项：选择该选项后，再调整轮廓和填充颜色，可使透镜下的图形和文字的轮廓线与填充颜色改变。将"透视"文字轮廓着红色，设置"线框"透镜类型，设置填充色为黄色、轮廓色为棕色，单击"应用"按钮，透镜下的文字轮廓线颜色改为棕色，填充色改为黄色，效果如图 4-5-32 所示。

图 4-5-29　反显透镜　图 4-5-30　灰度浓淡透镜　图 4-5-31　透明度透镜　图 4-5-32　线框透镜

　　3. 封套

　　绘制一幅圆形图形，如图 4-5-33 所示。选中该图形，单击交互式展开工具栏内的"封套"按钮，其"交互式封套工具"属性栏如图 4-5-34 所示。此时，对象周围会出现封套网线，如图 4-5-35 所示。拖动封套网线的节点，可以产生变形的效果。"交互式封套工具"属性栏内前面没有介绍过的选项的作用如下。

图 4-5-33　一幅圆形图形　　图 4-5-34　"交互式封套工具"属性栏　　图 4-5-35　封套网线

　　（1）在"预设"下拉列表框内选择一种封套样式选项，即可改变封套网线的形状。

　　（2）单击"直线"按钮，可以将曲线节点转换为直线节点。拖动封套网线的直线节点，可以产生直线变形的效果，如图 4-5-36 所示。

　　（3）单击"交互式封套工具"属性栏内的"单弧"按钮，再拖动封套网线的节点，可以产生单弧线变形的效果，如图 4-5-37 所示。

　　（4）单击"交互式封套工具"属性栏内的"双弧"按钮，再拖动封套网线的节点，可以产生双弧线变形的效果，如图 4-5-38 所示。

　　（5）单击属性栏中的"非强制的"按钮后，再拖动封套网线的节点，可以移动节点位置。可以拖动节点切线的箭头，调整切线的方向，改变切点两边曲线的形状，如图 4-5-39 所示。

 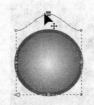

图 4-5-36　直线变形　图 4-5-37　单弧线变形　图 4-5-38　双弧线变形　图 4-5-39　非强制变形

　　（6）在调整封套网格状区域后，单击"添加预设"按钮，调出"另存为"对话框，利用该对话框可以将该封套网格图样保存。

　　（7）选择"映射模式"下拉列表框中的选项（水平、原始的、自由变形、垂直）后，可以限制在拖动封套网线时对象形状的变化方向。

（8）单击"保留线条"按钮，拖动调整封套网线的节点，封套网线会随之变化，对象的直线不会随之改变。

4．新增透视点

（1）绘制一个图形或输入美术字，使用"选择工具" ⃗ 选中该图形。

（2）单击"效果"→"增加透视点"命令，则选中的对象周围会出现一个矩形网格状区域，如图 4-5-40 所示。拖动矩形网格状区域的黑色节点，可产生双点透视的效果，如图 4-5-41 所示。如果在按住【Ctrl+Shift】组合键的同时拖动，可使对应的节点沿反方向移动相等的距离。

 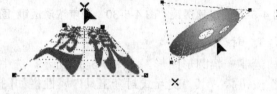

图 4-5-40　网格状区域　　　　　　　　　　　图 4-5-41　产生透视效果

思考与练习4-5

1．制作有鱼眼效果的放大镜，如图 4-5-42 所示。

2．制作有鱼眼效果的文字，如图 4-5-43 所示。

3．修改"放大镜"图像，制作一个有变色效果的放大镜。

4．制作"套封文字"图形，如图 4-5-44 所示。

图 4-5-42　放大镜　　图 4-5-43　有鱼眼效果的文字　　　　图 4-5-44　"套封文字"图形

5．制作一个"放大镜"图形，在该图形内导入一幅如图 4-5-45 所示的图像，在该图像之上有"幽静小屋"文字和一个放大镜图形，放大镜图形下边的"屋"字被放大，放大镜上面有高光并且显示出淡蓝色的镜片，整个场景栩栩如生，如图 4-5-46 所示。

图 4-5-45　导入的图像　　　　　　　　　　图 4-5-46　"放大镜"图像

第5章 编辑文本

本章通过 4 个案例，介绍了使用"文本"工具输入文字和编辑文字的方法，将文本适合路径的方法，插入条形码和因特网对象，以及将图框精确剪裁的方法等。

5.1 【案例 15】特效文字

【操作步骤】

"特效文字"图形内有 5 个绘图页面，5 个绘图页面内各有一个"中文 CorelDRAW X5"特效文字，在"页面 1"绘图页面内的"中文 CorelDRAW X5"文字是由红、橙、黄、绿、青、蓝、紫、红填充的彩虹立体文字，文字还有阴影，如图 5-1-1 所示。绘制这个彩虹立体文字图形使用了线性填充和交互式阴影等操作。

图 5-1-1　彩虹立体文字

在"页 2"绘图页面内的"中文 CorelDRAW X5"文字是立体梦幻文字，如图 5-1-2 所示。绘制这个多彩文字图形使用了线性填充和交互式立体化等操作。

在"页 3"绘图页面内的"中文 CorelDRAW X5"文字是荧光文字，如图 5-1-3 所示。绘制这个荧光文字图形使用了轮廓笔、交互式阴影等操作。

图 5-1-2　立体梦幻文字

图 5-1-3　荧光效果文字

在"页 4"绘图页面内的"中文 CorelDRAW X5"文字是立体纹理文字，文字的纹理是金箔纹理，如图 5-1-4 所示。绘制该文字图形使用了交互式立体化工具和交互式透明工具，以及其属性栏内的光源、颜色的调整等操作。

在"页 5"绘图页面内的"中文 CorelDRAW X5"文字是倒影文字，如图 5-1-5 所示。绘制这个文字图形使用了输入文字、制作阴影等操作。

图 5-1-4　立体纹理文字

图 5-1-5　立体倒影文字

【操作步骤】

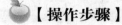

1. 制作彩虹立体文字

（1）新建一个图形文档，设置绘图页面的宽度为 180mm，高度为 40mm，背景色为白色。再创建 4 个绘图页面，单击页计数器内的"页 1"标签，切换到"页面 1"绘图页面。

（2）使用工具箱中的"文本"工具**字**在绘图页内单击一下，再在其"文本"属性栏内设置中文字体为华文行楷，字大小为 48pt，颜色为黑色，输入"中文 CorelDRAW X5"美术字。再在水平方向上调小文字，效果如图 5-1-6 所示。

（3）使用工具箱中的"选择工具" 选中文字对象，单击标准工具栏内的"复制"按钮 ，将文字复制到剪贴板内。切换到其他页面，单击标准工具栏内的"粘贴"按钮 ，将剪贴板内的文字分别粘贴到其他的绘图页面内，以备后便使用。

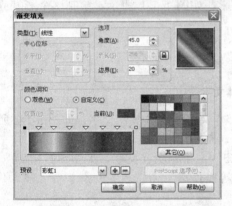

图 5-1-6　输入"中文 CorelDRAW X5"美工字

（4）使用工具箱中的"选择工具" 选中文字对象，单击工具箱中填充展开工具栏内的"渐变填充"按钮 ，调出"渐变填充"对话框。在该对话框中设置角度为 45°，边界为 20，选中"自定义"单选按钮，设置渐变色为红、橙、黄、绿、青、蓝、紫、红。再在"预设"下拉列表框内输入"彩虹 1"，再单击 按钮，添加一个预设样式，如图 5-1-7 所示。单击"确定"按钮，为文字填充七彩渐变色，如图 5-1-8 所示。

图 5-1-7　"渐变填充"对话框　　　　　　　　　　　图 5-1-8　为文字填充七彩渐变色

（5）单击工具箱中的"阴影"按钮 ，在文字上向右下方拖动鼠标，拉出阴影效果，如图 5-1-9 所示。

再在其"交互式阴影"属性栏内设置"阴影的不透明度"为 50，"阴影羽化"为 15，阴影颜色为黑色，单击"颜色"按钮，调出"颜色选择"面板，在"不透明度操作"下拉列表框中选择"乘"，此时的属性栏如图 5-1-10 所示。

图 5-1-9　为文字添加阴影效果　　　　　　　　　图 5-1-10　"交互式阴影"属性栏

（6）单击"方向"按钮，调出"羽化方向"面板，单击该面板内的"平均"按钮，使阴影的羽化方向平均，然后为文字添加阴影效果，如图 5-1-1 所示。

2．制作立体梦幻文字

（1）选择工具箱中的"选择工具" ，单击页计数器内的"页 2"标签，切换到"页面 2"绘图页面。选中该页面内的黑色"中文 CorelDRAW X5"美术字。

（2）单击工具箱中填充展开工具栏内的"渐变填充"按钮 ，调出"渐变填充"对话框。在该对话框中设置角度为 45°，边界为 20，选中"自定义"单选按钮，设置渐变色为黑、白、黑、白、黑、白、黑、白、黑、白、黑，如图 5-1-11 所示。单击"确定"按钮，为文字填充梦幻渐变色，如图 5-1-12 所示。

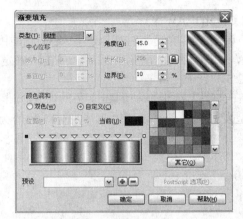

图 5-1-11　"渐变填充"对话框

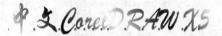

图 5-1-12　为文字填充梦幻渐变色

（3）单击工具箱中的"立体化"按钮 ，在文字上向右上角拖动鼠标，拉出立体效果，如图 5-1-13 所示。在其"交互式立体化"属性栏中设置立体的"深度"值为 5，如图 5-1-14 所示。然后，按【Ctrl+D】组合键将其复制一份，将复制的文字移到绘图页面的下边。

图 5-1-13　为文字添加立体效果

图 5-1-14　"交互式立体化"属性栏

（4）选中原立体文字，右击调色板内的金黄色色块，为文字添加金黄色边框效果，效果如图 5-1-2 上边的图形所示。

（5）选中复制的立体文字，单击"交互式立体化"属性栏中的"颜色"按钮，调出"颜色"面板，单击其内的"使用递减的颜色"按钮，在"从"下拉列表框内选择黑色，在"到"下拉列表框内选择白色，如图 5-1-15 所示。文字添加立体效果后如图 5-1-16 所示。

图 5-1-15　"颜色"面板　　　图 5-1-16　为文字添加立体后的效果

（6）选中文字，右击调色板内的金黄色色块，为文字添加金黄色边框效果，如图 5-1-2 下方的图形所示。

3. 制作荧光文字

（1）选择工具箱中的"选择工具" ，单击页计数器内的"页 3"标签，切换到"页面 3"绘图页面。选中该页面内的黑色"中文 CorelDRAW X5"美工字。

（2）单击工具箱中的"轮廓笔"按钮 ，调出"轮廓笔"对话框。在该对话框中设置轮廓线的"宽度"为 0.7mm，"颜色"为黄色，如图 5-1-17 所示。然后，单击"确定"按钮，使文字的轮廓线变粗，颜色为黄色，如图 5-1-18 所示。

（3）使用工具箱中的"阴影" 工具，在文字上水平拖动创建文字的黑色阴影。在其属性栏的"预设"下拉列表框中选择"中型发光"选项，设置"阴影羽化"的值为 30，"阴影的不透明度"为 70，在"不透明度操作"下拉列表框中选择"乘"选项，如图 5-1-19 所示。

图 5-1-17 "轮廓笔"对话框　　图 5-1-18 文字的轮廓线变粗 图 5-1-19 "交互式阴影"属性栏

（4）单击"方向"按钮，调出"羽化方向"面板，单击该面板中的"向外"按钮，如图 5-1-20 所示。单击属性栏中的"边缘"按钮，调出"羽化边缘"面板，单击该面板中的"反白方形"按钮，如图 5-1-21 所示。文字效果如图 5-1-22 所示。

图 5-1-20 "羽化（方向）"面板　图 5-1-21 "羽化（边缘）"面板　　图 5-1-22 文字与阴影效果

（5）使用工具箱中的"选择工具" 选中文字，再单击"排列"→"拆分阴影群组"命令，将文字与阴影分离。然后将阴影移到绘图页面的下方，如图 5-1-23 所示。

（6）使用工具箱中的"阴影"工具 对分离后的文字再次创建阴影。按照上述方法，在其属性栏中设置"阴影羽化"的值为 80，"阴影的不透明度"的值为 50，在"不透明度操作"下拉列表框中选择"乘"选项。单击"方向"按钮，弹出"羽化方向"面板，单击该面板内的"向外"按钮。单击"边缘"按钮，弹出"羽化边缘"面板，单击该面板内的"反白方形"按钮。将阴影的颜色设置为蓝色，效果如图 5-1-24 所示。

图 5-1-23 文字与阴影分离　　　　　　　图 5-1-24 文字与阴影效果

（7）使用工具箱中的"选择工具" 选中阴影文字。单击"排列"→"拆分阴影群组"命令，将文字与阴影分离。然后，将黄色轮廓的文字移到绘图页面的上方，将绘图页面外边的黑色阴影移到蓝色阴影之上，此时的阴影如图 5-1-25 所示。如果黑色阴影在蓝色阴影的下方，则可选中蓝色阴影，再单击"排列"→"顺序"→"向后一层"命令。

图 5-1-25　将黑色阴影移到蓝色阴影之上

（8）使用工具箱中的"选择工具" 选择文字，单击调色板内的金色色块，将填充色设置为金色。再将金黄色的文字移到阴影之上。选中文字的所有部件，单击"排列"→"群组"命令，将整个文字进行群组，效果如图 5-1-3 所示。

4．制作立体纹理文字

（1）选择工具箱中的"选择工具" ，单击页计数器内的"页 4"标签，切换到"页面 4"绘图页面。将文字颜色改为红色，轮廓颜色改为黄色，将英文字体改为 Arial Black，如图 5-1-26 所示。选中该页面内的"中文 CorelDRAW X5"美术字。

（2）使用工具箱中的"立体化"工具 在文字上向上拖动出一个箭头，形成立体文字，如图 5-1-27 所示。

图 5-1-26　设置"中文 CorelDRAW X5"文字　　　图 5-1-27　形成立体文字

（3）单击其"交互式立体化"属性栏中的"照明"按钮，调出一个"照明"面板，单击其中的"光源 1"按钮 ，产生第 1 个光源。将第 1 个光源移动到上边的中间处，再选中"使用全色范围"复选框，并在"强度"文本框中设置光源的强度为 50，如图 5-1-28 所示（还没有添加第 2 个光源）。然后，添加第 2 个光源，光源的强度也为 50，将第 2 个光源移动到右边的中间处，最后按【Enter】键，给文字添加灯光效果。

（4）向右拖动消失点控制柄 ，改变立体文字的方向，如图 5-1-29 所示。

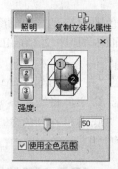

图 5-1-28　"照明"面板　　　图 5-1-29　添加光源和改变立体方向后的文字

（5）单击"交互式立体化"属性栏中的"颜色"按钮，调出一个"颜色"面板，如图 5-1-30 所示。单击"颜色"面板中的"使用递减的颜色"按钮，将"到"的颜色改为黄色，"从"的颜色仍为红色。此时的立体文字如图 5-1-31 所示。

图 5-1-30 "颜色"面板

图 5-1-31 改变立体文字的方向和颜色

（6）使用工具箱中的"选择工具" 选中文字，单击"排列"→"拆分"命令，将原文字与其立体部分分离，如图 5-1-32 所示。

图 5-1-32 拆分文字与其立体部分

（7）选中红色原文字。单击工具箱中的"底纹填充"按钮 ，调出"底纹填充"对话框。在该对话框的"底纹库"列表框中选择"样本"选项，在"底纹列表"列表框中选择"金箔"选项；单击"阴影"按钮，调出调色板，选择红色；单击"光"按钮，调出调色板，选择黄色；调整其他参数，单击该对话框中的"预览"按钮，观察修改参数后的效果，此时的"底纹填充"对话框如图 5-1-33 所示。

（8）单击"底纹填充"对话框中的"确定"按钮，即可给原红色文字 CorelDRAW X5 填充金箔纹理，效果如图 5-1-4 所示。

（9）使用工具箱中的"选择工具" 选中全部立体文字，单击"排列"→"群组"命令，将立体文字组成一个群组。

图 5-1-33 "底纹填充"对话框

5. 制作倒影文字

（1）选择工具箱中的"选择工具" ，单击页计数器内的"页 5"标签，切换到"页面 5"绘图页面。将文字颜色改为红色，轮廓颜色改为绿色，将英文字体改为 Arial Black，如图 5-1-34 所示。选中该页面内的"中文 CorelDRAW X5"美术字。

（2）使用工具箱中的"选择工具" 选中红色字和绿色边框的"中文 CorelDRAW X5"美工字，调整其大小和位置，两次单击"排列"→"拆分美术字"命令，将文字拆分为独立的文字。再选中所有文字，单击"排列"→"对齐和分布"→"底端对齐"命令，使所有文字的底部对齐，效果如图 5-1-35 所示。然后将它们组成一个群组。

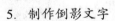

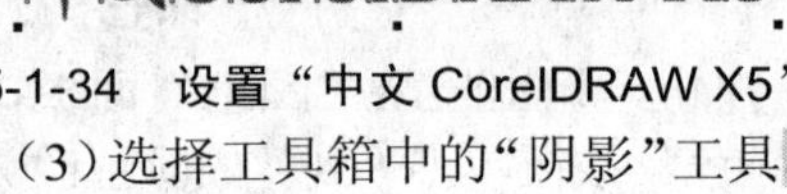

图 5-1-34 设置"中文 CorelDRAW X5"美术文字

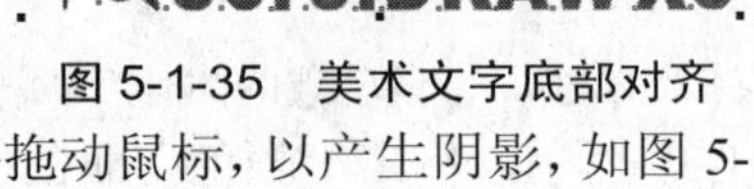

图 5-1-35 美术文字底部对齐

（3）选择工具箱中的"阴影"工具 ，再单击文字并拖动鼠标，以产生阴影，如图 5-1-36 所示。拖动图中的白色正方形控制柄 ，改变阴影的起始位置，使它处于文字的下边；用鼠标拖动黑色方形控制柄，改变阴影的大小与方向，使它向右下倾斜；拖动长条透镜控制柄，改变阴影颜色的深浅。在拖动调整黑色方形控制柄时，其属性栏内的"阴影角度"文本框内的数据会随之发生变化。拖动调色板中的深灰色色块到黑色方形控制柄之上，将阴影颜色设置为深灰色。

（4）单击"方向"按钮，调出"羽化方向"面板，如图 5-1-37 左图所示。利用它来调整阴影边缘的羽化方向，这里选中"中间"选项。单击"边缘"按钮，调出"羽化边缘"面板，如图 5-1-37 右图所示。利用它来调整阴影边缘的羽化类型，选中"线性"选项。

（5）调整"阴影羽化"数值框内的数值为 12，改变阴影羽化程度。调整"阴影的不透明度"文本框中的数值为 60。完成各种设置后的"交互式阴影"属性栏如图 5-1-38 所示。

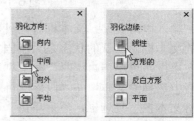

图 5-1-36　给文字添加阴影　　　　　　　　　图 5-1-37　羽化设置

图 5-1-38　"交互式阴影"属性栏

（6）按【Ctrl+K】组合键，拆分阴影群组，按住【Shift】键，单击阴影文字，选中下边阴影部分的所有文字，单击其属性栏中的"垂直镜像"按钮，使阴影文字进行垂直镜像，如图 5-1-39 所示。

（7）再次单击阴影，进入旋转和倾斜变化的操作状态，将鼠标指针移到阴影文字上方中间的控制柄处，水平拖动，使阴影文字水平向右倾斜，如图 5-1-40 所示。

图 5-1-39　使阴影文字进行垂直镜像　　　　　图 5-1-40　倾斜阴影

（8）按照前介绍的方法，将红色填充、绿色轮廓线文字加工成红色到黄色渐变填色、黄色轮廓线的立体文字，效果如图 5-1-5 所示。

【相关知识】

1．输入文字

文本有两种类型，一种是美术字（或叫美工字），另外一种是段落文字。美术字可以添加醒目的艺术效果，段落文字可以方便编排。

（1）输入美术字：单击工具箱中的"文本"按钮字，单击绘图页面，进入美术字输入状态，绘图页面出现一个竖线光标，同时调出"文本"属性栏，如图 5-1-41 所示。在该属性栏中的下拉列表框中选择字体与字号等，然后输入美术字。

使用"选择工具"选中美术字，再单击调色板内的一个色块，可以改变文字的填充颜色。在选中美术字的情况下，右击调色板内的一个色块，可改变文字轮廓线的颜色。

图 5-1-41 "文本"属性栏

（2）输入段落文字：文本框有两种，一种是大小固定的文本框，另一种是大小可以自动调整的文本框，默认的状态是大小固定的文本框。如果要使默认的状态是大小可以自动调整的文本框，可单击"工具"→"选项"命令，调出"选项"对话框，在该对话框内的大侧窗格中选择"文本"→"段落"目录，如图 5-1-42 所示。在该对话框内选中"按文本缩放段落文本框"复选框，然后单击"确定"按钮，即可完成设置。

（3）添加段落文字：单击工具箱中的"文本"按钮 字，在绘图页内拖动出一个矩形，即可产生一个段落文本框，同时调出相应的"文本"属性栏。在文本框内可以像输入美术字那样输入段落文字，如图 5-1-43 所示。

图 5-1-42 "选项"（段落）对话框

图 5-1-43 段落文字

（4）用其他方法输入文字：使用工具箱中的"文本"工具 字 在绘图页内单击或拖动出一个文本框，再单击"文件"→"导入"命令，调出"导入"对话框。利用该对话框选择文本文件，单击"导入"按钮，关闭该对话框。然后，在绘图页面内拖动，即可导入文本。如果文字量较多，在一个绘图页面内放不下，会自动增加绘图页面，放置剩余的文字。

另外，单击"编辑"→"粘贴"命令，即可将剪贴板内的文字粘贴到绘图页面内。

2. 选择文本

（1）使用"选择工具"选择文本：使用工具箱内的"选择工具"可以选择一个或多个美术字或者段落文本对象，选择文本后，可以像对图形一样对选择的文本进行剪切、复制、移动、调整大小、旋转、倾斜、镜像、封套和格式化等操作，还可以对美术字进行透视、阴影、立体化、调和、透镜和轮廓线等操作。选择文本的方法与选择图像的方法一样。

（2）使用"文本"工具选择文本：使用工具箱内的"文本"工具 **字** 可以选择一部分文本，选择文本后，也可以对文本进行上述的操作。单击工具箱中的"文本"按钮，在段落文本或美术字中单击要选中的一个或者一段文字的起始或结尾处，然后拖动要选中的文字，即可选中部分文字，如图 5-1-44 所示。

如果要选择一段文本，可以双击这段文本。

（3）使用"形状"工具选择文本：单击工具箱中的"形状"按钮 ，再选中美术字或段落文本，如图 5-1-45 所示。可以看出，每个文字的左下角都有一个小正方形控制柄，整个文字段的左下角与右下角各有一个特殊形状的控制柄，然后可以对单个文字进行操作。

图 5-1-44　选择一部分文本

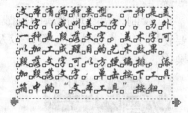

图 5-1-45　利用"形状工具"选择文本

单击某个文字左下角的小正方形控制柄，可以选中这个文字。如果要选中多个文字，可以在按住【Shift】键的同时，再单击各个文字左下角的小正方形控制柄，如图 5-1-46 所示。

在选中一个或多个文字时，其属性栏变为"调整文字间距"属性栏，如图 5-1-47 所示。利用该属性栏可以对选定文字的字体、大小和格式等进行调整。用鼠标拖动选中的控制柄，可以移动选中的单个文字。

图 5-1-46　选中多个文字

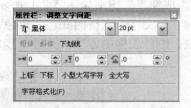

图 5-1-47　"调整文字间距"属性栏

思考与练习5-1

1．制作一幅"梦幻文字"图形，如图 5-1-48 所示，使用多色填充 CorelDRAW 文字。

图 5-1-48　梦幻立体文字图形

2．制作一幅"荧光文字"图形，在"页面 1"和"页面 2"内分别给出了不同的荧光文字效果，如图 5-1-49 和图 5-1-50 所示。

图 5-1-49　"荧光文字 1"图形

图 5-1-50　"荧光文字 2"图形

3．修改本案例中如图 5-1-2 所示的立体梦幻文字图形，使文字填充一种纹理图案。

4．绘制一幅"祖国"凸起的纹理立体化文字，如图 5-1-51 所示。绘制该图形需要使用交互式立体化工具和交互式透明工具，以及其属性栏内的光源、修饰斜角的调整等操作。

5．绘制一幅"迎接新的挑战"立体化透视文字，如图 5-1-52 所示。绘制该图形需要使用交互式立体化工具，以及其光源、修饰斜角、颜色的调整和使用添加透视点等操作。

图 5-1-51　凸起文字

图 5-1-52　立体化透视文字

5.2 【案例 16】学生成绩表

【操作步骤】

"学生成绩表"图形如图 5-2-1 所示。"学生成绩表"五个字是红色到黄色渐变、黄色轮廓线的立体文字，表格的底色为黄色。通过本案例的学习，可以掌握输入和编辑段落文字的方法，制作表格的方法，并进一步掌握创建立体文字的方法等。

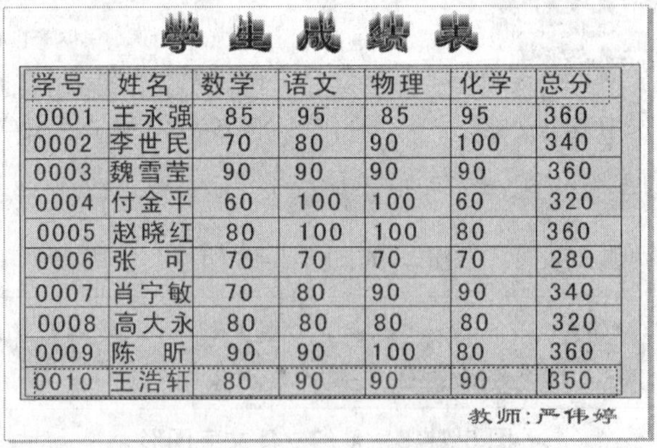

学号	姓名	数学	语文	物理	化学	总分
0001	王永强	85	95	85	95	360
0002	李世民	70	80	90	100	340
0003	魏雪莹	90	90	90	90	360
0004	付金平	60	100	100	60	320
0005	赵晓红	80	100	100	80	360
0006	张　可	70	70	70	70	280
0007	肖宁敏	70	80	90	90	340
0008	高大永	80	80	80	80	320
0009	陈　昕	90	90	100	80	360
0010	王浩轩	80	90	90	90	350

教师：严伟婷

图 5-2-1　"学生成绩表"图形

【操作步骤】

1．绘制表格和制作标题文字

（1）新建一个文档，设置页面的宽为 210mm，高为 140mm，背景色为白色。为了使以后绘制的表格位置与大小准确，单击"视图"→"网格"命令，使绘图页面内显示网格。

（2）右击垂直标尺和水平标尺的交界处▦，调出它的菜单，单击该菜单内的"网格设置"命令，调出"选项"（网格）对话框，在右边"网格"选项卡内的"水平"和"垂直"数值框内分别设置数值为 0.08mm，其他设置如图 5-2-2 所示。

（3）选中大侧窗格内的"工作区"→"文本"选项，则切换到"文本"选项卡，取消选中其内的第 2 个复选框，以使不选中段落文本时，其四周没有虚线框。再单击"确定"按钮，关闭"选项"对话框，完成设置。

（4）使用工具箱内的"矩形"工具□绘制一个矩形，填充黄色。单击工具箱内的"表格"按钮▦，在黄色矩形内拖动绘制一个表格，在其"表格工具"属性栏内两个"行和列"数值框▦▦内设置 11 行和 7 列，设置表格的背景色为黄色。表格效果如图 5-2-3 所示。

图 5-2-2　"选项"（网格）对话框

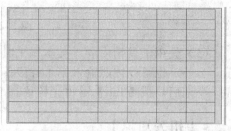

图 5-2-3　绘制表格并进行设置

（5）使用工具箱中的"选择工具"▦选中"学生成绩表"美工字，单击工具箱中的"立体化"按钮▦，在文字上向右下角拖动鼠标，产生立体文字效果。再按照前面介绍过的方法制作红色到黄色渐变的立体文字，如图 5-2-1 所示。

（6）使用工具箱中的"文本"工具字在绘图页面内顶部中间的位置单击，再在其"文本"属性栏内设置字体为隶书，字大小为 36pt，输入"学生成绩表"美术字，然后设置文字颜色为红色，轮廓线颜色为黄色。再在绘图页面内的右下角输入字体为隶书，字大小为 24pt，颜色为绿色的美术字"教师：严伟婷"，如图 5-2-1 所示。

2．设置定位点与输入文字

（1）选择工具箱内的"文本"工具字，再沿矩形内上边一行拖动，形成一个矩形段落文本框。此时绘图区上边的标尺栏如图 5-2-4 所示。可以看出，标尺栏内出现许多"∟"定位标记，它们是杂乱分布的。

（2）拖动这些"∟"定位标记，使它们按照如图 5-2-4 所示的规律分布。对于多余的"∟"定位标记，可以将它们垂直向下拖动出白色的标尺区域。要增加"∟"定位标记，可以单击白色的标尺区域。

图 5-2-4　标尺栏内出现定位标记

（3）在其属性栏内设定字体为黑体，字体大小为 24pt，颜色为红色。然后，在段落文本框内输入"学号"，按【Tab】键，再输入"姓名"，按照上述规律，依次输入这一行的其他内容，如图 5-2-4 所示。

由于在输入文字前已经设置好了定位点，所以输入的文字是按照定位点排列的，以保证各行文字上下对齐。

（4）使用工具箱中的"选择工具" ↖ 选中刚刚输入的段落文字，按【Ctrl+D】组合键复制一个段落文字，然后将复制的段落文字移到表格的第 2 行，再选中第 2 行段落文字，9 次按【Ctrl+D】组合键，复制 9 个段落文字。微调它们的位置，如图 5-2-5 所示。

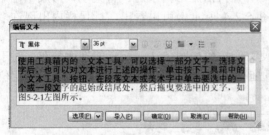

学 生 成 绩 集

学号	姓名	数学	语文	物理	化学	总分
学号	姓名	数学	语文	物理	化学	总分
学号	姓名	数学	语文	物理	化学	总分
学号	姓名	数学	语文	物理	化学	总分
学号	姓名	数学	语文	物理	化学	总分
学号	姓名	数学	语文	物理	化学	总分
学号	姓名	数学	语文	物理	化学	总分
学号	姓名	数学	语文	物理	化学	总分
学号	姓名	数学	语文	物理	化学	总分
学号	姓名	数学	语文	物理	化学	总分

教师:严伟婷

图 5-2-5 复制段落文字

（5）使用工具箱内的"文本"工具 字 选中要修改的文字进行修改，效果如图 5-2-1 所示。另外，也可以按照输入第 1 行段落文字的方法依次输入其他行的文字。注意，每输入完一个词后，按【Tab】键将光标移到下一个 " └ " 定位标记垂直指示的位置。

【相关知识】

1. 利用"编辑文本"对话框编辑文本

选中要编辑的文本对象，再单击如图 5-1-41 所示的"文本"属性栏中的"编辑文本"按钮，或单击"文本"→"编辑文本"命令，即可调出"编辑文本"对话框，如图 5-2-6 所示。利用该对话框可以进行导入文本、格式化文本和检查文本等操作。

2. 文本替换和统计

（1）文本替换和查询：单击"编辑文本"对话框内的"选项"按钮，调出一个菜单，如图 5-2-7 所示。利用该菜单可以进行文字的改变大小写、查询与替换、拼字与文法检查等操作。

图 5-2-6 "编辑文本"对话框   图 5-2-7 "选项"菜单

例如，单击该菜单的"替换文本"命令，会调出"替换文本"对话框，如图 5-2-8 所示。在该对话框内的"查找"文本框内输入要查找的内容，在"替换为"文本框内输入要替换的内容，确定是否要区分大小写，然后单击"替换"或"全部替换"按钮。如果单击的是"替换"按钮，则只替换第一个要替换的文字，要替换下一个文字，还需单击"查找下一个"按钮。

（2）文本统计：单击工具箱中的"选择工具"按钮 ，选中要统计的文字，然后单击"文本"→"文本统计信息"命令，调出"统计"对话框，如图 5-2-9 所示。

图 5-2-8　"替换文本"对话框

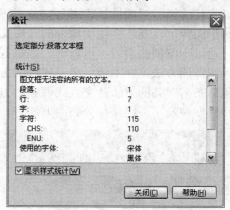

图 5-2-9　"统计"对话框

 思考与练习5-2

1．修改本案例，使其增加"政治"、"体育"和"平均分"三列，增加三个学生的行。

2．制作一幅"课程表"图形，如图 5-2-10 所示。

3．绘制两种立体化的"立体文字"文字，如图 5-2-11 所示。

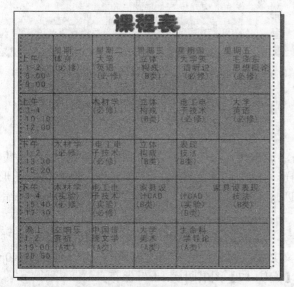

图 5-2-10　"课程表"图形

图 5-2-11　两种"立体文字"文字

5.3　【案例 17】图书封底

【操作步骤】

第 3 章的【案例 9】"立体图书"案例中制作了"中文 CorelDRAW X5 案例教程"图书的立体图形，本案例绘制的是"中文 CorelDRAW X5 案例教程"图书的封底图形，如图 5-3-1所示。其背景是一幅从上到下填充有金黄色、黄色、浅黄色、黄色、金黄色渐变颜色的矩形图形，如图 5-3-2 所示。

在矩形背景图形之上有一些白色轮廓线的六边形图案，各六边形内分别嵌入一些使用 CorelDRAW X5 加工处理的图形和使用的图像，还有关于本图书特色的文字描述，包含书名、责任编辑、封面设计、书号、条形码、出版社名称和地址文字等信息。在其内右边还有圆形图像，以及环绕在图像外的转圈文字。

通过本案例的学习，可以进一步掌握使用"多边形"工具绘制正六边形图形的方法，导入图像的方法，在图形内填充底纹的方法，输入和编辑美术字与段落文字的方法，多个对象分布与对齐的方法，交互式调和的方法，在图形内镶嵌图像、插入条形码的方法等，初步掌握使文字环绕路径分布的方法等。

图 5-3-1 "图书封底"图形

图 5-3-2 "图书封底"图形的背景图形

【操作步骤】

1. 制作立体文字

（1）单击"文件"→"打开"命令，调出"打开"对话框，利用该对话框打开"【案例 9】立体图书.cdr"图像文件。将该图形内的中间 3 幅图像、作者名称、图书侧面图形、图书背面图形、文字和底部的白色平行四边形图形均删除。将底部的出版社名称字号缩小为 12pt，并移到左下角。

（2）单击工具箱中的"文本"按钮 字，选中 CorelDRAW X5 文字，将它们的字体改为 Arial Narrow，字大小改为 32pt；选中中文文字，将它们的字体改为隶书，字大小改为 40pt。最后结果如图 5-3-2 所示。然后以名称"【案例 17】图书封底.cdr"保存。

（3）使用工具箱中的"选择工具" 选中"中文 CorelDRAW X5 案例教程"文字，使用工具箱中的"立体化"工具 在文字上向上拖动出一个箭头，形成立体文字。右击调色板内的黄色色块，给文字轮廓着黄色，效果如图 5-3-3 所示。

图 5-3-3　形成立体文字

（4）单击"交互式立体化"属性栏中的"颜色"按钮██，调出一个"颜色"面板，单击"颜色"面板中的"使用递减的颜色"按钮██。然后，单击"到"按钮，调出它的颜色面板，单击其中的黄色色块，将"到"的颜色改为黄色，再将"从"的颜色改为绿色。此时的立体文字如图 5-3-4 所示。

图 5-3-4　改变立体文字的颜色

（5）使用工具箱中的"立体化"工具 ██ 选中立体文字，单击"排列"→"拆分立体化群组"命令，将原文字与其立体部分分离。

（6）使用工具箱中的"选择工具" ██ 选中上边的原文字，单击工具箱内填充展开工具栏内的"底纹填充"按钮 ██，调出"底纹填充"对话框。在"底纹库"下拉列表框中选择"样品"选项，在"底纹列表"列表框内选中"砖红"选项，设置"色调"颜色为绿色，设置"亮度"颜色为黄色。单击"确定"按钮，给文字填充"砖红"底纹。然后，选中全部的立体文字，单击"排列"→"群组"命令，将立体文字组成一个群组。

2．绘制六边形图案

（1）单击工具箱中对象展开工具栏内的"多边形"按钮 ██，在其"多边形"属性栏内的"点数或边数"数值框内输入 6。按住【Ctrl】键，同时在绘图页面内拖动，绘制一幅六边形图形。设置该六边形为没有填充，轮廓线宽 1.0mm，颜色为浅蓝色。

（2）按【Ctrl+D】组合键将该六边形复制一份，并将它们分别移到绘图页面内文字的下边。使用工具箱中的"选择工具" ██ 拖出一个矩形，选中两个六边形图形。单击"排列"→"对齐和分布"→"顶端对齐"命令，将两个六边形图形水平排列，如图 5-3-5 所示。

（3）使用工具箱中交互式展开工具栏内的"调和"工具 ██，在两个六边形图形之间拖动，创建调和，再将其"交互式调和工具"属性栏中"调和对象"数值框内的数据改为 3，单击"直接调和"按钮。

（4）使用工具箱中的"选择工具" ██ 拖动 5 个六边形图形中右边的六边形图形，调整 5 个六边形图形间的距离，使它们之间没有缝隙也没有重叠，效果如图 5-3-6 所示。

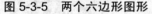

图 5-3-5　两个六边形图形　　　　**图 5-3-6　　5 个六边形图形的调和**

（5）选中 5 个六边形图形，按【Ctrl+D】组合键，将这 5 个六边形图形复制一份，然后将复制的图形移到第 2 行位置，和第 1 行图形对接好。选中第 2 行复制的图形，单击"排列"→"拆分"命令或按【Ctrl+K】组合键，再单击"排列"→"取消全部群组"命令，将 5 个六边形图形分离。

（6）拖动第 2 行右边的 2 幅六边形图形到第 3 行，与第 2 行图形对接好。最后效果如图 5-3-7 所示。

3．填充图像

（1）单击"文件"→"导入"命令，调出"导入"对话框，按住【Ctrl】键选中 10 幅图像。再单击"导入"按钮，关闭"导入"对话框。

（2）在绘图页面外拖出一个矩形，导入第 1 幅图像，按照同样的方法再导入选中的其他 9 幅图像，如图 5-3-8 所示。

图 5-3-7　三行六边形图形

图 5-3-8　导入的 10 幅图像

（3）选中第 1 行第 1 列图像，单击"效果"→"图框精确剪裁"→"放置在容器中"命令，此时鼠标指针呈大黑箭头状，单击第 1 行第 1 列浅蓝色六边形的轮廓线，将导入的图像填充到该浅蓝色六边形的轮廓线内，通常此时还看不到填充的图像，如图 5-3-9 所示。

（4）使用工具箱中的"选择工具" 选中填充了图像的浅蓝色六边形轮廓线，再单击"效果"→"图框精确剪裁"→"编辑内容"命令，进入图像剪裁的编辑状态，拖动图像到六边形轮廓线内，如图 5-3-10 所示。调整六边形内填充图像的大小和位置等。调整好后单击"效果"→"图框精确剪裁"→"结束编辑"命令，效果如图 5-3-11 所示。

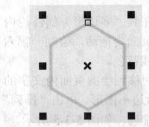

图 5-3-9　在六边形内填充图像　　　图 5-3-10　编辑内容　　　图 5-3-11　编辑后的效果

（5）按照上述方法，将其他 9 幅图像分别填充到不同的浅蓝色六边形轮廓线内，最后效果如图 5-3-12 所示。

（6）使用工具箱中的"椭圆形"工具 绘制一幅黑色圆形轮廓线图形，在其"椭圆形"属性栏内"对象大小"选项组中的"对象大小"数值框内均输入 65.5mm。再将圆形图形复制一份，将复制的圆形轮廓线宽度设置为 1mm，颜色设置为绿色。再按照上述方法填充一幅图像，如图 5-3-13 所示。将该图形移到第 2、3 行六边形图形的右边，第 1 行六边形图形的下边。

图 5-3-12　六边形填充图像　　　　　图 5-3-13　圆形填充图像

4．插入环形文字

（1）选择工具箱中的"文本工具"字，在绘图页中输入字体为华文行楷、字大小为 20pt 的"案例和知识结合，在做中学，教学做合一"美术字，再给它着红色，如图 5-3-14 所示。

案例和知识结合，在做中学，教学做合一

图 5-3-14　　红色美术字

（2）将前面绘制的圆形图形移到如图 5-3-14 所示的美术字之上，作为文字环绕的路径。

（3）使用"选择工具"选中文字，单击"文字"→"使文本适合路径"命令，这时鼠标指针呈黑色大箭头状，将它移到刚刚绘制的圆形上半边路径处，即在路径处出现沿路径分布的文字，可以拖动调整文字的位置，单击则将美术字沿圆形路径环绕，如图 5-3-15 所示。

如果美术字沿圆形图形路径环绕的效果不理想，可以重新进行上述操作。

（4）使用"选择工具"选中环绕文字，在其"曲线/对象上的文字"属性栏内的"文字方向"下拉列表框内选中第 1 种类型，在"与路径距离"数值框内输入 2mm，在"水平偏移"数值框内微调数值，使文字环绕的起点和终点在同一水平线上。此时"曲线/对象上的文字"属性栏设置如图 5-3-16 所示。

图 5-3-15　制作文字环绕

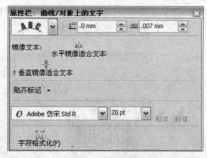

图 5-3-16　"曲线/对象上的文字"属性栏

5．输入文字和插入条形码

（1）使用工具箱中的"文本"工具字，在填充图像的六边形下边拖出一个输入段落文字的矩形框。在其"文本"属性栏内的"字体列表"下拉列表框中选择"宋体"字体，在"文字大小"下拉列表框中输入 11pt。然后输入一段绿色文字，如图 5-3-1 所示。

（2）在绘图页内段落文字的下边拖出一个要输入段落文字的矩形框，在其属性栏内设置字体为黑体，字体大小为 12pt，填充颜色为绿色，轮廓颜色为绿色。然后输入一行文字"责任编辑：刘彦会　封面设计：白雪"。

（3）使用"选择工具"选中刚刚输入的一段文字，按【Ctrl+D】组合键 3 次，将选中的段落文字复制 3 份。

（4）使用工具箱中的"文本"工具字，在第 1 个复制的段落文字内拖动选中该行文字，接着输入一行文字"ISBN 978-7-113-14217-9"。在第 2 个复制的段落文字内拖动选中该行文字，接着输入一行文字"地址：北京市西城区右安门西街 8 号"。在第 3 个复制的段落文字内拖动选中该行文字，接着输入一行文字"定价：32.00 元"。最后效果如图 5-3-1 所示。

（5）单击"编辑"→"插入条形码"命令，调出"条码向导"对话框，选择"EAN-13"

选项，在"输入 12 个数字"文本框中输入条形码的编码，在"检查数字"文本框中输入 2 个或 5 个数字。然后，单击"下一步"按钮，调出下一个"条码向导"对话框，按照提示进行设置。最后单击"完成"按钮，关闭该对话框，则可在绘图页面内插入条形码图形。

（6）使用"选择工具" 调整条形码的大小，再将它移到合适的位置，如图 5-3-1 所示。

【相关知识】

1. 美术字与段落文本的相互转换

（1）美术字转换成段落文本：单击工具箱中的"选择工具"按钮 ，选中美术字，然后单击"文本"→"转换为段落文本"命令即可。

（2）段落文本转换成美术字：单击工具箱中的"选择工具"按钮 ，选中段落文本，然后单击"文本"→"转换为美术字"命令即可。

2. 插入条形码

（1）单击"编辑"→"插入条形码"命令，调出"条码向导"对话框，选择"EAN-13"选项，再在"输入 12 个数字"文本框中输入条形码的编码，在"检查数字"文本框中输入 2 个或 5 个数字，如图 5-3-17 所示。

（2）单击"下一步"按钮，调出下一个"条码向导"对话框。在该对话框中根据需要对分辨率进行设置，如图 5-3-18 所示。

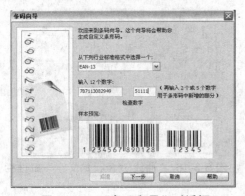

图 5-3-17 "条码向导"对话框 1

图 5-3-18 "条码向导"对话框 2

（3）单击"下一步"按钮，调出下一个"条码向导"对话框。在该对话框中根据需要对属性进行设置，如图 5-3-19 所示。然后单击"完成"按钮，制作出标准的条形码图形，如图 5-3-20 所示。

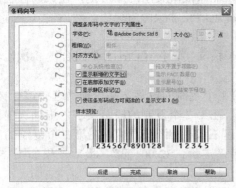

图 5-3-19 "条码向导"对话框 3

图 5-3-20 制作出标准的条形码图形

![思考与练习5-3]

1. 制作一幅"用镜头探索大自然"图书的封底画面，如图 5-3-21 所示。
2. 制作一幅"数码摄影手册"图书的封底图像，如图 5-3-22 所示。

画面以黑色为背景，其内有一些白色轮廓线的六边形图案，各六边形内有一些摄影图像，还有本图书的特色文字描述，有书名、责任编辑、封面设计、书号、条形码、照相机镜头图像、出版社名称和地址文字等。

图 5-3-21　"用镜头探索大自然"图书封底

图 5-3-22　"数码摄影手册"封底图像

5.4 【案例 18】光盘盘面

【操作步骤】

"光盘盘面"图形如图 5-4-1 所示。它是介绍世界名花的光盘盘面，可以看到，有一幅圆形光盘盘面图形。在圆环形图形内镶嵌有一幅美丽的鲜花画面，圆环形图形的中间有一个灰色半透明的小圆环。在风景画面之上有按照弧形曲线分布的红色文字"世界名花美景"、蓝色文字 SHI JIE MING HUA 和红色文字"介绍全世界著名鲜花，世界著名城市市花，鲜花的知识趣味等。"。

图 5-4-1　"光盘盘面"图形

光盘盘面应与主题贴近，例如，为书制作光盘，光盘的风格最好与书的封面风格一致。除了要与主题贴近外，设计盘面时还需要考虑光盘本身的形状。目前市场上标准光盘盘面的外直径一般为 117mm 或 118mm，内直径一般在 15mm～35mm 之间。有时会把图像铺满整个光盘盘面，即内直径设为 15mm。对于盘面内、外径的设置，可以在以上的范围内根据设计需求自行调整。通过制作该图形，可以进一步掌握完美形状展开工具栏内的一些工具的使用方法，输入文字、插入条形码、导入图像、精确剪裁图像、在图形内镶嵌图像、在图形内填充底纹的方法，以及掌握使文字环绕路径分布的方法等。

 【制作方法】

1. 制作光盘盘面背景图

（1）新建一个图形文档，设置绘图页面的宽为 130mm，高为 130mm，背景色为白色。

（2）如果绘图页面内左边和上边没有显示标尺，可以单击"视图"→"标尺"命令，在绘图页面内显示标尺。将鼠标指针指向水平标尺与垂直标尺交汇处的坐标原点 🖽 之上，向页面中心处拖动，可拖出两条垂直相交的辅助线。如果没有辅助线，可以单击"视图"→"辅助线"命令。垂直辅助线位于标尺 65mm 处，水平辅助线位于标尺 65 处。

（3）使用工具箱中的"椭圆形"工具 ⬭，在按住【Ctrl+Shift】组合键的同时从两条辅助线交点处向外拖动绘制一幅圆形图形。在其"椭圆形"属性栏内的 x 和 y 数值框内均输入 65mm，"对象大小"栏内的"宽"和"高"数值框内均输入 118mm，如图 5-4-2 所示。

（4）单击"文件"→"导入"命令，调出"导入"对话框，选中"风景 10.jpg"图像（宽和高均为 215mm）文件。然后，单击"导入"按钮，关闭"导入"对话框。然后单击绘图页面外部，导入一幅风景图像，如图 5-4-3 所示。

（5）单击"效果"→"图框精确剪裁"→"放置在容器中"命令，这时鼠标指针呈黑色大箭头状，将它移到圆形图形轮廓线处，单击，将选中的风景图像镶嵌到圆形图形内。再单击"效果"→"图框精确剪裁"→"编辑内容"命令，进入图像剪裁的编辑状态，拖动图像到白色轮廓线的图形内，调整图像的大小和位置等，再单击"效果"→"精确剪裁"→"结束编辑"命令，效果如图 5-4-4 所示。

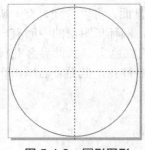　　　　

图 5-4-2　圆形图形　　　　　　图 5-4-3　导入图像　　　　　图 5-4-4　镶嵌风景图像

（6）绘制一幅圆形图形，在其"椭圆形"属性栏内的 x 和 y 数值框内均输入 65mm，在"对象大小"栏内的"宽"和"高"数值框内均输入 27mm，填充浅灰色。

（7）单击工具箱中交互式展开工具栏内的"透明度"按钮 🖵，在圆形图形之上拖动，添加透明效果。然后，在"交互式渐变透明"属性栏内的"透明度类型"下拉列表框中选择"辐射"选项，如图 5-4-5 所示。

（8）使用工具箱中的"选择工具" ▷ 选中镶嵌的图像和具有交互式透明效果的圆形图形，将它们组成一个群组。

（9）绘制一幅圆形图形，在其"椭圆形"属性栏内的 x 和 y 数值框内均输入 65mm，在"对象大小"栏内的"宽"和"高"数值框内均输入 15mm。选中该图形，单击"窗口"→"泊坞窗"→"造形"命令，调出"造形"（修剪）泊坞窗，不选中任何复选框，如图 5-4-6 所示。单击"应用"按钮，鼠标指针呈 状，单击群组图形，将刚绘制的圆形图形内的群组删除，效果如图 5-4-7 所示。

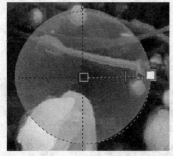  

图 5-4-5 交互式渐变透明　　图 5-4-6 "造形"（修剪）泊坞窗　　图 5-4-7 删除圆内图形

2. 制作环绕文字

（1）使用工具箱中的"文本工具" 字，在绘图页中输入字体为隶书、字大小为 53pt 的"世界著名鲜花"美术字，再给该美术字填充红色，如图 5-4-8 所示。

（2）使用工具箱中的"椭圆形"工具 绘制一个圆形图形，作为文字环绕的路径，在其"椭圆形"属性栏内的 x 和 y 数值框内均输入 65mm，在"对象大小"栏内的"宽"和"高"数值框内均输入 65mm。

（3）使用"选择工具" 选中文字，单击"文本"→"使文本适合路径"命令，这时鼠标指针呈黑色大箭头状 ，将它移到刚刚绘制的圆形上半边路径线处，即在路径线处出现沿路径线分布的文字，可以拖动调整文字的位置，单击，则将美术字沿圆形路径环绕，如图 5-4-9 所示。

如果美工字沿圆形图形路径环绕的效果不理想，可以在其属性栏内进行微调。

图 5-4-8 输入文字　　　　　　　　　图 5-4-9 美术字沿圆形路径环绕

（4）使用工具箱中的"文本"工具 字，输入字体为 Arial Black、字号为 24pt 的美术字 SHI JIE MING HUA，设置文字颜色为紫色，如图 5-4-10 所示。

SHI JIE MING HUA

图 5-4-10 SHI JIE MING HUA 美工字

（5）使用工具箱中的"选择工具" ▷ 选中圆形路径，单击"排列"→"拆分在一路径上的文本"命令，将圆形路径与环绕它的"世界著名鲜花"美术字分离。

（6）选中紫色美术字 SHI JIE MING HUA，单击"文本"→"使文本适合路径"命令，这时鼠标指针呈黑色大箭头状，将它移到刚刚绘制的圆形的上半边路径线的下边，在路径线下边出现沿路径线分布的文字，拖动调整文字的位置，单击，则将 SHI JIE MING HUA"美术字沿圆形路径环绕。再单击调色板内的色块，将紫色改为黄色，如图 5-4-11 所示。

图 5-4-11　美工字沿圆形路径环绕

（7）使用工具箱中的"文本"工具 字，输入字体为黑体、字大小为 11pt 的美术字"介绍全世界著名鲜花，世界著名城市市花，鲜花的知识趣味等。"设置文字颜色为红色，如图 5-4-12 所示。

介绍全世界著名鲜花，世界著名城市市花，鲜花的知识趣味等。

图 5-4-12　美术字

（8）使用"选择工具" ▷ 选中圆形路径，单击"排列"→"拆分在一路径上的文本"命令，将圆形路径与环绕它的美术字分离。单击绘图页外边，再选中圆形路径，在其"椭圆形"属性栏内的"宽"和"高"数值框内均输入 85mm，将圆形路径调大一些。

（9）选中红色美术字，单击"文本"→"使文本适合路径"命令，将鼠标指针移到圆形路径下半边路径线的下边，在圆形路径线下边出现文字，拖动调整文字的位置，单击可将选中的美术字沿圆形路径环绕，如图 5-4-13 所示。

（10）使用工具箱中的"选择工具" ▷ 选中圆形路径线，单击"排列"→"拆分在一路径上的文本"命令，将圆形路径与环绕它的美术字分离。选中圆形路径，右击调色板的 ⊠ 图标，隐藏圆形路径，效果如图 5-4-1 所示。

图 5-4-13　美工字沿圆形路径环绕

【相关知识】

1. 插入对象

（1）单击"编辑"→"插入新对象"命令，调出"插入新对象"对话框，如图 5-4-14 所示。该对话框是选择了"新建"单选按钮后的"插入新对象"对话框。

（2）单击"对象类型"列表框中的一个选项，例如，选中 Adobe Photoshop Image 选项，然后单击"确定"按钮，即可调出相应的软件窗口，此处调出了 Adobe Photoshop 窗口，新建一个空白文档，如图 5-4-15 所示。

此时可以在 Photoshop 窗口之中绘制一幅图像，也可以打开一幅图像，将该图像复制粘贴到新建的空白文档内，再进行裁剪等加工处理。

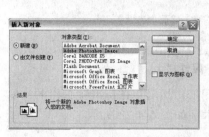

图 5-4-14 "插入新对象"对话框

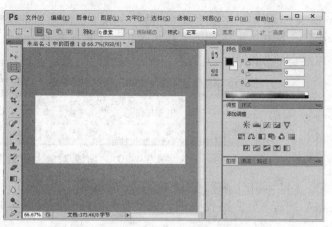

图 5-4-15 Adobe Photoshop 窗口

例如,打开一幅"佳人.jpg"图像,如图 5-4-16 所示,将其复制粘贴到新建的空白文档内再进行加工处理。然后,保存和关闭该文件,即可回到 CorelDRAW X5 的绘图页面,其内已经插入在 Photoshop 中新建文档中的图像。

(3)如果在出现"插入新对象"对话框时,选择该对话框中的"由文件创建"单选按钮,则"插入新对象"对话框如图 5-4-17 所示。利用该对话框可以导入选择的图像,而且还可以与指定的图像处理软件建立链接。

图 5-4-16 "佳人.jpg"图像

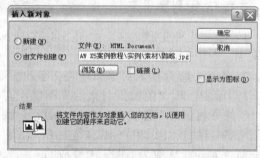

图 5-4-17 "插入新对象"对话框

以后,在 CorelDRAW X5 中双击插入的图像对象时,会自动打开相应的建立链接的图像处理软件,并在该软件中打开相应的图像。

2. 将文字填入路径

(1)输入一段美术字,例如,"山水映照优雅恬静雕梁画栋精彩无比",然后再绘制一个轮廓线或曲线图形,例如,椭圆图形,选中这段美术字,如图 5-4-18 所示。

(2)单击"文本"→"使文本适合路径"命令,这时鼠标指针呈浮动光标形状┼字,将鼠标指针移到图形路径处,可以随意调节文本排列的形状和位置,图中会出现美术字的蓝色虚线,调节好之后单击,即可将选定的美术字沿路径排列,如图 5-4-19 所示。

图 5-4-18 输入文字与绘制图形

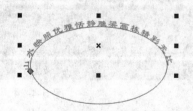

图 5-4-19 将选定的美术字沿路径排列

（3）使用"选择工具" ▷ 选中美术字，调出"曲线/对象上的文字"属性栏，如图 5-4-20 所示。在其内的"文本方向"下拉列表框中选择 **ABC** ，向内拖动文字左边的红色控制柄，环绕文字如图 5-4-21 所示。利用属性栏还可以调整环绕字的形状和与路径的间距等。

图 5-4-20 "曲线/对象上的文字"属性栏

（4）单击工具箱中的"形状"按钮 ▷ ，再选中路径图形，然后单击标准工具栏的"剪切"按钮，删除路径图形。调整和删除路径图形后的美术字如图 5-4-22 所示。

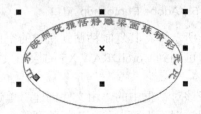

图 5-4-21 调整环绕文字

图 5-4-22 调整和删除路径后的美术字

思考与练习5-4

1．绘制几种变形文字，如图 5-4-23 所示。绘制这些变形文字图形需要使用输入美术字、对象变形等操作。

2．绘制一幅有插入对象和环绕文字的图像。

3．绘制一幅"图像素材集锦"图像，它是由"图像素材集锦"套装光盘盒的封面和封底图像组成的。封面图像如图 5-4-24 左图所示，它以填充蓝色颗粒状底纹为背景，由叠放的 6 张光盘

图 5-4-23 变形文字

盘面、立体标题名称和各种文字等组成。封底图像如图 5-4-24 右图所示，其内有一些白色轮廓线的六边形图案，各六边形内有图像，有介绍光盘的段落文字，段落文字有分栏和首字放大效果，还有按椭圆状分布的文字，以及条形码等。

图 5-4-24 "图像素材集锦"图像

5.5 【案例19】春节赏花

 【案例效果】

"春节赏花"图形如图 5-5-1 所示。这是一个在春节期间游览动物园看熊猫的小板报,它的背景是一幅风景画,有水印效果,标题文字"春节赏花"是立体字,文字有分栏和首字放大效果,还有按椭圆状分布的文字。

图 5-5-1 "春节赏花"效果图

通过制作该图形,可以进一步掌握文字编辑、裁切图像、文字环绕等方法,初步掌握创建交互式透明的方法等,掌握段落文字的编辑方法,以及段落文字首字下沉和分栏等技术。

 【操作步骤】

1. 制作背景与标题

（1）新建一个图形文档,设置页面的宽为 250mm,高为 180mm,背景色为浅蓝色。

（2）单击"文件"→"导入"命令,调出"导入"对话框,选择风景图像文件,单击"确定"按钮。然后在绘图页内拖动,即可导入一幅鲜花图像,如图 5-5-2 所示。

（3）选中风景图像。单击"效果"→"调整"→"伽玛值"命令,调出"伽玛值"对话框,如图 5-5-3 所示。向右拖动"伽玛值"滑块,稍微增加伽玛值。单击"预览"按钮,观察图像变化,单击"确定"按钮,退出该对话框。此时的图像如图 5-5-1 中的背景图所示。

（4）使用工具箱中的"文本"工具 字,在绘图页中输入字体为隶书、字大小为 48pt 的"春节赏花"美工字。单击选中它,再单击调色板内的红色色块,给"春节赏花"美工字填充红色;右击调色板内的黄色色块,给"春节赏花"美工字轮廓着黄色。

图 5-5-2 导入一幅鲜花图像

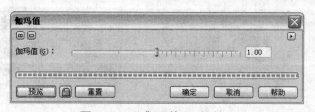

图 5-5-3 "伽玛值"对话框

（5）使用工具箱中的交互式展开工具栏内的"立体化"工具 ，在美术字上向上拖动，产生立体字，如图 5-5-4 所示。

（6）单击其属性栏内的"立体化颜色"按钮，调出"颜色"面板。在该对话框内单击"使用递减的颜色"按钮 ，调出"颜色"面板，设置"从"颜色为黄色，"到"颜色为红色。单击"立体化类型"列表内的第 6 个图标，如图 5-5-5 所示，文字的立体效果如图 5-5-6 所示。

图 5-5-4　立体文字　　图 5-5-5　"立体化类型"列表　　图 5-5-6　文字立体效果

（7）使用"选择工具" ，适当调整立体文字大小，将它移到背景图像的右上角。

2．制作其他图像

（1）使用工具箱中的"椭圆形"工具 绘制一个椭圆图形。再使用工具箱中的"文本"工具 ，在按住【Shift】键的同时单击椭圆顶部的外缘边线处，这时鼠标指针变为"I"字形。然后单击，则椭圆内部会出现一个虚线的椭圆，如图 5-5-7 所示。

（2）单击椭圆顶部中间处，然后输入文字，如图 5-5-8 所示，可以看出文字自动在椭圆内分布。然后单击工具箱内的"选择工具" ，结束椭圆形分布文字的制作。适当调整按椭圆分布的美术字大小，将它移到背景图像之上的右下方。

图 5-5-7　出现一个虚线的椭圆　　　　图 5-5-8　输入文字

（3）在绘图页面外导入一幅"梅花.jpg"梅花图像，如图 5-5-9 所示。

（4）使用工具箱中的"选择工具" 选中梅花图像，再使用工具箱中的"椭圆形"工具 绘制一个椭圆图形。将椭圆的外框线宽度改为 1.5pt。再右击调色板内的绿色色块，使椭圆的外框线颜色为绿色。

（5）单击"效果"→"精确剪裁"→"放置在容器中"命令，这时鼠标指针呈黑色大箭头状，将鼠标指针移到椭圆的边线处单击，则将梅花图像镶嵌到椭圆内。

（6）单击"效果"→"精确剪裁"→"编辑内容"命令，这时整个图像会在椭圆处出现，椭圆的线条仍存在，如图 5-5-10 所示。用鼠标拖动图像，可以调整 1/4 圆的图像内容。

（7）单击"效果"→"精确剪裁"→"结束编辑"命令，效果如图 5-5-11 所示。

图 5-5-9　导入梅花图像　　图 5-5-10　编辑内容状态　　图 5-5-11　梅花图像镶嵌到椭圆内

（8）使用工具箱中的"文本"工具 字，输入字体为隶书、字号为 48pt、颜色为红色的美术字"保护大自然　热爱我们的家园"。

（9）使用工具箱中的"选择工具" 选中美术字。然后单击"文本"→"使文本适合路径"命令，这时鼠标指针呈黑色大箭头状，将它移到刚刚画的同心椭圆的边线处并单击，则美工字沿正圆上半边的外部呈弧形分布，如图 5-5-12 所示。

（10）选中文字对象，此时的"曲线/对象上的文字"属性栏如图 5-5-13 所示。在属性栏中的"文字方向"列表框内选择第 2 个选项，在"与路径距离"数值框内输入 3mm，表示环绕的文字与椭圆的间距为 3mm，如图 5-5-13 所示。此时的美术字如图 5-5-1 所示。

图 5-5-12　美术字沿圆上半边外部呈弧形分布　　　图 5-5-13　"曲线/对象上的文字"属性栏

3．制作段落文字

（1）使用工具箱中的"文本"工具 字 单击右下角椭圆形内的文字，然后单击其属性栏内的"编辑文本"按钮或单击"文本"→"编辑文本"命令，调出"编辑文本"对话框，如图 5-5-14 所示。利用该对话框可以编辑段落文字。

（2）设置输入文字的字体为黑体、字大小为 22pt、颜色为蓝色，输入"春节赏花"图形内左边的段落文字。使用工具箱中的"选择工具" 选中段落文字，然后单击其属性栏内的"编辑文本"按钮或单击"文本"→"编辑文本"命令，调出"编辑文本"对话框，如图 5-5-15 所示。利用该对话框可以编辑段落文字。

（3）单击"选项"按钮，在弹出的菜单中选择"文本格式化"选项 ，调出"格式化文本"（字体）泊坞窗，利用该泊坞窗可以调整字体、字号等。

（4）单击"文本"→"首字下沉"命令，调出"首字下沉"对话框，如图 5-5-16 所示。在该对话框内选中"显示/隐藏首字下沉"复选框，在"下沉字数"数值框内选择"3"，表示首字下沉为占三行。再单击"确定"按钮，退出该对话框。此时的段落文字中的第一个字"春"已被放大，如图 5-5-17 所示。

图 5-5-14　"编辑文本"对话框

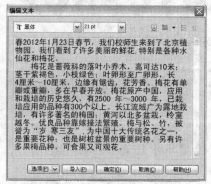

图 5-5-15　"编辑文本"对话框　　图 5-5-16　"首字下沉"对话框　图 5-5-17　"春"字已被放大

169

（5）选中输入的段落文字，单击"文本"→"栏"命令，调出"栏设置"对话框，利用"栏设置"对话框可以调整段落文字的分栏个数、栏宽和栏间距等。在该对话框内的"宽度"数值框内输入 61.696mm，在"栏间宽度"数值框内输入 12.700mm，选中"保持当前图文框宽度"单选按钮，选中"栏宽相等"复选框，如图 5-5-18 所示。最后，单击"确定"按钮，退出"栏设置"对话框，完成分栏操作。分栏后的效果如图 5-5-19 所示。

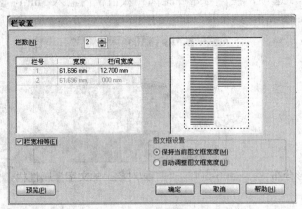

图 5-5-18 "栏设置"对话框

图 5-5-19 分栏效果

（6）将分栏的段落文字移到绘图页面内，然后调整图 5-5-1 中各个对象的大小与相对位置。再按住【Shift】键选中所有对象，然后单击"排列"→"群组"命令，将它们组成一个对象，如图 5-5-19 所示。

【相关知识】

1. 将美术字转换为曲线

（1）使用"选择工具" ▷ 选中美术字，如图 5-5-20 所示。单击"排列"→"拆分美术字"命令，将选中的美术字拆分为独立的文字。拖动选中全部文字右击，调出它的快捷菜单，单击该菜单中的"转换为曲线"命令，将文字转换成曲线。

（2）选择工具箱内的"形状"工具 ▷，转换为曲线的文字上的节点会显示出来，它有许多曲线节点，如图 5-5-21 所示。拖动一些节点可以改变美术字曲线的形状。再单击工具箱中的"选择工具"按钮 ▷，单击绘图页面空白处，取消文字的选取。

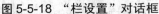

图 5-5-20 选中美术字

图 5-5-21 将美术字转换成曲线

2. 段落文本分栏

单击工具箱中的"选择工具"按钮 ▷，选中段落文字，单击"文本"→"栏"命令，调出"栏设置"对话框，如图 5-5-18 所示。在该对话框内各个选项的作用简介如下。

（1）"栏数"数值框：用来设置分栏的个数。

（2）"宽度"数值框：单击列表框内的"宽度"列，会显示出数值框的箭头按钮，可以用来设置分栏文字的宽度。

（3）"栏间宽度"数值框：单击列表框内的"栏间宽度"列，会显示出数值框的箭头按钮，可以用来设置分栏文字之间的间距。

（4）"保持当前图文框宽度"单选按钮：选中该单选按钮后，可以保持当前图文框的宽度。

（5）"自动调整图文框宽度"单选按钮：选中该单选按钮后，可以自动调整图文框的宽度。

（6）"栏宽相等"复选框：选中该复选框后，可以自动使各栏的栏宽相等。

一段段落文字按照如图 5-5-22 所示进行文字的分栏设置后，单击"确定"按钮，关闭"栏设置"对话框，分栏效果如图 5-5-23 所示。

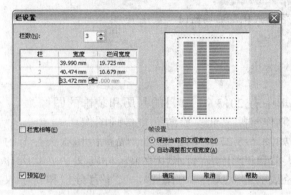

图 5-5-22　"栏设置"对话框　　　　　　　　图 5-5-23　分栏效果

3. 字符和段落格式化

（1）字符格式化：选中段落文本，再单击其"文本"属性栏中的"字符格式化"按钮，或单击"文本"→"字符格式化"命令，调出"字符格式化"泊坞窗，如图 5-5-24 所示。利用该泊坞窗可调整字体、字号、字符效果、对齐方式和字符偏移量等操作。

单击"字符格式化"泊坞窗内的"字符效果"按钮 ⊗ 后，其泊坞窗如图 5-5-25 左图所示。单击"文本工具"按钮 字，拖动选中段落文本，单击"字符格式化"泊坞窗内的"字符位移"按钮后，其泊坞窗如图 5-5-25 右图所示。

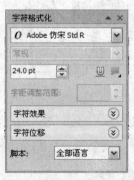

图 5-5-24　"字符格式化"泊坞窗 1　　　图 5-5-25　"字符格式化"泊坞窗 2

（2）段落格式化：单击"文本"→"段落格式化"命令，调出"段落格式化"泊坞窗，如图 5-5-26 所示。利用该泊坞窗口，可以调整段落文字的参数。

图 5-5-26 "段落格式化"泊坞窗口

思考与练习5-5

1. 制作一幅"月历"图形，该图形中有 2013 年 10 月的月历和装饰的图像。
2. 参考本案例图像的制作方法，制作一幅"北京旅游"宣传画图像。
3. 制作一幅"欢庆春节"图像，如图 5-5-27 所示。这是一幅宣传和欢庆春节的小板报，它的背景是一幅半透明的喜庆节日的图像，有水印效果，标题文字"欢庆春节"是立体字，椭圆形图形内填充有经裁剪的欢庆春节的图像，文字有分栏和首字放大效果，还有按椭圆分布的文字。

图 5-5-27 "欢庆春节"图像

第6章 对象的组织与变换

　　对象的组织是指利用多重对象的属性栏来加工多个对象，对多个对象进行群组、变换、对齐、分布、合并、拆分、锁定、造形和管理等操作。对象的变换是指对对象进行移动定位、旋转、等比例缩放、大小调整、倾斜、镜像、变形和封套等操作。本章通过4个实例介绍了对象的组织和变换，特别介绍了"转换"和"造形"泊坞窗的使用方法等。

6.1 【案例20】同心结

【案例效果】

　　"同心结"图像如图 6-1-1 所示。该图形用简单明快的手法，充分表现出海峡两岸一家亲的主题。通过制作该图形，可以进一步掌握对象的组合、顺序的调整、对齐和分布等操作方法，初步掌握"排列"→"造形"菜单下命令的使用方法，"转换"泊坞窗的部分使用方法等。

图 6-1-1　"同心结"图像

【操作步骤】

　　1．绘制同心结圆形图案

　　（1）新建一个宽度为 130mm，高度为 120mm 的绘图页面。

　　（2）使用工具箱中的"椭圆形"工具 ○，按住【Ctrl】键，拖动绘制一个圆形图形，设置它的宽和高均为 35mm。按【Ctrl+D】组合键复制一份圆形图形。使用工具箱中的"选择工具" ▷ 选中复制的圆形图形，将它的宽和高均设置为 30mm，移到原来的圆形图形的内部。两个同心圆形图形用来作为同心结的圆盘。

　　（3）使用工具箱中的"选择工具" ▷ 拖出一个矩形，选中这两个圆形图形。单击其属性栏中的"对齐与分布"按钮 ☰，调出"对齐与分布"（对齐）对话框。在该对话框中选中水平和垂直方向的"中"复选框，如图 6-1-2 所示。然后单击"应用"按钮，即可使两个圆形图形在水平和垂直方向均居中对齐，也就是使两个圆形图形完全同心。

（4）选中大的圆形图形，单击调色板内的红色色块，给选中的圆形图形填充红色；右击调色板内的红色色块，给选中的圆形轮廓线着红色。按照相同的方法给小圆形图形填充黄色，轮廓线着黄色，如图 6-1-3 所示。

（5）使用"选择工具" ▷ 拖出一个矩形，选中这两个圆形图形。单击"多个对象"属性栏中的"结合"按钮 ◘ 或单击"排列"→"结合"（或"合并"）命令，将两个圆形图形对象合并成一个圆环，如图 6-1-4 所示。

另外，也可以在选中这两个圆形图形后，单击"排列"→"造形"→"后减前"（或"移除前面对象"）命令，形成一个圆环，如图 6-1-4 所示。

（6）分别在绘图区上部和左侧的标尺中向内拖出一条水平和垂直辅助线，两条辅助线的交点正好与圆形图形的中心位置对齐，如图 6-1-5 所示。

（7）使用工具箱中的"手绘"工具 ✍ 绘制出一个花瓣轮廓形状的图形，如图 6-1-6 所示。再使用工具箱内的"形状"工具 ▷ 调节花瓣轮廓图形的形状。

使用工具箱内的"选择工具" ▷ 选中花瓣轮廓图形，按【Ctrl+D】组合键，复制一个花瓣轮廓图形，再将它缩小，移到大花瓣轮廓图形内。

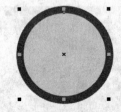
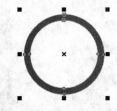

图 6-1-2 "对齐与分布"（对齐）对话框　　图 6-1-3 圆形图形　　图 6-1-4 圆环图形

（8）选中两个花瓣轮廓图形，按照上面第（4）、（5）步的方法，形成一幅红色花瓣图形，如图 6-1-7 所示。选中花瓣图形，将它的顶部移到如图 6-1-5 所示的圆形图形顶部的中心位置，并调整好它的大小，如图 6-1-8 所示。

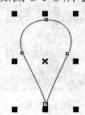

图 6-1-5 水平与垂直辅助线　　图 6-1-6 花瓣轮廓　　图 6-1-7 花瓣　　图 6-1-8 花瓣图形的位置

（9）单击"窗口"→"泊坞窗"→"转换"→"旋转"命令，调出"旋转"泊坞窗。在该泊坞窗内的"角度"文本框中输入 45，设置旋转"角度"为 45°；选中"相对中心"和最下边一行中间的复选框，设置相对中心为底边中心；在"副本"文本框内输入 7，表示旋转复制 7 份，如图 6-1-9 所示。然后，单击"应用"按钮，完成后的图形如图 6-1-10 所示。

（10）选择工具箱内的"多边形"工具 ⬡，在其属性栏内的"星形及复杂星形的多边形点或边数"数值框内输入 4，然后绘制出一个菱形，并填充红色，取消轮廓线。

（11）选择工具箱内的"选择工具" ▷，选中菱形，按照上面第（9）步所述的方法，将其旋转角度改为 60，在"副本"文本框内输入 1，单击 "应用"按钮，将它旋转 60°复制一份；再选中原菱形图形，将旋转角度改为-60，在"副本"文本框内输入 1，单击 "应用"按钮，将它旋转–60°复制一份。完成后的图形如图 6-1-11 所示。

（12）选择工具箱内的"选择工具" ，将这三个菱形选中，单击"排列"→"群组"命令，将它们组成一个整体，然后将该群组移到圆环的顶部，如图 6-1-12 所示。

（13）复制 3 份顶部图形，利用其属性栏分别调整它们的旋转角度，再分别移到圆环的左边、右边和底部，如图 6-1-12 所示（还没有绘制中间的浅蓝色圆形图形）。

图 6-1-9　"转换"（旋转）泊坞窗　图 6-1-10　图形效果　图 6-1-11　顶部图形　图 6-1-12　图形

（14）选择工具箱内的"椭圆形"工具 ，按住【Ctrl】键的同时拖动绘制一幅圆形图形，并填充浅蓝色，取消轮廓线。使用工具箱内的"选择工具" ，该圆形图形移到圆环的中心位置处，如图 6-1-12 所示。将全部的图形选中，单击其"多个对象"属性栏内的"群组"按钮，或者单击"排列"→"群组"命令，将它们组成一个群组整体。

2．绘制同心结挂线与流纱等

（1）绘制一个菱形轮廓图形，并将它的轮廓宽度设置为 1.411mm，轮廓线着红色，不填充颜色。复制多个菱形轮廓图形，并排列成如图 6-1-13 所示的形状。

（2）使用工具箱中的"手绘"工具 绘制一条封闭的曲线，作为同心结顶部上的挂线，如图 6-1-14 所示。使用工具箱中的"形状"工具 调整曲线的形状。然后，使用工具箱内的"选择工具" 选中曲线，将它的轮廓线宽度设置为 0.706mm，轮廓线颜色为红色。再将它放在圆环顶上，作为挂线，如图 6-1-1 所示。

（3）使用工具箱中的"贝塞尔"工具 ，在圆环底部菱形的底端绘制一条短直线，设置它的轮廓宽度为 1.411mm，颜色为红色。

（4）将上面制作好的多个菱形图形放置在这条短直线的底端，然后将短直线复制一份，移到多个菱形图形的底部，并将该直线的轮廓宽度调整为 1.411mm。

（5）使用工具箱内的"贝塞尔"工具 在第 2 条短直线的底端绘制两条斜直线，将它们的轮廓宽度设置为 0.706mm，颜色为红色，如图 6-1-15 所示。

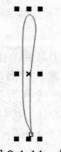

图 6-1-13　多个菱形　　　　图 6-1-14　曲线　　　　图 6-1-15　斜直线

（6）使用工具箱内的"矩形"工具□绘制一个小矩形，将它填充为红色，取消轮廓线，将它放在两条斜直线的底部，如图 6-1-16 所示，然后将整个图形旋转一定的角度。

（7）使用工具箱内的"手绘"工具↗绘制 2 条曲线，上下放置，如图 6-1-17 所示。

（8）使用工具箱内的"调和"工具➘，由一条线向另一条线拖动，在其属性栏内的"步数或调和形状之间的偏移量"数值框中输入 30，设置它的步数为 30，再单击"顺时针"按钮，图形效果如图 6-1-18 所示。

（9）然后将它们拖动到小矩形的下边，与之相接，如图 6-1-1 所示。再将所有图形群组。

图 6-1-16　小矩形　　　　图 6-1-17　绘制曲线　　　　　　图 6-1-18　调和曲线

（10）单击"视图"→"辅助线"命令，使"辅助线"命令取消选中，将页面内的辅助线隐藏，完成后的效果如图 6-1-1 所示。

3．制作背景图像和文字

（1）单击标准工具栏内的"导入"按钮🔲，调出"导入"对话框，选择一幅风景图像，如图 6-1-19 所示，单击"导入"按钮，关闭"导入"对话框。然后在绘图页面内拖动，将选中的图像导入到画布中。调整该图像的大小和位置，使该图像将整个绘图页面完全覆盖。

（2）选中该图片，单击"效果"→"调整"→"亮度/对比度/强度"命令，调出"亮度/对比度/强度"对话框，按照如图 6-1-20 所示，单击"确定"按钮，将图像的亮度和对比度调得大一些。

（3）选中图像对象，单击"排列"→"顺序"→"到图层后面"命令，即可使选中的图像对象排列到最下面，使图像在同心结图形的下边。

图 6-1-19　导入的图片　　　　　　图 6-1-20　"亮度/对比度/强度"对话框

（4）选择工具箱内的"文本"工具字，在其属性栏内设置字体为黑体，字体大小为 48pt，单击"垂直文本"按钮▥，然后输入"海峡两岸一家亲"和"同宗共祖脉相连"两列垂直文字。再设置文字的填充色和轮廓线都为黄色。

（5）单击工具箱内的"选择工具"按钮▷，然后单击"排列"→"拆分美工字"命令，使文本拆分为独立的 8 个文字。将文本的位置重新放置成如图 6-1-1 所示的样式。

（6）将文字全部选中，单击工具箱内的"阴影"按钮▢，然后用鼠标在文字上拖动，在其属性栏内设置"阴影的不透明度"为 100，"阴影羽化"为 9，"阴影羽化方向"为中间，"阴影羽化边缘"为线性，"阴影颜色"为黄色，如图 6-1-21 所示。

然后，将添加阴影的文字移动至绘图页面右上角的位置，如图 6-1-1 所示。

图 6-1-21 "交互式阴影"属性栏

【相关知识】

1. 群组和结合的特点

选中多个对象后，其"多个对象"属性栏如图 6-1-22 所示。单击"排列"菜单内的"群组"和"结合"（也叫"合并"）命令或单击"多个对象"属性栏内的"群组"按钮 和"结合"（也叫"合并"）按钮 ，都可以将多个对象进行群组或结合。多个对象群组或结合后，可以同时对它们进行一些统一的操作，例如，调整大小、移动位置、改变填充和轮廓线颜色、进行顺序的排列等。它们的区别主要如下。

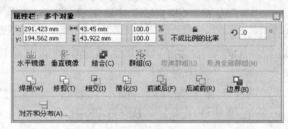

图 6-1-22 "多个对象"属性栏

（1）只能对群组对象进行整体操作，要对群组对象中每个对象的各个节点进行调整，改变单个对象的形状，需要在按住【Ctrl】键的同时单击该对象，则选中群组中的这个对象。

（2）结合后对象的颜色会变为一样，重叠的部分会自动删除。结合的各个对象仍保持每个对象各个节点的可编辑性，可以使用工具箱内的"形状工具" 调整各个对象的节点，改变每一个对象的形状。

2. 多个对象的结合与取消结合

选中多个图形对象后，单击"多个对象"属性栏中的"结合"按钮 ，或单击"排列"→"结合"命令（或按【Ctrl+L】组合键），即可完成多个对象的合并，如图 6-1-23 所示（注意多个对象的颜色均变为同一种颜色，重叠的部分会自动删除），其属性栏改为"曲线"属性栏，如图 6-1-24 所示。

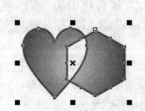

图 6-1-23 多个对象结合后的效果

图 6-1-24 "曲线"属性栏

再单击"曲线"属性栏中的"拆分曲线"按钮、单击"排列"→"拆分曲线"命令或按【Ctrl+K】组合键，都可以取消多个对象的合并，但是颜色都变为相同的一种颜色。

3．多重对象造形处理

绘制两个相互重叠一部分的图形，如图 6-1-25 所示（下边的图形是绿色的，上边的图形是红色的）。选中它们，此时的"多个对象"属性栏如图 6-1-22 所示。

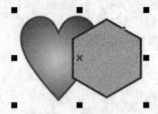

图 6-1-25　相互重叠一部分

图 6-1-26　焊接效果

（1）多重对象的焊接：单击"多个对象"属性栏中的"焊接"按钮 🔓 或单击"排列"→"造形"→"焊接"命令，两个重叠一部分的对象变为一个只有单一轮廓的一个对象（颜色变为一样），如图 6-1-26 所示。

（2）多重对象的修剪：单击"多个对象"属性栏中的"修剪"按钮或单击"排列"→"造形"→"修剪"命令，则下边的对象与上边对象重叠的部分被修剪掉，同时选中被修剪的对象。移开左边的图形，如图 6-1-27 所示。

如果按住 Shift 键进行多个对象的选择，则最后被选中的对象是被修剪的对象。

（3）多重对象的相交：单击"多个对象"属性栏中的"相交"按钮或单击"排列"→"造形"→"相交"命令，两个对象重叠部分的图形会形成一个新对象，而且处于被选中的状态，用鼠标拖动它，将它单独移出来，如图 6-1-28 所示。

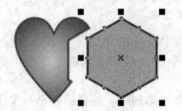

图 6-1-27　修剪效果

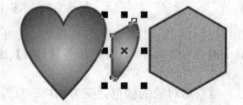

图 6-1-28　相交效果

（4）多重对象的简化：单击"多个对象"属性栏中的"简化"按钮或单击"排列"→"造形"→"简化"命令，则下边图形对象中被上边图形对象遮挡的部分被简化掉，效果与"修剪"效果基本一样，如图 6-1-27 所示，只是简化后仍选中所有对象。

（5）前减后（或者叫"移除后面对象"）：单击"多个对象"属性栏中的"前减后"按钮或单击"排列"→"造形"→"前减后"命令，则下边的图形对象（包括图形重叠部分）被上边的图形对象修剪掉，并只保留上边图形对象不重叠的部分，如图 6-1-29 所示。

（6）后减前（或者叫"移除前面对象"）：单击"多个对象"属性栏中的"后减前"按钮或单击"排列"→"造形"→"后减前"命令，则上边的图形对象以及图形重叠的部分被下边的图形对象修剪掉，只保留下边图形对象不重叠的部分，如图 6-1-30 所示。

（7）多重对象的边界：单击"多个对象"属性栏中的"边界"按钮或单击"排列"→"造形"→"边界"命令，会创建一个多重对象的轮廓线，原来的多个对象仍存在，将原来的多个对象拖动出来，剩下的多重对象的轮廓线如图 6-1-31 所示。

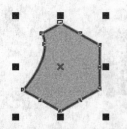
图 6-1-29 前减后效果

图 6-1-30 后减前效果

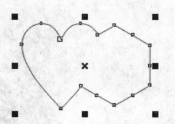
图 6-1-31 创建边界

 思考与练习6-1

1. 绘制 5 幅商标图形，如图 6-1-32 所示。绘制一幅"卡通"图形，如图 6-1-33 所示。

图 6-1-32 "商标"图形

图 6-1-33 "卡通"图形

2. 参考本案例"同心结"图形的绘制方法，绘制另一幅中国结图形。

3. 绘制如图 6-1-34 所示的"铅笔和写字板"图形。

4. 绘制一个如图 6-1-35 所示的"算盘"图形。

图 6-1-34 "铅笔和写字板"图形

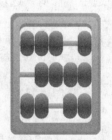
图 6-1-35 "算盘"图形

6.2 【案例 21】争分夺秒

【案例效果】

"争分夺秒"图形如图 6-2-1 所示。它有浅蓝色背景，其中间圆形图形内镶嵌了一幅儿童图像，四周图形内镶嵌有 4 幅与时间赛跑有关的图像。圆形图形的上方有呈弧形分布的宣传词"让我们共同与时间一起赛跑"，圆形图形的右上边有用鲜花图像填充的镂空标题文字"争分夺秒"，圆形图形的右下边有一个小闹钟，象征着时间一分一秒传递过去。"争分夺秒"宣传画结构合理，形象地展示出人们在不同岗位与时间赛跑的画面。

通过制作该实例，可以进一步掌握多个对象的组合和结合、前后顺序调整、对齐和分布调整、图框精确剪裁、文字沿路径分布和制作图像文字的方法，初步掌握"造形"泊坞窗和"转换"泊坞窗的使用方法等。

图 6-2-1 "争分夺秒"图形

 【操作步骤】

1. 绘制四个等分圆

（1）新建一个文档，设置页面宽为 160mm，高为 120mm，背景色为白色。

（2）使用工具箱中的"椭圆工具" ⬭ 在绘图页面内偏左边绘制一个圆形图形，同时在圆形图形的垂直与水平直径处添加两条辅助线，如图 6-2-2 所示。

（3）沿垂直辅助线绘制一条比圆形图形的直径稍长一些的垂直直线，如图 6-2-3 所示。

（4）单击"窗口"→"泊坞窗"→"造形"命令，调出"造形"泊坞窗。在其内的下拉列表框中选中"修剪"选项，不选中任何复选框，如图 6-2-4 所示。

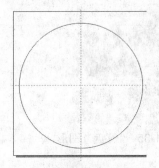 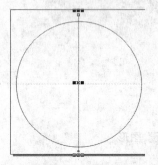 

图 6-2-2 圆形图形和辅助线　　　图 6-2-3 绘制直线　　　图 6-2-4 "造形"（修剪）泊坞窗

（5）单击"造形"泊坞窗内的"修剪"按钮，将鼠标指针移到圆形图形的轮廓线上，单击即可将圆形图形沿垂直直线分割为两个半圆形图形，只是还没有拆分开。

（6）单击"排列"→"拆分曲线"命令，将两个半圆分离成两个独立的对象再选中右边的半圆，如图 6-2-5 所示。

（7）沿水平辅助线画一条直线，同时选中它。再按照上述方法将右边的半圆图形分割成上下两个 1/4 圆，如图 6-2-6 所示，然后将两个 1/4 圆分离。

（8）单击绘图页面的空白处，取消对象的选中，再按照第（7）步的方法将左边的半圆图形分割成上下两个 1/4 圆形图形，如图 6-2-7 所示。

然后将两个 1/4 圆形图形分离。此时一个圆形图形已经被分割成四等份，成为四个对象，单击其中一个对象的边框线，只会选中该对象，如图 6-2-8 所示。

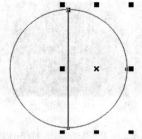
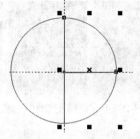
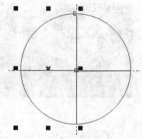

图 6-2-5　两个独立的对象　　　图 6-2-6　上下两个 1/4 圆　　　图 6-2-7　四个 1/4 圆

2．绘制镶嵌位图的轮廓线

（1）选择工具箱中的"椭圆工具" ，按住【Ctrl+Shift】组合键，将鼠标指针移到原点处，拖动绘制一个以原点为圆心的圆形图形，如图 6-2-9 所示。

（2）四次按【Ctrl+D】组合键复制 4 个圆形图形，将复制的圆形图形移到绘图页面外边，以备后面使用。选中圆心在原点的圆形图形，按住【Shift】键的同时单击左上角的 1/4 圆形图形，如图 6-2-10 所示。

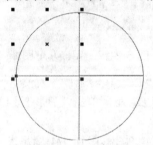
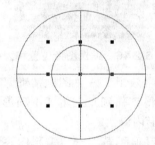
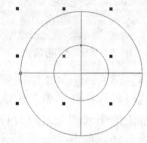

图 6-2-8　成为四个对象　　　图 6-2-9　一个圆形图形　　　图 6-2-10　同时选中两个对象

（3）单击"窗口"→"泊坞窗"→"造形"命令，调出"造形"泊坞窗。在其内的下拉列表框中选中"移除前面对象"选项，如图 6-2-11 所示。

（4）单击"造形"泊坞窗内的"应用"按钮，即可用后边的 1/4 圆形图形将前边的圆形图形进行修剪，修剪成 1/4 扇形图形，如图 6-2-12 所示。

（5）按照上述方法，继续用圆形图形修剪其他三个 1/4 圆形图形，形成四个 1/4 扇形图形。再将剩下的一个圆形图形移到四个扇形图形的中间，如图 6-2-13 所示。

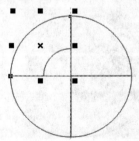
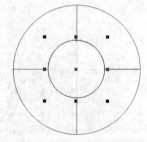

图 6-2-11　"造形"泊坞窗　　图 6-2-12　移除前面对象效果　　　图 6-2-13　5 个轮廓对象

3．轮廓线内镶嵌位图

（1）导入四幅图像和一幅儿童图像，如图 6-2-14 所示。选中儿童图像。

（2）单击"效果"→"图框精确剪裁"→"放置在容器中"命令，这时鼠标指针呈黑色大箭头状，将它移到中间圆形边线处并单击，则将儿童图像镶嵌到中间圆形图形内，如图 6-2-15 所示（还看不见圆形图形内镶嵌的儿童图像）。

图 6-2-14　四幅图像和一幅儿童图像

（3）单击"效果"→"图框精确剪裁"→"编辑内容"命令，将儿童图像移到中间圆形图像处，以调整图像的大小和位置，如图 6-2-16 所示。

（4）单击"效果"→"精确剪裁"→"结束编辑"命令，则完成将儿童图像镶嵌到中间圆形图形内的操作，如图 6-2-17 所示。

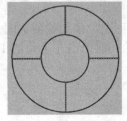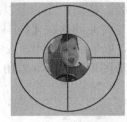

图 6-2-15　位图镶嵌　　　　图 6-2-16　编辑图像位置和大小　　　图 6-2-17　镶嵌儿童图像

（5）选中第 1 幅图像，单击"效果"→"图框精确剪裁"→"放置在容器中"命令，这时鼠标指针呈黑色大箭头状，将它移到左上角 1/4 扇形图形的边线处，单击，则将第 1 幅图像镶嵌到左上角 1/4 扇形图形内。

（6）单击"效果"→"图框精确剪裁"→"编辑内容"命令，将图像移到 1/4 扇形图形处，1/4 扇形图形的线条仍存在，如图 6-2-18 所示。拖动图像，可以调整 1/4 圆的图像的位置，还可以调整图像的大小。单击"效果"→"精确剪裁"→"结束编辑"命令，完成将第 1 幅图像镶嵌到左上角 1/4 扇形图形内的操作，如图 6-2-19 所示。

（7）按照上述方法，将其他 3 幅图像分别镶嵌到其他三个 1/4 扇形图形内，完成后的效果如图 6-2-20 所示。

（8）分别选中一个对象，在其属性栏内将轮廓线的"轮廓宽度"设置为 1.0mm。选中所有对象，将四个 1/4 扇形和中间圆形的轮廓线颜色改为紫色，如图 6-2-20 所示。

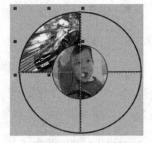

图 6-2-18　编辑图像的位置和大小　　　图 6-2-19　镶嵌图像　　　图 6-2-20　镶嵌四幅图像

4．制作文字

（1）使用工具箱中的"文本工具"字，在页面内输入字体为华文隶书、字大小为 30pt、填充颜色为红色、轮廓颜色为黄色的美术字"让"。将"让"字移到圆形图形的左边中间偏上处，再适当旋转该文字，然后将中心点标志移到镶嵌图像的圆形图形的圆心处，如图 6-2-21 所示。

（2）单击"窗口"→"泊坞窗"→"转换"（有的翻译为"转换"）→"旋转"命令，调出"转换"（有的翻译为"转换"）泊坞窗。在其内下拉列表框中选中"旋转"选项，在"角度"文本框内输入"–15"，在"副本"数值框内输入 11，其他设置如图 6-2-22 所示。

（3）单击选中的"让"字，保证它的中心点标记 ⊙ 在字的中心点处。利用"转换"泊坞窗内旋转复制 11 个"让"字。然后，使用工具箱中的"选择工具" 将复制的 11 个"让"字分别移到镶嵌图像的圆形图形上半部分的不同位置，如图 6-2-23 所示。

（4）使用工具箱中的"文本工具" 字 依次将复制的 11 个"让"字修改为"我"、"们"、"共"、"同"、"与"、"时"、"间"、"一"、"起"、"赛"和"跑"文字，如图 6-2-24 所示。

也可以采用【案例 18】"光盘盘面"图形制作中采用的方法来制作环绕文字。

图 6-2-21　"让"字中心点标志　图 6-2-22　"转换"泊坞窗　图 6-2-23　12 个"让"字

（5）输入字体为华文行楷、字号为 60pt、颜色为红色的"争"、"分"、"夺"和"秒"美术字，如图 6-2-25 所示。

（6）导入一幅鲜花图像，并调整它的大小，使图像的大小比黑色"争分夺秒"美术字稍微大一点，将文字移到图像之上，如图 6-2-25 所示。

（7）单击"窗口"→"泊坞窗"→"造形"命令，调出"造形"泊坞窗。在该泊坞窗中的下拉列表框中选中"相交"选项，不选中任何复选框，如图 6-2-26 所示。

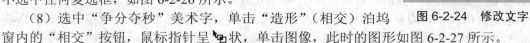

图 6-2-24　修改文字

（8）选中"争分夺秒"美术字，单击"造形"（相交）泊坞窗内的"相交"按钮，鼠标指针呈 状，单击图像，此时的图形如图 6-2-27 所示。

（9）调整绘图页面内整个对象的大小和位置，最后效果如图 6-2-1 所示。

图 6-2-25　文字和图像　图 6-2-26　"造形"（相交）泊坞窗　图 6-2-27　图像文字

5. 绘制表盘

（1）使用"椭圆形"工具 绘制 3 幅分别填充砖红色、天蓝色和黄色，无轮廓线，直径分别为 35mm、32mm 和 29mm 的圆形图形，如图 6-2-28 所示。

（2）将 3 幅圆形图形全部选中，单击其属性栏内的"对齐与分布"按钮 ，调出"对齐与分布"(对齐)对话框。选中其内水平和垂直方向的"中"复选框，如图 6-2-29 所示。单击"应用"按钮，将它们水平和垂直居中对齐，作为闹钟底盘图形，如图 6-2-30 所示。

图 6-2-28　绘制 3 个圆形图形　　　　图 6-2-29　"对齐与分布"(对齐)对话框

（3）将三个圆形组成一组，在"组合"属性栏内的两个"对象大小"数值框内均输入 45.658，如图 6-2-31 所示，形成表盘图形。在页面标尺 🔁 处向内拖出一条水平和一条垂直辅助线，使辅助线交点（即坐标原点）位于表盘图形的中心处，如图 6-2-32 所示。

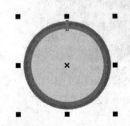

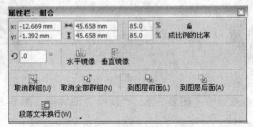

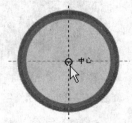

图 6-2-30　对齐对象　　　　图 6-2-31　"组合"属性栏　　　　图 6-2-32　水平与垂直辅助线

（4）使用工具箱中的"椭圆形"工具 ⬭ 绘制一个直径为 4mm 的圆形图形，为其内部填充绿色，取消轮廓线。将绿色圆形图形移到表盘图形内框底部的中间位置，如图 6-2-33 所示。可以在其属性栏内的 x 和 y 数值框内精确调整坐标数值。

（5）单击"窗口"→"泊坞窗"→"转换"→"旋转"命令，调出"转换"(旋转)泊坞窗。在该泊坞窗中的"角度"数值框中输入 20，在"水平"和"垂直"数值框内均输入数值 0，在"副本"数值框内输入 17，如图 6-2-34 所示。然后，单击"应用"按钮，围绕中心点（0，0）转圈复制 17 个绿色圆形图形，绿色圆形图形的角度间隔为 20°。然后将它们组成群组，形成表盘图形，如图 6-2-35 所示。

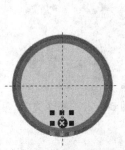

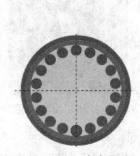

图 6-2-33　深绿色圆形位置　图 6-2-34　"转换"(旋转)泊坞窗　图 6-2-35　表盘图形

（6）选择工具箱中的"文本工具" 字，在其属性栏中设置文字的字体为黑体，字体大小为 16pt，输入数字"3"，为其着黑色。

（7）将数字"3"复制 3 份，分别将复制的数字改为"12"、"6"和"9"，再使用工具箱中的"选择工具" ᵏ 将每个数字移到表盘内相应的位置处。

（8）使用工具箱中的"选择工具" ᵏ 拖出一个矩形，将原表盘和数字全部选中，再单击"排列"→"群组"命令，将选中的原表盘和数字组成一个群组图形，获得新的表盘图形。然后适当调整新表盘的大小和位置，如图 6-2-36 所示。

6. 绘制表针

（1）使用工具箱中的"手绘工具" ⭣ 或"贝塞尔工具" ⭣ 绘制 3 条直线，将 3 条直线的颜色分别设置为黑色、绿色和红色。选中左边的黑色直线，在它的"曲线"属性栏内的"起始箭头"下拉列表框内选择第 9 种箭头，在"轮廓宽度"数值框内选择"1.0mm"选项，在"对象大小"数值框内输入 15.0mm。

（2）使用工具箱中的"椭圆工具" ⭘ 绘制一个直径为 3.5mm 的圆形图形，填充黑色，不要轮廓线。然后，将该圆形图形移到黑色直线的下边，再将它们组成一个群组图形。在该群组图形的"组合"属性栏内的"对象大小"数字框内输入 4mm，确定秒针宽度，在"对象大小"数值框中输入 20mm。

（3）选中中间的绿色直线，在它的"曲线"属性栏内的"轮廓宽度"数值框内选择 0.7mm 选项，在"对象大小"数值框中输入 15mm。选中右边的红色直线，在它的"曲线"属性栏内的"轮廓宽度"数值框内选择 0.5mm 选项，在"对象大小"数值框中输入 20mm。

三条直线分别表示时针、分针和秒针，如图 6-2-37 所示。

（4）双击左边的黑色时针，进入旋转状态，拖动中心点标记到直线的底部，再在其"组合"属性栏内的"旋转角度"文本框内输入 6.0，将黑色时针逆时针旋转 6.0°。

（5）双击中间的绿色分针，进入旋转状态，拖动中心点标记到直线的底端，再在其"曲线"属性栏内的"旋转角度"文本框内输入 45，将绿色分针逆时针旋转 45°。

（6）双击右边的红色秒针，进入旋转状态，拖动中心点标记到直线的底部，再在其"曲线"属性栏内的"旋转角度"文本框内输入 30，将红色秒针逆时针旋转 30°。

旋转后的表针图形如图 6-2-38 所示。

图 6-2-36　添加数字的表盘　　　图 6-2-37　绘制表针　　　图 6-2-38　旋转表针

（7）使用工具箱中的"选择工具" ᵏ 将刚绘制好的 3 个表针移到表盘中，表针的底端与辅助线的交叉点对齐。

（8）使用工具箱中的"椭圆工具" ⭘ ，以辅助线的交点为中心，绘制一个宽度和高度为 1.2 mm 的圆形图形，为其内部填充金黄色，作为表针的旋转轴，如图 6-2-39 所示。

图 6-2-39　绘制表针的旋转轴

7. 绘制提手和钟锤

（1）使用工具箱中的"椭圆工具" ⭘ 绘制一个椭圆图形，单击属性栏中的"转换为曲线"按钮，将图形转换为曲线，作为闹铃的轮廓线。使用工具箱中的"形状工具" ⭣ 对椭圆曲线的节点进行调整，制作出闹铃的轮廓，如图 6-2-40 所示。

（2）选中闹铃的轮廓，单击工具箱中交互式填充展开工具栏内的"交互式填充"工具，在闹铃轮廓内拖动填充渐变色，如图 6-2-41 所示。其内有控制柄和箭头线，将调色板内的橘红色色块拖动到左边的方形控制柄☐内，将白色色块拖动到右边的方形控制柄☐内，为闹铃填充橘红色到白色的渐变色，如图 6-2-42 所示。

如果将调色板内的色块拖动到交互填充的线条之上，可以在起止颜色和终止颜色之间添加一种新颜色。拖动方形控制柄和条状控制柄，都可以调整渐变填充效果。

（3）选中闹铃图形并将其复制一个。单击其属性栏中的"水平镜像"按钮 ，将复制的闹铃图形进行水平镜像，完成后的效果如图 6-2-43 所示。再将其移动到闹钟的顶部。

图 6-2-40　闹铃轮廓线　图 6-2-41　交互式填充　图 6-2-42　绘制铃盖　图 6-2-43　镜像闹铃

（4）使用工具箱中的"矩形工具"☐绘制一个矩形，使用工具箱中的"交互式填充"工具 为矩形图形填充黑色到白色的线性渐变色，效果如图 6-2-44 所示。

（5）使用工具箱中的"选择工具"选中矩形图形并将其复制一个。在其属性栏中设置"旋转角度"为 90，将复制的矩形图形旋转 90°。然后将两个图形组成一个 T 形，调整其大小后移到两个铃盖中间的位置，形成闹铃的小锤，如图 6-2-45 所示。

（6）绘制一个矩形，单击其属性栏中的"转换为曲线"按钮，将其转换为曲线。再使用工具箱中的"形状工具"将矩形调整为闹钟的支脚形状，如图 6-2-46 左图所示。

（7）选择工具箱中的"交互式填充"工具 ，依次将调色板内的黑色、白色到黑色色块拖动到交互式填充产生的控制线上，并从左到右排列方形控制柄，为闹钟的支脚填充黑色、白色到黑色的线性渐变颜色，效果如图 6-2-46 右图所示。

（8）制作一幅提把图形，如图 6-2-47 所示，这由读者自行完成。再将提把图形移到闹铃图形的上边。

图 6-2-44　矩形填充　图 6-2-45　小锤　图 6-2-46　制作闹钟支脚　图 6-2-47　提把

（9）使用工具箱中的"选择工具"调整闹钟支脚图形的大小和旋转角度，再将其复制一个，单击其属性栏中的"水平镜像"按钮 ，将复制的支脚水平镜像。然后，分别将两个支脚图形移到表盘的下边，形成表的支架，如图 6-2-48 所示。

图 6-2-48　闹钟图形

【相关知识】

1. 多重对象的对齐和分布

（1）多重对象的对齐：选中多个图形对象，如图 6-2-49 所示。调出如图 6-2-50 所示的"多个对象"属性栏。单击该属性栏内的"对齐与分布"按钮，调出"对齐与分布"（对齐）对话框，如图 6-2-29 所示。选中该对话框内的一种或多种对齐方式复选框，然后，单击"应用"按钮，即可按选择的方式对齐对象。

（2）多重对象的分布：选中多个图形后，单击属性栏中的"对齐与分布"按钮，调出"对齐与分布"对话框，单击该对话框中的"分布"标签，切换到"分布"选项卡，如图 6-2-51 所示。选中其内的一种分布方式，再单击"应用"按钮，即可按选择的方式分布对象。

 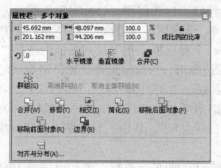 

图 6-2-49　选中多个对象　图 6-2-50　"多个对象"属性栏　图 6-2-51　"对齐与分布"（分布）对话框

可以设完对齐和分布方式后，再单击"应用"按钮，以同时进行对齐和分布调整。顶部对齐和水平等间距分布后的效果如图 6-2-52 所示。

（3）菜单命令方式：单击"排列"→"对齐和分布"命令，调出"对齐和分布"菜单，如图 6-2-53 所示。单击其内的命令，可以进行相应的对齐或分布操作。单击其内的"对齐和分布"命令，可以调出"对齐与分布"对话框。

2．对象的锁定和解锁

（1）对象的锁定：就是使一个或多个对象不能被移动，这样可以防止对象被意外地修改。首先选中要锁定的对象，如图 6-2-52 所示，单击"排列"→"锁定对象"命令，即可将选定的对象锁定，如图 6-2-54 所示。

（2）对象的解锁：选中锁定的对象，如图 6-2-54 所示，单击"排列"→"解除锁定对象"命令，即可将锁定的对象解锁。单击"排列"→"解除锁定全部对象"命令，即可将多层次的锁定对象解锁。

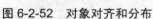

图 6-2-52　对象对齐和分布　　　图 6-2-53　"对齐和分布"菜单　　　图 6-2-54　对象锁定

3．"造形"泊坞窗

单击"窗口"→"泊坞窗"命令，调出"泊坞窗"菜单，单击该菜单内的一个命令，即可调出相应的泊坞窗。"泊坞窗"是 CorelDRAW X5 特有的一种窗口，它除了具有许多与一般对话框相同的功能外，还具有更好的交互性能。例如，在进行设置后，它仍然保留在屏幕上，便于继续进行其他各种操作，直到单击"关闭"按钮 ✖ 才关闭。另外，单击"泊坞窗"右上角的 ▲ 按钮，可以将"泊坞窗"卷起来，以节省屏幕空间，同时 ▲ 按钮会变为 ▼ 按钮。单击 ▼ 按钮，可以将"泊坞窗"展开，同时 ▼ 按钮会变为 ▲ 按钮。

单击"窗口"→"泊坞窗"→"造形"命令，或者单击"排列"→"造形"→"造形"

命令，都可以调出"造形"泊坞窗，如图 6-2-26 所示。在"造形"泊坞窗内的下拉列表框内可以选择修正的类型。在"保留原件"选项组内有"来源对象"和"目标对象"两个复选框，如果选中"来源对象"复选框，则表示经修正后还保留"来源对象"图形；如果选中"目标对象"复选框，则表示经修正后还保留"目标对象"图形。

例如，绘制两个相互重叠一部分的图形，如图 6-2-55 所示。选中这两个部分重叠的图形，在"造形"泊坞窗中不选中两个复选框，在下拉列表框内选择"相交"选项，再单击"相交"按钮，将鼠标指针移到右边图形，当鼠标指针呈黑色箭头状时单击，即可将单击的目标对象的重叠部分剪裁出来，如图 6-2-55（a）所示；如果选中"来源对象"和"目标对象"这两个复选框，则单击右边图形后，不但裁剪出如图 6-2-55（a）所示的图形，同时还保留两个原图形（单击对象叫"目标对象"，其他的对象是"来源对象"），如图 6-2-55（b）所示。

如果单击的是左边图形，则左边的图形是目标对象，可将单击的目标对象的重叠部分剪裁出来，同时还保留两个原图形，如图 6-2-55（c）所示。

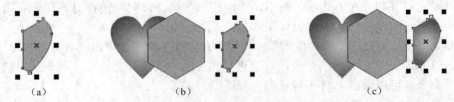

（a）　　　　　　　（b）　　　　　　　　　　（c）

图 6-2-55　对象的几种相交造形处理效果 1

如果只选中"来源对象"复选框，则单击"相交"按钮后，再单击右边的图形，效果如图 6-2-56（a）所示；如果只选中"目标对象"复选框，则单击"相交"按钮后，再单击右边的图形，效果如图 6-2-56（b）所示。

如果只选中"来源对象"复选框，则单击"相交"按钮后，再单击左边的图形，效果如图 6-2-56（c）所示；如果只选中"目标对象"复选框，则单击"相交"按钮后，再单击左边的图形，效果如图 6-2-56（d）所示。

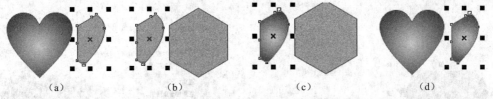

（a）　　　　　　　（b）　　　　　　　（c）　　　　　　　（d）

图 6-2-56　对象的几种相交造形处理效果 2

4.　"转换"泊坞窗

（1）单击"排列"→"转换"（或"变换"）或"窗口"→"泊坞窗"→"转换"（或"变换"）命令，都可以调出相同的"转换"（或"变换"）菜单，单击其内不同的命令，可以调出不同类型的"转换"泊坞窗。例如，单击"排列"→"转换"→"旋转"或"窗口"→"泊坞窗"→"转换"→"旋转"命令，可以调出"转换"（旋转）泊坞窗，如图 6-2-34 所示。再例如，单击"转换"菜单内的"位置"命令，可以调出"转换"（位置）泊坞窗，如图 6-2-57 第一幅图所示。

（2）单击"转换"泊坞窗内的 5 个按钮中的其他按钮，可以使"转换"类型改变，"转换"泊坞窗也会随之发生改变。5 个按钮的作用从左到右分别为"位置"、"旋转"、"比例"（缩放和镜像）、"大小"和"倾斜"对象。其他类型的"转换"泊坞窗如图 6-2-57 所示。

  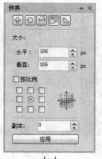 

位置　　　　　比例（缩放和镜像）　　　　大小　　　　　　倾斜

图 6-2-57　"转换"泊坞窗

（3）当"副本"数值框内的数值为 0 时，单击"应用"按钮，可以转换选中的对象，原对象消失；当"副本"数值框内为非零的正整数时，单击"应用"按钮，可以将选中的对象复制"副本"数值框内给出的份数并将复制的对象进行转换。

（4）"转换"（位置）泊坞窗：其内有一个"相对位置"复选框，选中它时，"水平"和"垂直"文本框内的数值是指变换对象相对于原对象的位置；取消选中它时，"水平"和"垂直"文本框内的数值是指变换对象的绝对坐标值。区域有 9 个选项，用来设置对象变换时的参考点，以该点为参考点，以"水平"和"垂直"文本框内的数值为依据来变换对象。

（5）"转换"（旋转）泊坞窗："水平"和"垂直"文本框内的数值是指旋转中心的坐标位置，区域有 9 个选项，用来确定旋转中心的位置，选中"相对中心"复选框时，"水平"和"垂直"文本框内的数值是指旋转中心点相对于原对象的中心点数值；取消选中"相对中心"复选框时，"水平"和"垂直"文本框内的数值是指旋转中心点相对于原点的绝对坐标值。

（6）"转换"（比例或缩放和镜像）泊坞窗：单击"水平镜像"按钮，可以以选中对象的参考点为中心点产生一个水平镜像的对象；单击"垂直镜像"按钮，可以以参考点为中心点产生一个垂直镜像的对象。区域有 9 个选项，用来设置对象变换时的参考点，以该点为参考点，以"水平"和"垂直"文本框中的数值为依据来变换对象。

选中"按比例"复选框，可以产生按比例变化的对象；取消选中"按比例"复选框，"水平"和"垂直"文本框内的数值等量同步变化，可以产生不按比例变化的对象。"水平"和"垂直"文本框内的数值用来控制变换后的对象与原对象的百分比。

（7）"转换"（大小）泊坞窗："按比例"复选框的作用与前面所述一样。"水平"和"垂直"文本框内的数值用来控制变换后对象的宽和高的数值。

（8）"转换"（倾斜）泊坞窗：选中"使用锚点"复选框，则区域内 9 个选项有效，用来确定锚点的位置，变换的对象以锚点为倾斜的参考点；取消选中"使用锚点"复选框，则区域内 9 个选项无效，变换的对象以原对象的中心点为倾斜的参考点。

思考与练习 6-2

1．绘制一幅"学贵心悟"图形，如图 6-2-58 所示。

2．采用两种方法制作一幅"图像文字"图形，如图 6-2-59 所示。该图形给出了一个用图像填充的 Snoopy 文字标题，背景是温馨的粉色。

3．绘制一幅"甜蜜蜜"图形，如图 6-2-60 所示。

4．参考本案例中的制作方法，制作一幅"北京旅游"宣传画图形。

图 6-2-58 "学贵心悟"图形　　　图 6-2-59 "图像文字"图形　　图 6-2-60 "甜蜜蜜"图形

5. 制作一幅"保护家园"图形，如图 6-2-61 所示。
6. 制作一幅"宝宝醒了"图形，如图 6-2-62 所示。

图 6-2-61 "保护家园"图形　　　　　　图 6-2-62 "宝宝醒了"图形

6.3 【案例 22】彩球和小伞

【案例效果】

"彩球小伞"图形如图 6-3-1 所示。可以看到，背景是金光四射的图形，其左上和右下各是一幅蓝色小雨伞图形，右上和左下各是一幅红色小雨伞图形，中间是一幅红绿相间的彩球图形，彩球图形上边是呈弯曲状的图像文字"彩球小伞"。

图 6-3-1 "彩球和小伞"图形

通过制作该实例，可以进一步掌握对象组合、前后顺序调整、合并调整，使用"渐变填充"工具的方法等，掌握"转换"泊坞窗和"造形"泊坞窗的使用方法，多重对象的修整方法，"自由转换"工具的使用方法等。

【操作步骤】

1. 绘制背景图形

（1）新建一个文档，设置绘图页面的宽度为 300mm，高度为 300mm，背景色为黄色。

（2）单击工具箱内的"矩形工具"按钮□，在绘图页面外拖动，绘制一幅宽度和高度均为 300mm 的矩形图形。然后选中该矩形图形。

（3）单击工具箱中填充展开工具栏内的"渐变填充"按钮■，调出"渐变填充"对话框。在其内的"类型"下拉列表框中选中"辐射"选项，选中"双色"单选按钮，单击"从"按钮，调出它的调色板，单击其内的"浅橘红"色块，设置"从"的颜色为浅橘红色，再设置"到"的颜色为白色，如图 6-3-2 所示。单击"确定"按钮，对矩形图形进行渐变填充。将该图形复制一份，移到绘图页面内，刚好将整个绘图页面完全覆盖，如图 6-3-3 所示。

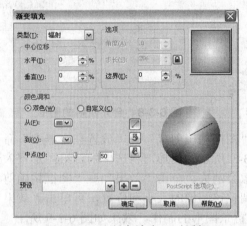

图 6-3-2 "渐变填充"对话框

图 6-3-3 填充矩形图形

（4）绘制一幅矩形，如图 6-3-4 左图所示。调出"渐变填充"对话框，设置类型为"线性"，角度为 180，边界为 0，选中"自定义"单选按钮，单击预览区域上边中间处，使该处出现一个▼标记。选中预览区域左上角的▫标记，在右边的调色板内单击金黄色色块，设置起始颜色为金黄色。按照相同的方法设置金黄色到黄色，再到金黄色的线性渐变色，如图 6-3-5 所示，单击"确定"按钮填充矩形，再取消轮廓线，效果如图 6-3-4 右图所示。

（5）选中填充渐变后的矩形单击"排列"→"转换"→"旋转"命令，调出"转换"（旋转）泊坞窗。在"角度"数值框内输入–90°，选中"相对中心"复选框，现，再选中下边一行中间的复选框，在"副本"数值框内输入 0，如图 6-3-6 左图所示。单击"应用"按钮，可以将选中的矩形图形以底部为中心，顺时针旋转 90°，使矩形图形水平放置。

（6）在该泊坞窗中重新设置"角度"为 5（180/5=36），选中左边一列中间的复选框，在"副本"数值框内输入 36（表示复制 36 个图形副本），如图 6-3-6 右图所示。

单击"应用"按钮，可以将选中的矩形图形以左边中心点为中心，逆时针旋转 5°，同时复制一份图形，一共复制 36 个，效果如图 6-3-7 所示。然后使用工具箱中的"选择工具"▯将它们都选中，再组成群组，并选中该群组。

（7）使用工具箱中得的"选择工具"▯选中该群组图形，按【Ctrl+D】组合键复制一份，再单击其"群组"属性栏内的"垂直镜像"按钮，使选中的图形垂直颠倒。然后将该图形移到原图形的下边，合并成一幅金光四射的图形。再将它们组成一个群组，效果如图 6-3-8 所示。

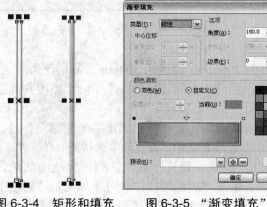
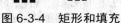
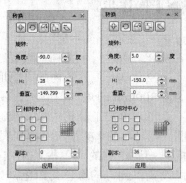

图 6-3-4　矩形和填充	图 6-3-5　"渐变填充"对话框	图 6-3-6　"转换"泊坞窗

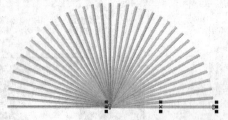
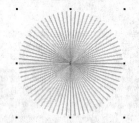

图 6-3-7　37 个角度相差 5°的矩形	图 6-3-8　金光四射的图形

（8）选中该群组图形，单击"效果"→"图框精确剪裁"→"放置在容器中"命令，这时鼠标指针呈黑色大箭头状，单击如图 6-3-3 所示的图形，将选中的群组图形置入到矩形图形内，同时绘图页面外部导入的风景图像会消失。单击"效果"→"图框精确剪裁"→"编辑内容"命令，显示出镶嵌的图形。调整该图像的大小和位置，再单击"效果"→"图框精确剪裁"→"结束编辑"命令，完成背景图形的制作，效果如图 6-3-9 所示。

（9）选中如图 6-3-3 所示的矩形图形，单击工具箱中交互式展开工具栏中的"透明度"按钮 ，在矩形图形中从中间向右边拖动，松开鼠标后，即可产生从中间向右边逐渐透明的效果。

（10）在其"交互式渐变透明"属性栏内的"透明度类型"下拉列表框内选择"辐射"选项，再拖动调色板内的浅灰色色块到中间的控制柄 之上，拖动调色板内的深灰色色块到右边的控制柄 之上，如图 6-3-10 所示。

将图 6-3-9 中的矩形图形移到如图 6-3-10 所示的图形之上，并将它的顺序调整到如图 6-3-10 所示的图形下边，效果如图 6-3-11 所示。

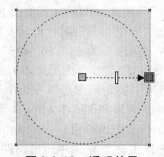

图 6-3-9　填充矩形	图 6-3-10　透明效果	图 6-3-11　2 幅图像的重叠效果

2．制作图像文字

（1）输入字体为隶书、字号为 60pt、颜色为黑色的"彩球"和"小伞"美术字；然后导入 2 幅鲜花图像，调整它们的大小，如图 6-3-12 所示。

（2）将"彩球"文字移到第 1 幅鲜花图像之上，选中文字，如图 6-3-13 所示。

（3）单击"窗口"→"泊坞窗"→"造形"命令，调出"造形"泊坞窗。在下拉列表框中选中"相交"选项，取消选中"保留对象"选项组内的 2 个复选框，如图 6-3-14 所示。

图 6-3-12　2 幅鲜花图像　　　　图 6-3-13　选中文字　图 6-3-14"造形"泊坞窗

（4）单击"造形"（相交）泊坞窗内的"相交"按钮，鼠标指针呈 状，单击图像即可获得图像文字，如图 6-3-15 所示。

（5）按照上述方法再制作"小伞"图像文字，如图 6-3-16 所示，然后将两幅图像文字移到绘图页面内相应的位置。

图 6-3-15　"彩球"图像文字　　　　　图 6-3-16　"小伞"图像文字

3．绘制红绿彩球

（1）选择工具箱中的"椭圆工具" ，按住【Ctrl】键的同时在绘图页面外拖动，绘制一个圆形图形。单击"排列"→"转换"→"大小"命令，或者单击"窗口"→"泊坞窗"→"转换"→"大小"命令，调出"转换"（大小）泊坞窗，如图 6-3-17 所示。在该泊坞窗内的"大小"选项组中设置水平与垂直数值均为 100mm，单击"应用"按钮。

（2）选中刚刚绘制的圆形图形，按【Ctrl+D】组合键将其复制一份，移到绘图页面外，以备后用。然后，单击"视图"→"辅助线"命令，从左标尺处向右拖动，产生一条垂直的辅助线，将辅助线移到与椭圆垂直直径相同的位置。

（3）选中绘制的圆形图形，将复制的圆形移到其垂直直径与辅助线重合的位置。在泊坞窗内取消选中"按比例"复选框，在"大小"选项组中设置"水平"数值为 70，在"副本"数值框内输入 1，单击"应用"按钮，复制一个水平半径变为圆半径的 70% 的同心椭圆，如图 6-3-18（a）所示。

（4）选中绘制的圆形图形，将"转换"（大小）泊坞窗中"大小"选项组中的"水平"数值改为 35，单击"应用"按钮，再复制一个水平半径变为圆半径的 35% 的同心椭圆，如图 6-3-18（b）所示。

（5）选中绘制的圆形图形，将"转换"（大小）泊坞窗中"大小"选项组中的"垂直"数值改为 70，单击"应用"按钮，再复制一个垂直半径变为圆半径的 70% 的同心椭圆；再将"转换"（大小）泊坞窗中"大小"选项组中的"垂直"数值改为 35，单击"应用"按钮，再复制一个垂直半径变为圆半径的 35% 的同心椭圆。最后效果如图 6-3-18（c）所示。

图 6-3-17　"转换"泊坞窗

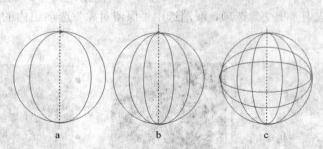

图 6-3-18　同心椭圆

（6）选中全部椭圆，单击"排列"→"合并"命令，将它们合并成一个对象。再将其填充成红色，右击调色板内的⊠按钮，取消轮廓线，效果如图 6-3-19 所示。

（7）选中前面复制的圆形图形。单击工具箱中填充展开工具栏内的"渐变填充"按钮■，调出"渐变填充"对话框。在"类型"下拉列表框中选中"辐射"选项，选中"双色"单选按钮，设置"从"颜色为绿色，"到"颜色为白色，设置中间点值为 50，在"中心位移"选项组中设置"水平"偏移值为–21，"垂直"偏移值为 21，如图 6-3-20 所示。单击"确定"按钮，绘制一个绿色彩球，再取消它的轮廓线，如图 6-3-21 所示。

（8）将绿色彩球移到红色彩球之上，与红色彩球重合，单击"排列"→"顺序"→"到页面后面"命令。再使用工具箱中的"选择工具" 将彩球移到绘图页面的中间，效果如图 6-3-1 所示。

图 6-3-19　填充红色

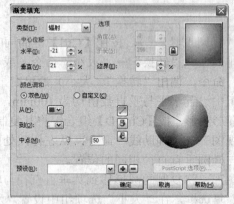

图 6-3-20　"渐变填充"对话框

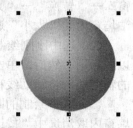

图 6-3-21　绿色彩球

4. 绘制小伞图形

（1）使用工具箱中的"椭圆工具" ○绘制 4 个椭圆轮廓线图形，先绘制最大的椭圆轮廓线图形，再绘制其他的椭圆轮廓线图形，最大的椭圆图形在最后面，如图 6-3-22 所示。

（2）使用工具箱中的"选择工具" 同时选中 4 个椭圆图形，单击"排列"→"造形"→"移除前面对象"命令，用后面的椭圆图形减去前面的椭圆图形，如图 6-3-23 所示。

（3）选中造形后的图形，单击"排列"→"拆分曲线"命令，将其拆分为 2 个图形。再选中下半部分无用的图形，按【Delete】键，将其删除。使用工具箱中的"形状"工具 分别将图形两侧的节点向外移动一些，形成伞形图形，如图 6-3-24 所示。

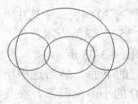 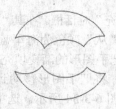 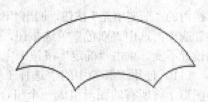

图 6-3-22　4 个椭圆　图 6-3-23　"移除前面对象"命令效果　图 6-3-24　拆分后剩余的图形

（4）单击工具箱中填充展开工具栏内的"渐变填充"按钮，调出"渐变填充"对话框，如图 6-3-25 所示。在"类型"下拉列表框内选择"辐射"选项，在"水平"和"垂直"数值框内分别输入 37 和–37，在"边界"数值框内输入 0；选中"双色"单选按钮，单击"从"按钮，调出它的颜色面板，如图 6-3-26 所示。单击颜色面板内的天蓝色，设置"从"颜色为天蓝色；接着设置"到"颜色为白色，其他设置如图 6-3-25 所示。然后单击"确定"按钮，完成对图形的渐变填充，形成小伞图形，如图 6-3-27 所示。

（5）使用工具箱中的"贝塞尔工具" 在小伞的中间绘制一个弧度三角形图形，为其填充灰白色，形成小伞图形的一个面，如图 6-3-28 所示。

（6）使用工具箱中的"椭圆工具" 绘制一个小椭圆形图形，填充天蓝色，设置轮廓线为黑色，如图 6-3-29 所示。使用工具箱中的"选择工具" 选中小椭圆形图形，3 次按【Ctrl+D】组合键，复制 3 个小椭圆形图形。

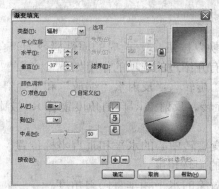
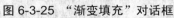

图 6-3-25　"渐变填充"对话框　　图 6-3-26　颜色面板　图 6-3-27　对图形的渐变填充

（7）分别调整 4 个小椭圆形图形的旋转角度，形成 4 个伞骨，使用工具箱中的"选择工具" 将这 4 个伞骨图形移到伞面下边的 4 个尖端部位，如图 6-3-30 所示。

（8）使用工具箱中的"钢笔工具" 绘制 2 个封闭的图形，为其填充海军蓝色，构成伞把的 2 个部件，如图 6-3-31 所示。使用工具箱中的"选择工具" 将 2 个部件分别移到伞的顶部，作为伞把顶部的图形，如图 6-3-32 所示。

图 6-3-28　弧度三角形　图 6-3-29　伞骨　图 6-3-30　伞骨和伞把顶部　图 6-3-31　2 个部件

（9）使用"矩形工具" 绘制 1 个矩形图形，为其填充海军蓝色。单击"排列"→"顺序"→"到图层后边"命令，将其置于小伞图形的后面，作为伞把，如图 6-3-32 所示。

（10）使用工具箱中的"贝塞尔工具" 绘制 1 个封闭的把手图形，单击填充展开工具栏内的"渐变填充"按钮，调出"渐变填充"对话框。在其"类型"下拉列表框中选中"线性"选项；选中"双色"单选按钮，设置"从"颜色为海军蓝色，"到"颜色为冰蓝色，其他设置不变。单击"确定"按钮，完成对把手图形的渐变填充，如图 6-3-33 所示。

（11）使用工具箱中的"选择工具" ![] 将把手图形移动到伞把的下面，然后选中所有的图形，将所有的图形组成一个组合，如图 6-3-34 所示。选中组合的小雨伞图形，在其属性栏中设置"旋转角度"为 330°，完成旋转后的小雨伞图形如图 6-3-35 所示。

图 6-3-32　伞把　　　　图 6-3-33　把手填充　　　图 6-3-34　小雨伞　　　图 6-3-35　旋转小雨伞

（12）将小雨伞图形复制 2 份，将它们分别移到彩球图形的右上方和右下方，再将这 2 幅小雨伞图形旋转不同的角度。选中右边的小雨伞图形，单击"排列"→"取消组合"命令，将小雨伞图形取消群组，调整其颜色为紫色。再将该小雨伞图形组成群组。最后，将紫色小雨伞图形复制 1 份，移到彩球图形的左下方，再将该小雨伞图形旋转一定的角度。

【相关知识】

1．自由变换工具简介

单击工具箱中形状编辑展开工具栏中的"自由变换"按钮 ![]，此时的属性栏变为"自由变换工具"属性栏，如图 6-3-36 所示。其内一些没有介绍过的选项的作用如下。

（1）4 个按钮：用来选择自由变换的类型。单击"旋转"、"反射"、"缩放"和"倾斜"按钮中的一个，即可对选中的图形对象进行相应的旋转、反射（即自由角度镜像）、按比例调节（即缩放）和扭曲（即倾斜）调整。

（2）"旋转中心的位置" ![] 和 ![] 文本框：用来改变旋转中心的水平和垂直坐标位置。

（3）"旋转角度" ![] 文本框：用来调节选中对象的旋转角度。

（4）"倾斜角度" ![] 和 ![] 文本框：用来改变选中对象的水平和垂直倾斜角度。

（5）"应用到再制"按钮：用来控制是否应用于复制对象。当该按钮呈按下状态时，表示在对图形对象做变形操作时，是将原图形对象复制后，再对图形副本做变形操作，而不改变原图形的位置和形状；当该按钮呈抬起状态时，表示在对图形做变形操作时，只是对原图形进行变形操作。

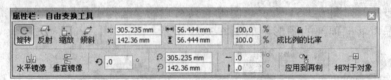

图 6-3-36　"自由变换工具"属性栏

（6）"相对于对象"按钮：它的作用是改变选中的图形对象的坐标原点。当该按钮呈按下状态时，其坐标原点位置是相对于图形对象中心的位置；当该按钮呈抬起状态时，其坐标原点位置是标尺坐标的实际位置。

2．自由变换调整

（1）缩放：缩放也叫自由缩放，可以使对象在水平及垂直方向上做任意的延展和收缩。

使用"选择工具"选中对象，选择"自由变换"工具，单击其"自由变换工具"属性栏中的"缩放"按钮，在绘图页面内任意处单击并拖动，对象的轮廓会随着鼠标的移动而缩放，如图 6-3-37 所示。松开鼠标左键后，对象即按照轮廓线的变化而改变。

在拖动时对象以单击点为基点进行缩放，向上拖动可以在垂直方向放大对象，向下拖动可以在垂直方向缩小对象，当向下拖动使对象缩小过零以后，可使对象产生垂直镜像，并放大镜像的对象。向右拖动可以在水平方向放大对象，向左拖动可以在水平方向缩小对象，当向左拖动使对象缩小过零以后，即可使对象产生水平镜像，并放大镜像的对象。

（2）旋转：可以使对象围绕着任意的轴心进行任意角度的旋转。使用"选择工具"选中对象，选择"自由变换"工具，单击其"自由变换工具"属性栏中的"旋转"按钮，在"旋转中心的位置"文本框中设置旋转中心的坐标位置。然后，在绘图页面内任意处单击并拖动，屏幕上会产生一条以单击处为原点的辐射虚线，如图 6-3-38 所示。辐射虚线和对象的轮廓会以辐射虚线的原点为圆心而旋转，松开鼠标左键，旋转操作结束。

（3）倾斜：使用"选择工具"选中对象，选择"自由变换"工具，单击其"自由变换工具"属性栏中的"倾斜"按钮，在绘图页面内任意处拖动，拖动时对象的轮廓会随着拖动而改变，其中的一幅画面如图 6-3-39 所示。

（4）反射：它也叫"自由角度反射"或"镜像"，可以使对象在镜像后围绕着任意的轴心进行任意角度的旋转。使用"选择工具"选中对象，选择"自由变换"工具，单击其"自由变换工具"属性栏内的"反射"按钮，然后在绘图页面内任意处单击并拖动，会产生一条以单击处为原点的直线，并产生以直线为镜面的镜像对象的轮廓，拖动时直线及对象的轮廓会以直线的原点为圆心而旋转，如图 6-3-40 所示。

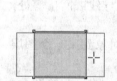 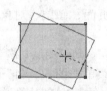 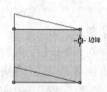 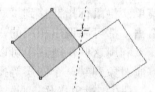

图 6-3-37　缩放效果　　图 6-3-38　旋转效果　　图 6-3-39　倾斜效果　　图 6-3-40　反射效果

3．对象管理器

"对象管理器"是以分层结构的形式显示当前文档的页面情况，以及各页面内的对象、图层和各个对象的特点（填充颜色、轮廓颜色、形状、排列顺序等）。

（1）调出对象管理器：打开一幅图形，例如，打开本案例中制作的图形，再单击"工具"→"对象管理器"命令，或者单击"窗口"→"泊坞窗"→"对象管理器"命令，调出"对象管理器"泊坞窗，如图 6-3-41 左图所示。

（2）"显示对象属性"按钮：单击该按钮（这种状态是默认状态），可以在对象的右边显示各个对象的填充与轮廓等属性，如图 6-3-41 左图所示。该按钮处于抬起状态时，不显示各个对象的填充与轮廓等属性，如图 6-3-41 中图所示。

（3）"跨图层编辑"按钮：它处于按下状态时，允许编辑跨越图层中的对象；它处于抬起状态时，不允许编辑跨越图层中的对象。

（4）"图层管理器视图"按钮：它处于按下状态时，即可进入"图层管理器视图"状态，"对象管理器"泊坞窗如图 6-3-41 右图所示。此时，可以对桌面、图层、辅助线和网格进行显示或不显示等操作。例如，单击图标将它隐藏，即可将相应的内容隐藏；再单击此处，可使隐藏的内容显示出来。

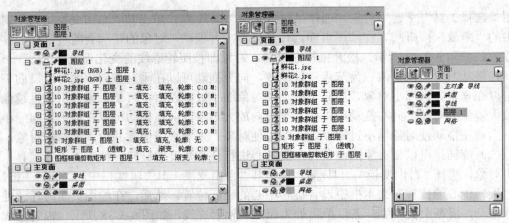

图 6-3-41 "对象管理器"泊坞窗

（5）"新建图层"按钮：单击它，可以增加一个新图层，如图 6-3-42 所示。

（6）"新建主图层"按钮：单击它，可以增加一个新的主图层。

（7）"删除"按钮：选中"对象管理器"内的图层或对象后，单击该按钮可以删除选中的内容。

（8）"对象管理器"泊坞窗的快捷菜单：单击工具栏右边的按钮，或者将鼠标指针移到"对象管理器"泊坞窗内，并右击，都可以调出"对象管理器"泊坞窗的快捷菜单，如图 6-3-43 所示。利用该快捷菜单可以对图层和对象进行相应的操作。

（9）"对象管理器"泊坞窗内的页面、图层、对象、导线（即辅助线）和网格的快捷菜单：将鼠标指针移到"对象管理器"泊坞窗内的页面、图层、对象、导线或网格等处，右击，都可以调出相应的快捷菜单。

利用这些快捷菜单可以有针对性地进行新增图层、删除图层、移动对象到某一个图层、复制对象到某一个图层等操作。例如，图层的快捷菜单如图 6-3-44 所示。

（10）对象操作：单击"对象管理器"泊坞窗内的某一个对象说明，即可在绘图页面内选中该对象；按住【Shift】键的同时单击多个对象说明，即可在绘图页面内选中这些对象。然后，可以对选中的对象进行操作。

图 6-3-42 增加新图层　　图 6-3-43 泊坞窗快捷菜单　　图 6-3-44 图层快捷菜单

思考与练习6-3

1．绘制 2 幅"桌布花纹"图形，如图 6-3-45 所示。

2．绘制"花纹图案"图形中的 2 幅"花纹图案"图形，如图 6-3-46 所示。

3．绘制一幅"钥匙"图形，如图 6-3-47 所示。

图 6-3-45 "桌布花纹"图形

图 6-3-46 "花纹图案"图形

图 6-3-47 "钥匙"图形

6.4 【案例 23】奥运风采

【案例效果】

"奥运风采"图形如图 6-4-1 所示。它展示了一幅奥运五环图形,奥运五环标志图形由蓝、黄、黑、绿和红五种不同颜色的圆环套在一起,它象征着奥运会的团结友谊。两幅体育图像镶嵌在不同的轮廓为绿色的圆形图形内,绿色的圆形图形又置于圆形花边图形当中。奥运五环图形的右边有字体为隶书,颜色为红、绿、黄三色的"奥运风采"文字。

图 6-4-1 "奥运风采"图形

通过本案例的学习,可以进一步掌握"交互式轮廓图"工具的使用方法,多个对象的结合,"造形"和"转换"泊坞窗的使用方法,图框精确剪裁的方法,切割对象和擦除图形的方法,使用涂抹笔刷工具和粗糙笔刷工具加工图形的方法等。

【操作步骤】

1. 绘制圆环图形

（1）新建一个文档，设置绘图页面的宽度为 240mm，高度为 180mm。

（2）使用工具箱中的"椭圆工具" 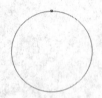 在绘图页面内绘制一幅圆形图形，如图 6-4-2 所示。单击工具箱中交互式展开工具栏内的"轮廓图"按钮，拖动圆形图形，拉出一个向内的箭头，如图 6-4-3 所示。

（3）在其"交互式轮廓线工具"属性栏内设置"轮廓图步长"值为 1，表示只建立 1 层轮廓图。"轮廓图偏移"为 3.5mm，表示轮廓图与原图的距离为 7mm，如图 6-4-4 所示。这时原来的圆形图形内部出现了一个圆环图形，如图 6-4-3 所示。

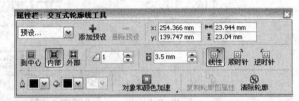

图 6-4-2　圆形图形　　　图 6-4-3　轮廓对象　　　图 6-4-4　"交互式轮廓线工具"属性栏

（4）使用"选择工具"  选中所绘对象，单击"排列"→"拆分轮廓图群组"命令，将所选对象拆分，形成内外两个单独的圆形。同时选中这两个圆形，单击"排列"→"合并"命令，将所选对象合并，组成一个圆环图形。设置填充色为天蓝色，无轮廓线，如图 6-4-5 所示。

（5）选中蓝色圆环图形，按【Ctrl+D】组合键，复制一份蓝色圆环图形，并选中该图形，再将它的填充色设置为黑色。然后，将黑色圆环图形移到蓝色圆环图形的右边。

（6）按照上述方法，再制作一个红色圆环图形、一个黄色圆环图形和一个绿色圆环图形，并将它们移到适当的位置，如图 6-4-6 所示。

（7）选中黄色圆环图形，单击"排列"→"顺序"→"置于此对象后"命令，再将黑色箭头状鼠标指针移到黑色圆环图形之上，单击黑色圆环图形，即可将黄色圆环图形置于黑色圆环图形的后边。

按照上述方法调整绿色圆环图形到红色圆环图形的后边，效果如图 6-4-7 所示。

图 6-4-5　蓝色圆环　　　图 6-4-6　5 个圆环图形　　　图 6-4-7　调整前后顺序

2. 切割图形

可以看到，黄色圆环图形在蓝色圆环图形的上边，在黑色圆环图形的下边，绿色圆环图形在黑色圆环图形的上边，在红色圆环图形的下边。下面的操作是将黄色圆环图形与蓝色圆环图形上边相交处的黄色圆环图形裁剪掉，显示出上边的蓝色圆环图形，从而形成黄色圆环图形与蓝色圆环图形的相互圈套。

（1）单击"窗口"→"泊坞窗"→"造形"命令，调出"造形"（相交）泊坞窗。选中其内的"来源对象"和"目标对象"

图 6-4-8　"造形"（相交）泊坞窗

两个复选框，如图 6-4-8 所示。

（2）使用工具箱中的"选择工具" ↳ 选中黄色圆环图形，再单击"造形"（相交）泊坞窗内的"相交"按钮，然后单击要切割的蓝色圆环图形，即可将蓝色圆环图形与黄色圆环图形相交处的两小块蓝色圆环图形的部分图形剪裁出来，如图 6-4-9 所示。注意，黄色圆环会整体自动移到蓝色圆环的上边。

（3）单击"排列"→"拆分曲线"命令，将两小块蓝色圆环图形的部分图形分离。

（4）单击非图形处，不选取两小块蓝色图形。再选中下边的一块蓝色图形，如图 6-4-10 所示。然后，按【Delete】键，删除选中的蓝色小块图形，即可获得蓝色圆环图形与黄色圆环图形相互圈套的效果，如图 6-4-11 所示。

（5）按照上述方法，将黄色圆环图形和黑色圆环图形形成圈套，将黑色圆环图形和绿色圆环图形形成圈套，将红色圆环图形和绿色圆环图形形成圈套。最终效果如图 6-4-1 所示。

（6）选中五种不同颜色的圆环圈套图形，单击"排列"→"群组"命令，将选中的所有图形组成一个群组，形成奥运五环标志图形。

图 6-4-9　图形剪裁出来　　　图 6-4-10　选中一块蓝色图形　　图 6-4-11　圆环图形相互圈套

3. 制作镶嵌图像和双色文字

（1）绘制一幅宽和高均为 60mm 的圆形图形，设置它的轮廓线颜色为绿色，在"椭圆形"属性栏内的"轮廓宽度"下拉列表框内设置它的轮廓线宽 1.0mm。复制 1 份，再导入 2 幅运动图像。然后，按照前面介绍的方法将 2 幅图像分别镶嵌到 2 个圆形图形内。

（2）使用工具箱中的"文本工具" 字，在绘图页面中输入字体为隶书、字大小为 75pt 的"奥运"和"风采"两组美工字，分为两行排列，如图 6-4-12 所示。

（3）绘制一个矩形，将它放置在"奥"美术字的左半边，如图 6-4-13 所示。单击"窗口"→"泊坞窗"→"造形"命令，调出"造形"泊坞窗，在下拉列表框内选择"相交"选项，只选中"目标对象"复选框，如图 6-4-14 所示。

（4）单击"造形"泊坞窗内的"相交对象"按钮，再将鼠标指针移到"奥"美术字上并单击，再单击调色板内的红色色块，使"奥"字的左半边为红色。

按照上述方法，再将"风"美工字左半边的颜色改为红色，如图 6-4-15 所示。

图 6-4-12　输入文字　　图 6-4-13　左侧矩形　图 6-4-14　"造形"泊坞窗　图 6-4-15　修整文字

（5）绘制一个矩形，将它放置在"运"美术字的右半边，如图 6-4-16 所示。单击"造形"泊坞窗内的"相交"按钮，将鼠标指针移到"运"字上单击。再单击调色板内的黄色色块，使"运"字的右半边为黄色，如图 6-4-17 所示。

按照上述方法，再将"采"艺术字右半边的颜色改为黄色，如图 6-4-17 所示。

（6）使用工具箱中的"选择工具" 拖出一个矩形，选中"奥运风采"美术字，单击"排列"→"群组"命令，将它们组合成一个群组。然后将该群组移到绘图页面的右上角，如图 6-4-1 所示。

4．绘制 24 个同心的图形

（1）将绘图页面设置为宽 260mm，高 80mm。绘制一个矩形，选中该矩形，再单击工具箱中的"形状工具"按钮，此时矩形如图 6-4-18 左图所示。

（2）用鼠标向内拖动其中一个黑色实心控制柄，形成如图 6-4-18 中图所示的图形。使用工具箱中的"选择工具" 选中它，将它水平调窄，如图 6-4-18 右图所示。

  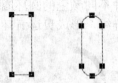

图 6-4-16　右侧矩形　　　图 6-4-17　修整文字　　　　图 6-4-18　矩形的调整

（3）单击工具箱中填充展开工具栏内的"渐变填充"按钮，调出"渐变填充"对话框。在"类型"下拉列表框中选中"圆锥"填充类型，在"颜色调和"选项组中选中"双色"单选按钮，在"自"颜色列表框中选择红色，在"到"颜色列表框中选择白色，并设置中点的值为 50，在"中心位移"选项组中设置"水平"偏移值为 0，"垂直"偏移值为 22，其他选项设置如图 6-4-19 所示。单击"确定"按钮，效果如图 6-4-20 所示。

（4）选中圆角矩形，取消轮廓线。单击"排列"→"转换"→"旋转"命令，调出"转换"泊坞窗。在该泊坞窗内的"角度"数值框中输入 15（即旋转 15°），在"相对中心"选项组内选中底下一行中间的复选框，在"副本"数值框内输入 23，如图 6-4-21 所示。

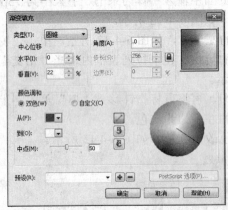  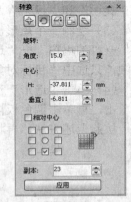

图 6-4-19　"渐变填充"对话框设置　　　图 6-4-20　填充效果　　图 6-4-21　"转换"泊坞窗

（5）单击"应用到再制"按钮，即可产生 24 个同心的图形，如图 6-4-22 所示，相邻的两个图形之间的角度为 15°。

5．生成几何对称图形

（1）使用工具箱中的"选择工具" 拖动选中 24 个同心的图形，然后单击其"多个对象"属性栏内的"结合"按钮 ▣，此时如图 6-4-22 所示的图形变为如图 6-4-23 所示的花边图形。

（2）使用工具箱中的"选择工具" ▶ 拖出一个矩形，选中花边图形，按【Ctrl+D】组合键复制一份图形，再将复制的图形缩小到原图的 1/3。

（3）选中复制的图形，再单击工具箱中填充展开工具栏内的"渐变填充"按钮 ▨，调出"渐变填充"对话框。利用它给复制的图形填充由白到蓝圆锥形渐变的颜色，再旋转约 180°，如图 6-4-24 所示。再将它拖动到大花边图形的中间，使两个花边图形的中心对齐，如图 6-4-25 所示。

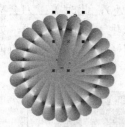   

图 6-4-22　24 个同心图形　图 6-4-23　花边图形　图 6-4-24　渐变填充　图 6-4-25　重叠放置

（4）单击交互式展开工具栏内的"调和"按钮 ▧，将其"交互式调和工具"属性栏内的调和步数设置为 12，再用鼠标从大花边图形拖动到小花边图形，如图 6-4-26 所示。

（5）单击其属性栏内的"逆时针"按钮，图形如图 6-4-26 所示。单击其属性栏内的"对象和颜色加速"按钮，调出它的面板，拖动该面板内的滑块，同时调整对象和颜色的加速值，如图 6-4-27 所示。此时可获得如图 6-4-28 所示的图形。

如果在制作如图 6-4-28 所示的花边图形时所用颜色是其他颜色，单击"交互式调和工具"属性栏内的"顺时针"按钮，则可以获得其他美丽的花边图形，请读者发挥想象力再制作 4 幅花边图形。

（6）使用工具箱中的"选择工具" ▶，将镶嵌有图像的 2 个圆形图形分别移到花边图形中心处，适当调整大小，移到绘图页面的下边。再将其他 3 幅花边图形调小，移到绘图页面内的其他位置。最后效果如图 6-4-1 所示。

 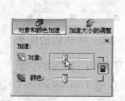 

图 6-4-26　交互式调和　图 6-4-27　调整对象和颜色的加速值　图 6-4-28　花边图形

【相关知识】

1. 切割对象

对于绘制好的一幅图形，可以使用工具箱中裁剪工具展开栏内的"刻刀"工具 ✎，将它切割成两个或多个部分。单击"刻刀"按钮后，其属性栏如图 6-4-29 所示。其中，"自动闭合"按钮按下时，表示将路径线切割断开，切割点间产生封闭的曲线；"自动闭合"

按钮抬起时，表示只将路径线切割断开，切割点间不产生封闭的曲线。

另外，"保留为一个"按钮抬起时，表示切割后的图形被分为两个图形，它们重新填充渐变颜色；"保留为一个"按钮按下时，表示切割后的图形填充不变。图形的切割方法如下。

（1）单击"刻刀工具"  ，调出相应的属性栏，单击属性栏中的"自动闭合"按钮，使"保留为一个"按钮呈抬起状态。

（2）将鼠标指针（美工刀状）移到图形的切割点处（例如，矩形上边线中点处），此时美工刀变为竖直状，单击，如图 6-4-30 所示。

（3）将鼠标指针移到另一个切割点处（例如，矩形下边线中点处），此时美工刀会立起来，再单击，会在两个切割点处产生两个节点，两个节点间会产生一条连接直线，如图 6-4-31 所示。如果属性栏中的"自动闭合"按钮呈抬起状态，则不会产生两个切割点间的连接直线。

图 6-4-29 "刻刀和橡皮擦工具"属性栏

图 6-4-30 开始切割

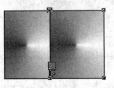
图 6-4-31 结束切割

另外，还可以从第 1 个切割点处拖动鼠标到第 2 个切割点处，拖动鼠标时会产生一条切割曲线，如图 6-4-32 所示。

（4）单击工具箱中的"选择工具" ，选中切割后的右边对象，然后把该对象向右移动一点，移动后的图形如图 6-4-33 所示。

2. 擦除图形

对于绘制好的一个图形，可以使用工具箱中的"橡皮擦"工具 将选中图形的一部分擦除，还可以通过擦除将原来的图形分成两个或多个部分。它的属性栏如图 6-4-34 所示。修改"橡皮擦厚度"数值框内的数据，可以改变橡皮擦的大小。图形的擦除方法如下。

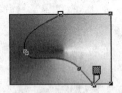
图 6-4-32 切割曲线

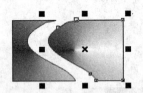
图 6-4-33 移动后的图形

图 6-4-34 属性栏

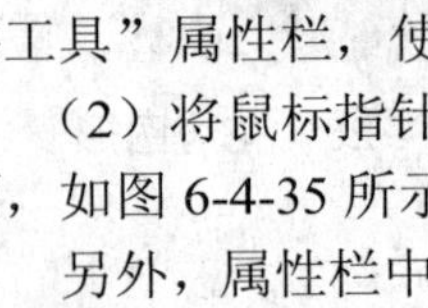

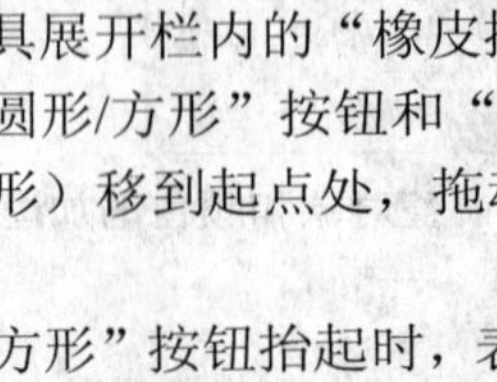

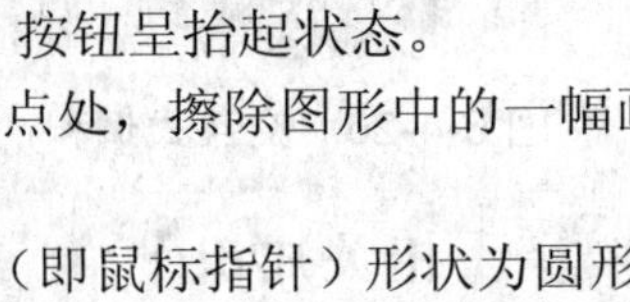

（1）单击工具箱中裁剪工具展开栏内的"橡皮擦"按钮 ，调出相应的"刻刀和橡皮擦工具"属性栏，使其内的"圆形/方形"按钮和"自动减少"按钮呈抬起状态。

（2）将鼠标指针（呈小圆形）移到起点处，拖动鼠标到终点处，擦除图形中的一幅画面，如图 6-4-35 所示。

另外，属性栏中的"圆形/方形"按钮抬起时，表示橡皮擦（即鼠标指针）形状为圆形；"圆形/方形"按钮按下时，表示橡皮擦形状为方形。"自动减少"按钮抬起时，表示橡皮擦擦除过的图形所产生的连接线上会有许多节点，如图 6-4-36 所示；"自动减少"按钮按下时，表示橡皮擦擦过的图形所产生的连接线上的节点会自动减少。

使用工具箱中的"形状工具" 选中橡皮擦擦除过的图形，即可显示出节点。

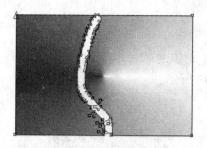
图 6-4-35　擦除图形

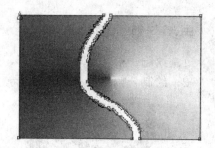
图 6-4-36　节点多一些

3．使用涂抹笔刷工具加工图形

将绘制好的图形对象用"涂抹笔刷"工具 ✐ 做涂抹处理后，可以使矢量图形对象沿其轮廓变形。"涂抹笔刷"工具 ✐ 只能应用于曲线对象。操作介绍如下。

（1）在绘图页面内绘制一个矩形图形，然后单击属性栏中的"转换为曲线"按钮或单击"排列"→"转换为曲线"命令，将矩形图形转换成曲线，如图 6-4-37 所示。

（2）单击工具箱中的"涂抹笔刷"按钮 ✐，在其属性栏中设置"笔尖大小"、"水份浓度"、"斜移"和"方位"等参数，如图 6-4-38 所示。

（3）在图形上进行涂抹处理。从图形对象内向图形对象外涂抹时，可以延展图形对象的轮廓；从图形对象外向图形对象内涂抹时，可以收缩图形对象的轮廓。涂抹后的图形对象如图 6-4-39 所示。

图 6-4-37　椭圆形曲线

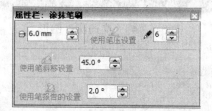
图 6-4-38　"涂抹笔刷"属性栏

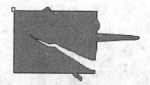
图 6-4-39　涂抹后的图形

4．使用粗糙笔刷工具加工图形

将绘制好的图形对象的轮廓用"粗糙笔刷"工具 ✐ 做粗糙处理后，可以使矢量图形对象光滑的轮廓变形为粗糙的轮廓。"粗糙笔刷"只能应用于曲线对象。操作简介如下。

（1）单击工具箱中的"多边形"工具按钮 ⬡，在绘图页面内绘制一个椭圆形图形，然后单击属性栏中的"转换为曲线"按钮，将椭圆形图形转换成曲线。

（2）单击工具箱中的"粗糙笔刷"工具 ✐，在其"粗糙笔刷"属性栏中设置"笔尖大小"、"尖突频率"、"水份浓度"和"斜移"等参数，如图 6-4-40 所示。

（3）然后，在图形的轮廓上拖动，即将图形对象的轮廓进行粗糙处理。粗糙处理后的图形对象如图 6-4-41 所示。

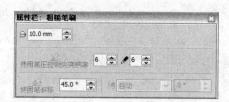
图 6-4-40　"粗糙笔刷"属性栏

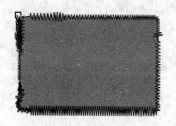
图 6-4-41　粗糙处理后的图形

思考与练习6-4

1. 绘制一幅"连环套"图形，图中两个七彩矩形环套在一起，如图 6-4-42 所示。
2. 绘制一幅"黑与白"图形，如图 6-4-43 所示。

图 6-4-42　"连环套"图形　　　　　　图 6-4-43　"黑与白"图形

3. 绘制一幅"交通图"图形，如图 6-4-44 所示。

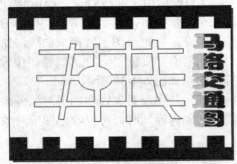

图 6-4-44　"交通图"图形

第7章　位图图像处理

本章通过 5 个案例，介绍了 CorelDRAW X5 对位图图像的加工处理方法。图像的加工处理包括亮度、对比度、色调、伽玛值等调整，位图的各种滤镜处理和各种色彩调整等。

7.1 【案例 24】林中佳人

【案例效果】

"林中佳人"图像如图 7-1-1 所示，它是将如图 7-1-2 所示的"佳人.jpg"图像和如图 7-1-4 所示的"蝴蝶.gif"图像文件中的 4 幅图像添加到如图 7-1-3 所示的"幽静小路.jpg"图像中，再将"佳人"图像中的白色背景和"蝴蝶"图像文件中 4 幅图像的白色背景隐藏，以及经过其他加工处理后形成的。通过制作该案例，可以进一步掌握导入图像的方法，位图颜色遮罩技术等。

图 7-1-1 "林中佳人"图像

图 7-1-2 "佳人"图像

图 7-1-3 "幽静小路.jpg"图像

图 7-1-4 "蝴蝶.gif"图像文件中的 4 幅图像

 【操作步骤】

1. 在风景图像之上添加佳人图像

（1）新建一个图形文档，设置绘图页面的宽为 150mm，高为 100mm，背景为白色。

（2）单击"文件"→"导入"命令，调出"导入"对话框。利用该对话框选择一幅名为"幽静小路.jpg"的图像，如图 7-1-3 所示。单击"导入"按钮，在绘图页面内拖出一个与绘图页面基本一样的矩形，导入选中的"幽静小路.jpg"图像。选择工具箱中的"选择工具" ，在其属性栏内调整"幽静小路"图像的大小和位置，使图像刚好将整个绘图页面覆盖。

（3）导入一幅"佳人.jpg"图像，如图 7-1-2 所示。将"佳人"图像移到"幽静小路"图像的中间，调整"佳人.jpg"图像的大小和位置，如图 7-1-5 所示。

（4）单击"位图"→"位图颜色遮罩"命令，调出"位图颜色遮罩"泊坞窗。选中"隐藏颜色"单选按钮，选中颜色列表框内第 1 个色条的复选框，拖动"容限"滑块，调整容差度为 20；单击"颜色选择"按钮 🖍，再单击"佳人.jpg"图像的背景，选定要隐藏的白色。此时的"位图颜色遮罩"泊坞窗如图 7-1-6 所示。

图 7-1-5　导入的"幽静小路"和"佳人"图像　　　　图 7-1-6　"位图颜色遮罩"泊坞窗

（5）单击该泊坞窗内的"应用"按钮，即可将"佳人"图像的背景隐藏，图像效果如图 7-1-7 所示。

2. 添加蝴蝶图像和制作立体文字

（1）单击"文件"→"导入"命令，调出"导入"对话框。利用该对话框选择一幅名为"蝴蝶.gif"的图像文件，该 GIF 格式的图像文件内有 4 幅画面，如图 7-1-4 所示。单击"导入"按钮，在绘图页面内 4 次拖出 4 幅"蝴蝶"图像。

（2）使用工具箱中的"选择工具" ▷ 调整导入的 4 幅"蝴蝶"图像的大小和位置。

（3）选中其中的第 1 幅"蝴蝶"图像，如图 7-1-8 所示。单击"位图"→"位图颜色遮罩"命令，调出"位图颜色遮罩"泊坞窗。选中"隐藏颜色"单选按钮，选中颜色列表框内第 1 个色条的复选框，拖动"容限"滑块，调整容差度为 20。

（4）单击"颜色选择"按钮 🖍，再单击"蝴蝶"图像的白色背景，选定要隐藏的颜色。单击该泊坞窗内的"应用"按钮，即可将"蝴蝶"图像的白色背景隐藏，如图 7-1-9 所示。

（5）按照上述方法，将其他 3 幅"蝴蝶"图像的白色背景隐藏。使用工具箱中的"选择工具" ▷ 调整这 4 幅"蝴蝶"图像的大小和位置，最后效果如图 7-1-1 所示。

图 7-1-7　隐藏"佳人"图像的白色背景　　　图 7-1-8　"蝴蝶"图像　　图 7-1-9　隐藏白色背景

【相关知识】

1. 位图颜色遮罩

选中一幅图像，单击"位图"→"位图颜色遮罩"命令，调出"位图颜色遮罩"泊坞窗。利用它可以将选中的位图内的几种颜色隐藏，或者只显示选中位图内的几种颜色。

（1）隐藏位图中的某几种颜色：选中"隐藏颜色"单选按钮，再按下述步骤操作。

◎ 在"位图颜色遮罩"泊坞窗内的颜色列表框内选中一个色条。

◎ 单击"颜色选择"按钮 ✎，将鼠标指针移到位图内的某处，单击选色。

也可以单击"编辑色彩"按钮 ▦，调出"选择颜色"对话框，利用它选择相应的色彩。

◎ 拖动"容限"滑块，调整容限度，颜色列表框内选中的色条右边会显示容限度数据。例如，选中图 7-1-5 中的"佳人"图像（背景颜色为白色），调出"位图颜色遮罩"泊坞窗，在颜色列表框内选中第 1 个色条，单击"颜色选择"按钮 ✎，再单击图像的绿色，调整容限度；"位图颜色遮罩"泊坞窗如图 7-1-6 所示。

◎ 在颜色列表框内选中另外一个色条，重复上述步骤，此处只选择一种颜色。

◎ 设置完后，单击"应用"按钮，隐藏选中的颜色，如图 7-1-7 所示。

（2）显示位图中的某几种颜色：选中"显示颜色"单选按钮，然后按上述步骤进行。设置完要显示的颜色后，单击"应用"按钮。

2. 描摹

描摹就是将位图转换成矢量图。选中绘图页面内的位图图像，单击"位图"命令，调出"位图"菜单，该菜单内第 4 栏中的 3 个命令可以用来将图像进行描摹。单击"位图"→"轮廓描摹"命令，调出"轮廓描摹"菜单，如图 7-1-10 所示。其内列出了能进行不同方式描摹的几个命令，单击其内的命令，可以进行相应方式的描摹操作。几种描摹方式简介如下。

（1）快速描摹：选中一幅位图图像（例如，如图 7-1-11 所示的图像），单击"位图"→"快速描摹"命令，将选中的位图矢量化，如图 7-1-12 所示。再单击"排列"→"取消全部群组"命令，将矢量图形群组全部取消，分离成多个独立的小矢量图形，如图 7-1-13 所示。

图 7-1-10 "位图"菜单   图 7-1-11 位图

图 7-1-12 快速描摹

图 7-1-13 取消群组

（2）其他描摹：单击"位图"→"轮廓描摹"→"技术图解"（或"线条画"）命令，都可以调出 PowerTRACE 对话框，如图 7-1-14 所示。在该对话框的"描摹类型"下拉列表框内可以选择"中心线"和"轮廓"两个选项，如果选中"中心线"选项，则下边的"描摹类型"下拉列表框内可以选择"技术图解"和"线条画"两个选项；如果选中"轮廓"选项，则下边的"描摹类型"下拉列表框内可以选择 6 个不同的选项，如图 7-1-15 所示。此处在"描摹类型"下拉列表框内选择的是"线条图"选项。

在"图像类型"下拉列表框中选择不同的图像类型选项，即选择转换后的矢量图类型，对话框中的各项参数不变。这与单击"轮廓描摹"菜单中不同的命令的效果一样。

在"预览"下拉列表框中有三个选项，选中"之前和之后"选项后，该对话框内左边显示框有上下两个，上边的是原图像，下边的是转换后的矢量图；选中"较大浏览"选项后，该对话框内只有一个显示框，用来显示转换后的矢量图；选中"线框叠加"选项后，该对话框内也只有一个显示框，用来显示转换后的矢量图的轮廓线。

单击 PowerTRACE 对话框上边的 按钮后，单击显示框内的图像，可以将其放大，右击显示框内的图像，可以将其缩小。单击 按钮后，单击显示框内的图像，可以将其缩小。

PowerTRACE 对话框内的右边各栏用来设置转换的矢量图形的细节、平滑程度、拐角平滑程度、颜色模式和颜色数量等。这些参数值越高，转换后的矢量图越好，但是转换的速度越慢，转换后的矢量图形文件的字节数越大。

图 7-1-14　PowerTRACE 对话框　　　　　　图 7-1-15　"描摹类型"下拉列表

在"选项"选项组内如果选中"删除原始图像"复选框，则转换后原图像会自动被删除。选中"移除背景"复选框后，转换的矢量图形的背景颜色会被移除，替代原背景的颜色可以指定或由 CorelDRAW X5 自动设置。在"描摹结果详细资料"选项组内会显示出转换后的矢量图形的曲线个数、节点个数和颜色数量等信息。

3. 位图颜色模式的转换

选中绘图页面内的位图，单击"位图"→"模式"命令，调出"模式"菜单，它列出了可以转换的模式。单击其中一个命令，即可进行相应的模式转换。举例如下。

（1）转换为黑白模式：单击"位图"→"模式"→"黑白（1 位）"命令后，调出"转换为 1 位"对话框。在"转换方法"下拉列表框内可以选择某种转换方式，转换方式不同，其对话框也会有一些变化。调整"强度"滑块或文本框中的数据，效果如图 7-1-16 所示。

对话框内的左图为原图，单击"预览"按钮，右图为转换后的图像。

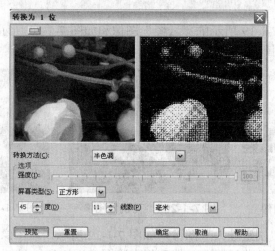

图 7-1-16 "转换为 1 位"对话框

（2）单击"模式"子菜单中的"灰度"、"Lab 颜色"或"CMYK 颜色"命令，可以直接转换为相应的模式。

（3）转换为双色模式：单击"位图"→"模式"→"双色"命令后，调出"双色调"对话框。在"类型"列表框内选择转换为几种墨水绘制的图像，其对话框会有变化。选中"全部显示"复选框后，在右边同时显示所有颜色的曲线。选中左边的一种颜色，在右边即可拖动调整相应的曲线，从而调整颜色的百分比，单击"预览"按钮可以在右边显示其效果，如图 7-1-17 所示。单击"保存"按钮，可以将调整好的墨水色调曲线保存在文件中。

（4）转换为调色板模式：单击"位图"→"模式"→"调色板色"命令，调出"转换至调色板色"对话框，如图 7-1-18 所示。在"调色板"下拉列表框内选择调色板的类型，在"递色处理的"下拉列表框内选择处理选项，调整平滑度大小和抵色强度等，单击"确定"按钮即可。

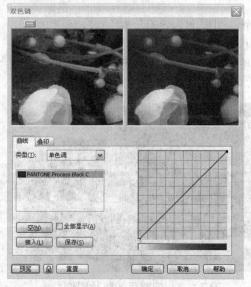

图 7-1-17 "双色调"对话框

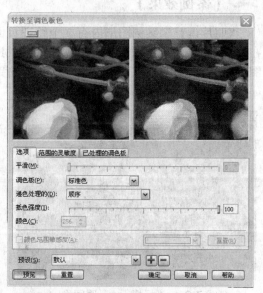

图 7-1-18 "转换至调色板色"对话框

思考与练习7-1

　　1．利用如图 7-1-19 所示的"云图"图像和如图 7-1-20 所示的"飞机"图像制作一幅"空中飞机"图像，如图 7-1-21 所示。

图 7-1-19　"云图"图像　　　　图 7-1-20　"飞机"图像　　　　图 7-1-21　"空中飞机"图像

　　2．制作一幅"别墅佳人"图像，如图 7-1-22 所示，该图像将如图 7-1-23 所示的"佳人"图像中的蓝色背景隐藏，然后将人物图像添加到如图 7-1-24 所示的"别墅"图像中。

图 7-1-22　"别墅佳人"图像　　　图 7-1-23　"佳人"图像　　　　图 7-1-24　"别墅"图像

7.2 【案例 25】照片调整

【案例效果】

　　"照片调整"案例图形内有 2 个绘图页面，2 个绘图页面内各有一幅经过调整的图像，在"页面 1"绘图页面内有一幅逆光拍摄的照片图像，几乎看不清楚，如图 7-2-1 所示。该图像经过"伽玛值"、"调和曲线"和"亮度/对比度/强度"调整后，还原真实场景，效果如图 7-2-2 所示。

图 7-2-1　"杨柳.jpg"原图像　　　　　　图 7-2-2　调整后的照片图像

在"页面 2"绘图页面内，将如图 7-2-3 所示的"晚秋.jpg"原图像（该图像是在晚秋时候拍摄的，树叶已经枯黄了）进行颜色替换调整后，黄色的树叶变绿，效果如图 7-2-4 所示。

在"效果"→"调整"菜单中共有 12 个命令，图像的调整主要是通过这 12 个命令来完成的，包括伽玛值、调和曲线、亮度、对比度、色度、饱和度等。

图 7-2-3　"晚秋.jpg"原图像

图 7-2-4　调整后的照片图像

 【操作步骤】

1. 逆光照片调整

（1）新建一个图形文档，设置绘图页面的宽为 150mm，高为 100mm，背景色为白色。

（2）单击"文件"→"导入"命令，调出"导入"对话框。利用该对话框选择一幅名为"杨柳.jpg"的图像，如图 7-2-1 所示。单击"导入"按钮，在绘图页面内拖动，导入选中的图像。

（3）使用工具箱中的"选择工具" 调整导入图像的大小和位置，使图像刚好将整个绘图页面覆盖。

（4）单击"效果"→"调整"→"伽玛值"命令，调出"伽玛值"对话框，如图 7-2-5 所示。该对话框的主要功能是用来调整图像对比度，伽玛值越大，图像对比度就越弱。调整伽玛值为 3.00，单击"预览"按钮，即可看到整个图像的对比度均减弱了。调整图像对比度不仅是调整明暗，整个图像的色调对比也减弱了，效果如图 7-2-6 所示。

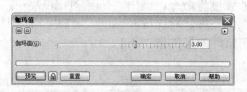

图 7-2-5　"伽玛值"对话框

图 7-2-6　调整后的图像

（5）单击"效果"→"调整"→"调和曲线"命令，调出"调和曲线"对话框。在"活动通道"下拉列表框内选中"绿"选项，这时该对话框内左边出现一条绿色曲线，单击"自动平衡色调"按钮，自动调节绿色曲线，如图 7-2-7 所示。

（6）在"活动通道"下拉列表框内选中"红"选项，这时该对话框内左边出现一条红色曲线，向右下方拖动该红色曲线，使红色成分少一些，如图 7-2-8 所示。

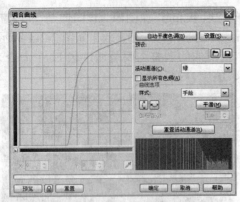

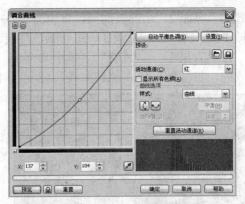

图 7-2-7 "调和曲线"对话框 1　　　　　　　　图 7-2-8 "调和曲线"对话框 2

（7）在"活动通道"下拉列表框内选中 RGB 选项，这时该对话框内左边出现一条黑色曲线，向左上方拖动该黑色曲线，如图 7-2-9 所示，使红色、绿色和蓝色的成分都增加一些，图像的亮度增加一些。

（8）选中"显示所有色频"复选框，在显示框内显示红、绿、蓝和黑色 4 种颜色的曲线，如图 7-2-10 所示。在"活动通道"下拉列表框内选中 RGB 选项后可以调整黑色曲线，在"活动通道"下拉列表框内选中"红"选项后可以调整红色曲线，在"活动通道"下拉列表框内选中"绿"选项后可以调整绿色曲线，在"活动通道"下拉列表框内选中"蓝"选项后可以调整蓝色曲线。单击"重置"按钮，可以还原各曲线到原来的直线位置。

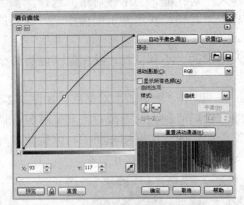

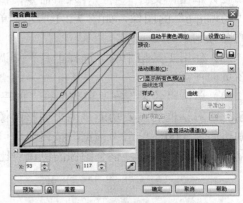

图 7-2-9 "调和曲线"对话框 3　　　　　　　　图 7-2-10 "调和曲线"对话框 4

单击"确定"按钮，关闭"调和曲线"对话框，图像的调整效果如图 7-2-11 所示。

（9）单击"效果"→"调整"→"亮度/对比度/强度"命令，调出"亮度/对比度/强度"对话框，如图 7-2-12 所示。利用该对话框调整图像的亮度、对比度和强度。调整完后单击"确定"按钮，实现图像的"亮度/对比度/强度"调整，效果如图 7-2-2 所示。

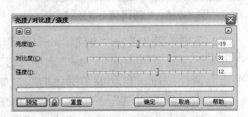

图 7-2-11 "调和曲线"调整效果　　　　　　　图 7-2-12 "亮度/对比度/强度"对话框

2．替换颜色调整

（1）单击页计数器内右边的 ✚ 按钮，创建一个"页面 2"绘图页面，单击页计数器内的"页面 2"标签，切换到"页面 2"绘图页面。

（2）单击"文件"→"导入"命令，调出"导入"对话框。利用该对话框选择一幅名为"晚秋.jpg"的图像。单击"导入"按钮，在绘图页面内拖动，导入选中的"晚秋.jpg"图像，如图 7-2-3 所示。

（3）使用工具箱中的"选择工具" ⬉ 选中导入的"晚秋.jpg"图像，再调整该图像的大小和位置，使该图像刚好将整个绘图页面覆盖。

（4）单击"效果"→"调整"→"替换颜色"命令，调出"替换颜色"对话框。在该对话框内设置"范围"文本框中的数值为 43，单击"原颜色"栏内的 ⬉ 按钮，单击图像内的黄色树叶，再单击"新建颜色"栏内的下三角按钮，调出它的颜色面板，单击该面板内的绿色色块，设置将黄色用绿色更换。"替换颜色"对话框设置如图 7-2-13 所示。

（5）单击"确定"按钮，调整图像的效果如图 7-2-4 所示。

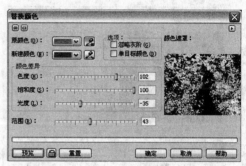

图 7-2-13　"替换颜色"对话框

📖✐【相关知识】

单击"效果"→"调整"菜单内的命令，可以对选中的图像进行亮度、对比度和颜色等各种调整，几个"调整"命令简单介绍如下。

1．伽玛值和调和曲线调整

（1）伽玛值的调整：单击"效果"→"调整"→"伽玛值"命令，调出"伽玛值"对话框，如图 7-2-5 所示。拖动滑块，可以调整图像色彩的伽玛值。单击"预览"按钮，可以在画布内显示调整结果。伽玛值的改变会影响图像中的所有值，但主要影响中间的色调，调整它可以改进低对比度图像的细节部分。

单击"伽玛值"对话框内的 ⬓ 按钮，可以使"伽玛值"对话框内左边和右边显示框内分别显示原图像和调整后的图像，同时按钮 ⬓ 变为 ⬓，如图 7-2-14 所示。拖动左边的图像，可以调整原图像和加工后图像的显示部位；单击左边的图像，可以放大显示原图像和加工后的图像；右击左边的图像，可以缩小显示原图像和加工后的图像。单击"预览"按钮，可以在右边显示框内显示调整结果。单击"确定"按钮，完成图像的调整处理。

单击"伽玛值"对话框内的 ⬓ 按钮，可以使"伽玛值"对话框回到原始状态，同时 ⬓ 按钮变为 ⬓。

单击 ⬓ 按钮，可以使"伽玛值"对话框只显示原图像或加工后的图像，同时 ⬓ 按钮变为 ⬓；再单击 ⬓ 按钮，可以使"伽玛值"对话框回到如图 7-2-14 所示的状态，同时 ⬓ 按钮变为 ⬓。

（2）曲线的调整：单击"效果"→"调整"→"调和曲线"命令，调出"调和曲线"对话框，如图 7-2-9 所示。利用该对话框可以进行图像色调曲线的调整。

在"活动通道"下拉列表框内可以选择不同的通道，分别对不同通道内不同颜色的图像进行调和曲线的调整，类似于 Photoshop 中的"曲线"调整。在"样式"下拉列表框内可以选择"曲线"、"直线"、"手绘"和"伽玛值"选项，用来确定调整的曲线特点。如果选择"伽玛值"选项，则"调和曲线"对话框内增加一个"伽玛值"数值框，拖动曲线可以调整伽玛值的大小，同时"伽玛值"数值框内的数值也随之变化。

（3）在"调和曲线"对话框内的"活动通道"下拉列表框中选中"RGB"选项，向左上方稍微拖动该对话框内的黑色曲线，使整体亮度提高一些。选中"显示所有色频"复选框，可以显示所有通道的曲线，如图 7-2-15 所示。

图 7-2-14 "伽玛值"对话框

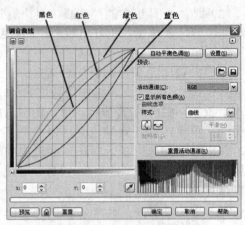

图 7-2-15 "调和曲线"对话框

单击 按钮或 按钮，可以将曲线旋转 90°。在"样式"下拉列表框内选中"手绘"选项后，"平滑"按钮会变为有效，单击该按钮后，会使曲线平滑。单击"重置"按钮，可以还原所有曲线到原来的直线位置。单击"重置活动通道"按钮，可以还原当前曲线到原来的直线位置。在"样式"下拉列表框内选中"曲线"或"直线"选项后，x 和 y 数值框会变为有效，改变数值框内的数值，曲线会随之改变，调整曲线的同时，两个数值框内的数值也会随之改变。

2. 色彩要素调整

（1）亮度/对比度/强度的调整：单击"效果"→"调整"→"亮度/对比度/强度"命令，调出"亮度/对比度/强度"对话框，如图 7-2-16 所示。利用该对话框可以调整图像的亮度、对比度和强度。

（2）色调、饱和度和亮度的调整：单击"效果"→"调整"→"色度/饱和度/亮度"命令，调出"色度/饱和度/亮度"对话框，如图 7-2-17 所示。利用该对话框可以调整图像色彩的色度、饱和度和亮度。

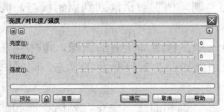

图 7-2-16 "亮度/对比度/强度"对话框

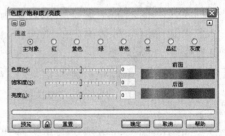

图 7-2-17 "色度/饱和度/亮度"对话框

3. 颜色通道和局部平衡调整

（1）颜色通道的调整：单击"效果"→"调整"→"通道混合器"命令，调出"通道混合器"对话框，如图 7-2-18 所示，利用它可以调整图像的色彩平衡。在"色彩模型"下拉列表框内选择色彩模型，在"输出通道"下拉列表框内选择通道，其内有"红"、"绿"和"蓝"三个通道。选中"仅预览输出通道"复选框后，单击"预览"按钮，所看到的是加工后图像的单通道（在"输出通道"下拉列表框内选中的通道）的黑白图像。

（2）局部平衡调整：单击"效果"→"调整"→"局部平衡"命令，调出"局部平衡"对话框，如图 7-2-19 所示。利用该对话框可以进行图像的局部等化调整，以产生一些特殊的效果。单击按下按钮圈后，可同时调整"宽度"和"高度"的数值。按钮抬起后，可以分别调整"宽度"和"高度"的数值。

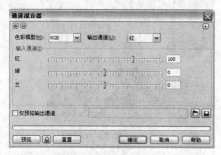
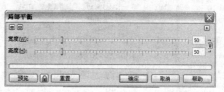

图 7-2-18 "通道混合器"对话框　　　　图 7-2-19 "局部平衡"对话框

4. 替换颜色调整

单击选中要替换颜色的图像（例如，"气球"图像），如图 7-2-20 所示。单击"效果"→"调整"→"替换颜色"命令，调出"替换颜色"对话框，设置如图 7-2-21 所示。利用该对话框可以将 "气球"图像中的绿色变为黄色，如图 7-2-22 所示。具体操作方法如下。

图 7-2-20 "气球"图像　　图 7-2-21 "替换颜色"对话框　　图 7-2-22 变色图像

（1）单击"替换颜色"对话框内"原颜色"栏的按钮，单击图像内的气球中的绿色部分，拖动"范围"栏的滑块，调整容差的范围为 40。

（2）单击"新建颜色"栏内颜色列表框的按钮，调出它的颜色面板，单击该面板内的黄色色块，设置用黄色替代绿色。

（3）单击"确定"按钮，即可将"气球"图像中的绿色变为黄色。

思考与练习7-2

1. 如图 7-2-23 所示的图像是一幅逆光拍摄的照片，窗户处很亮，室内其他地方很暗，几乎看不清楚，这是对着窗户进行拍摄产生的效果。经过伽玛值和调和曲线调整后，可以使房间内变亮，还原真实场景，如图 7-2-24 所示。

2. 如图 7-2-25 所示的图像也是一幅逆光拍摄的照片，几乎看不清楚。该图像经过伽玛值和曲线调和调整后的效果如图 7-2-26 所示。

图 7-2-23 曝光不足照片图像

图 7-2-24 调整后的图像

图 7-2-25 曝光不足照片图像

图 7-2-26 调整后的图像

3. 如图 7-2-27 所示的"晚秋"图像是在晚秋拍摄的，该图像经过替换颜色调整后，树木变绿，粉色花草变为绿色，使照片看起来好像是在春天拍摄的，如图 7-2-28 所示。

图 7-2-27 "晚秋"图像

图 7-2-28 调整后的图像

7.3 【案例 26】春雨和冬雪

 【案例效果】

"春雨和冬雪"案例中有两幅图像，一幅是在"页面 1"绘图页面内制作的"春雨"图像，如图 7-3-1 所示，它呈现一幅杨柳戏细雨的景象。一幅是在"页面 2"绘图页面内制作的"冬雪"图像，如图 7-3-2 所示，它呈现一幅雪花纷飞的画面。通过制作这两幅图像，可以进一步掌握导入图像的方法、位图颜色遮罩技术、模式转换以及使用"天气"与"风"滤镜的方法等。

图 7-3-1 "春雨"图像

图 7-3-2 "冬雪"图像

【操作步骤】

1. 制作 "春雨" 图像

（1）新建一个图形文档，设置绘图页面的宽为 500 像素，高为 380 像素，背景色为白色。

（2）单击 "文件" → "导入" 命令或单击标准工具栏中的 "导入" 按钮 ，调出 "导入" 对话框。利用它选择一幅如图 7-3-3 所示的风景图像，单击 "导入" 按钮，关闭该对话框。然后，在绘图页面内拖动，将选择的图像导入到绘图页面内。拖动鼠标使导入的图像刚好将整个绘图页面覆盖。

（3）单击 "选择工具" 按钮 ，选中导入的图像。单击 "位图" → "创造性" → "天气" 命令，调出 "天气" 对话框。在该对话框内进行各项设置，例如，在 "预报" 选项组中选择 "雨" 单选按钮，设置雨的浓度为 16，大小为 5 等，如图 7-3-4 所示。

图 7-3-3　导入的风景图像

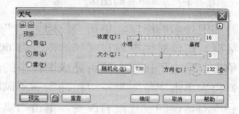

图 7-3-4　"天气" 对话框

（4）单击 "预览" 按钮，观察效果，如果满意，则单击 "确定" 按钮，完成 "春雨" 图像的制作。

2. 制作 "冬雪" 图像

（1）单击 "文件" → "导入" 命令，调出 "导入" 对话框。利用该对话框选择一幅如图 7-3-5 所示的 "冬景.jpg" 图像，单击 "导入" 按钮，关闭该对话框。然后，在绘图页面内拖动，导入 "冬景.jpg" 图像。调整导入的图像，使该图像刚好将整个绘图页面完全覆盖。

（2）单击 "效果" → "调整" → "调和曲线" 命令，调出 "调和曲线" 对话框，向右下方拖动显示框内的黑线，如图 7-3-6 所示，图像效果如图 7-3-7 所示。

图 7-3-5　"冬景" 图像

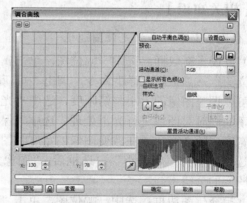

图 7-3-6　"调和曲线" 对话框

（3）单击 "选择工具" 按钮 ，选中导入的图像。单击 "位图" → "创造性" → "天气" 命令，调出 "天气" 对话框。在该对话框内进行各项设置，例如，在 "预报" 选项组内选择"雪"单选按钮，设置雪的浓度为 25，大小为 5，2 次单击"随机化"按钮，如图 7-3-8 所示。

（4）在进行设置时，可单击"预览"按钮观察设置的效果。最后单击"确定"按钮，即可完成在图像中添加雪花的制作，如图 7-3-9 所示。

图 7-3-7　调和后的图像

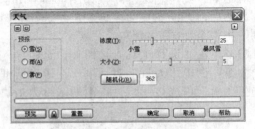

图 7-3-8　"天气"对话框

（5）选中导入的图像。单击"位图"→"扭曲"→"风吹效果"命令，调出"风吹效果"对话框。在该对话框内设置风的浓度为 60，不透明度为 30，角度为 45，如图 7-3-10 所示。单击"确定"按钮，即可完成图像中的刮风效果处理。

（6）再次单击"位图"→"扭曲"→"风吹效果"命令，调出"风吹效果"对话框。可以看到该对话框的设置没有改变，单击"确定"按钮，重复一次刮风的处理。最后效果如图 7-3-2 所示。

图 7-3-9　在图像中添加雪花

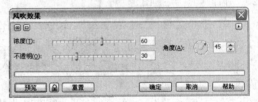

图 7-3-10　"风吹效果"对话框

 【相关知识】

1. 位图重新取样和扩充位图边框

（1）位图重新取样：选中一幅位图，单击属性栏中的"对位图重新取样"按钮，或者单击"位图"→"重新取样"命令，调出"重新取样"对话框，如图 7-3-11 所示。利用该对话框可以调整图像的大小与清晰度，选中"光滑处理"复选框后，可以在调整图像大小和分辨率的同时对图像进行光滑处理；选中"保持纵横比"复选框后，在改变图像的高度时图像宽度也随之变化，在改变图像的宽度时图像高度也随之变化，保证图像的原宽高比不变。选中"保持原始大小"复选框后，"图像大小"选项组中的参数不可以修改，只可以修改图像的分辨率。

（2）扩充位图边框：选中一幅位图，单击"位图"→"位图边框扩充"→"手动扩充位图边框"命令，调出"位图边框扩充"对话框，如图 7-3-12 所示。利用该对话框可以调整图像四周边框（白色）的大小，图像原画面大小不变。可以直接调整图像的宽度和高度，也可以调整图像的百分比变化。

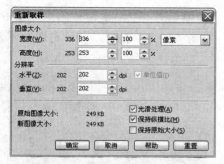

图 7-3-11　"重新取样"对话框　　　　　　　　图 7-3-12　"位图边框扩充"对话框

2．滤镜简介

CorelDRAW X5 可以利用过滤器改变位图的外观，产生特殊效果。单击"位图"命令，调出"位图"菜单，单击其中第 6 栏内的命令，即可调出相应的对话框，利用该对话框可进行相应的设置，以产生特殊效果的位图。举例简介如下。

（1）虚光创造性滤镜：单击"位图"→"创造性"→"虚光"命令，调出"虚光"对话框，利用它可以设置虚光的颜色、形状、偏移量等。显示源图像和加工后的图像，2 次右击左边的源图像，使图像框内的图像缩小。选中"其他"单选按钮，单击"颜色"按钮，调出它的颜色面板，选中黄色，再进行其他设置，单击"预览"按钮，"虚光"对话框如图 7-3-13 所示。单击"确定"按钮，即可将选中的图像进行虚光处理，效果如图 7-3-14 所示。

图 7-3-13　"虚光"对话框

图 7-3-14　产生的虚光效果

（2）高斯模糊滤镜：单击"位图"→"模糊"→"高斯式模糊"命令，调出"高斯式模糊"对话框，如图 7-3-15 所示。在"高斯式模糊"对话框内拖动决定半径的滑块或修改数值框内的数字（例如，7）。进行高斯模糊处理的效果如图 7-3-16 所示。

图 7-3-15　"高斯式模糊"对话框

图 7-3-16　产生高斯模糊效果

221

（3）蜡笔画艺术笔触滤镜：单击"位图"→"艺术笔触"→"蜡笔画"命令，调出"蜡笔画"对话框。按照如图 7-3-17 所示进行设置后，单击"确定"按钮，即可将选中图像进行蜡笔画的艺术效果处理，如图 7-3-18 所示。

图 7-3-17 "蜡笔画"对话框　　　　图 7-3-18 蜡笔画艺术效果处理效果

（4）漩涡扭曲滤镜：单击"位图"→"扭曲"→"漩涡"命令，调出"漩涡"对话框，如图 7-3-19 所示。在该对话框内可以设置旋转方向、角度等。按照如图 7-3-19 所示进行设置后，单击"确定"按钮，即可获得漩涡扭曲效果，如图 7-3-20 所示。

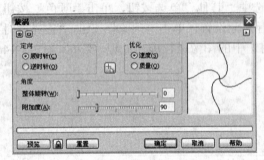

图 7-3-19 "漩涡"对话框　　　　图 7-3-20 漩涡扭曲处理效果

（5）曝光颜色变换滤镜：单击"位图"→"颜色变换"→"梦幻色调"命令，调出"梦幻色调"对话框，如图 7-3-21 所示。在该对话框内调整"层次"数值的大小，改变梦幻色调层次量。单击"确定"按钮，即可将选中的图像进行梦幻色调处理，效果如图 7-3-22 所示。

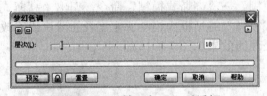

图 7-3-21 "梦幻色调"对话框　　　　图 7-3-22 梦幻色调效果

（6）浮雕三维效果滤镜：单击"位图"→"三维效果"→"浮雕"命令，调出"浮雕"对话框，如图 7-3-23 所示。在该对话框内可以设置浮雕的深度和层次，以及浮雕的方向和颜色等。单击"确定"按钮，即可将选中的图像进行浮雕效果处理，效果如图 7-3-24 所示。

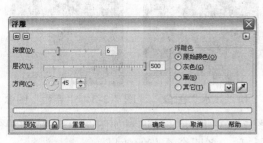

图 7-3-23　"浮雕"对话框　　　　　　　图 7-3-24　浮雕三维效果

（7）查找边缘滤镜：单击"位图"→"轮廓图"→"查找边缘"命令，调出"查找边缘"对话框，如图 7-3-25 所示。在该对话框内可以设置边缘类型，调整"层次"数值的大小，可以改变边缘的粗细等。按照如图 7-3-25 所示进行设置后，单击"确定"按钮，即可将选中的图像进行查找边缘处理，效果如图 7-3-26 所示。

图 7-3-25　"查找边缘"对话框　　　　　图 7-3-26　查找边缘效果

思考与练习7-3

1．制作一幅"傲雪飞鹰"图像，如图 7-3-27 所示，一只雄鹰在纷飞的雪花中骄傲地展翅飞翔。如图 7-3-28 所示，"傲雪飞鹰"图像是将图中所示的"飞鹰"图像添加到右图中的"雪松"图像中，再将"飞鹰"图像的背景色隐藏，添加飞雪，制作立体文字和其他加工处理制作而成的。

图 7-3-27　"傲雪飞鹰"图像　　　　　图 7-3-28　导入的"飞鹰"和"雪松"图像

2．制作一幅"小鸭戏水"图像，如图 7-3-29 所示，它是利用如图 7-3-30 所示的"小鸭"和"戏水"图像加工处理后形成的。

3．制作一幅"春雨"图像，如图 7-3-31 所示，它是在如图 7-3-32 所示的"桥"图像的基础之上，添加下雨效果制作而成的。

图 7-3-29 "小鸭戏水"图像　　图 7-3-30 "小鸭"和"戏水"图像　　图 7-3-31 "春雨"图像

4．制作一幅"春夏秋冬"图形，如图 7-3-33 所示。通过对如图 7-3-34 所示的图像进行不同的"调整"操作，产生春、夏、秋、冬四个季节的效果。

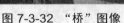  

图 7-3-32 "桥"图像　　　图 7-3-33 "春夏秋冬"图像　　　图 7-3-34 "沙漠"图像

7.4 【案例 27】鲜花摄影

【案例效果】

"鲜花摄影"图像如图 7-4-1 所示，展厅地面是黑白相间的大理石地面，顶部是倒挂的明灯，两边和正面是 5 幅摄影图像，两边的摄影图像具有透视效果，还有"鲜花摄影"四个鱼眼文字。通过制作该图像，可以掌握增加透视点、精确剪裁、"透镜"泊坞窗、位图透视三维效果处理等操作。

图 7-4-1 "鲜花摄影"图像

【操作步骤】

1．制作展厅正面和顶部图像

（1）新建一个图形文档，设置绘图页面的宽为 460mm，高为 200mm。单击"视图"→"网格"命令，显示网格。绘制一个宽约 190mm、高约 20mm 的矩形，填充灰色，选中该矩形。

（2）单击"效果"→"添加透视"命令，则选中的矩形之上会出现一个矩形网格状区域。向左水平拖动矩形右下角的控制柄，向右水平拖动矩形左下角的控制柄，形成一个梯形图形，如图 7-4-2 所示，同时会看到一个透视点✕也随之变化。

（3）绘制 6 幅不同颜色的矩形，按照上述方法，将其中的 3 幅矩形图形进行透视调整，再将它们的位置和大小进行调整，效果如图 7-4-3 所示。

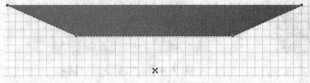

图 7-4-2　矩形图形的透视调整效果　　图 7-4-3　其他几个矩形图形的透视调整效果

（4）导入 3 幅鲜花图像，将这 3 幅图像分别移到展厅正面的 3 幅矩形图形内，分别将 3 幅矩形图形刚好完全覆盖，如图 7-4-4 所示。

（5）选中上边的梯形图形，单击工具箱中填充展开工具栏内的"图样填充"按钮 ，调出"图样填充"对话框，选中"位图"单选按钮。单击"装入"按钮，调出"导入"对话框，选中"灯.jpg"图像，单击"导入"按钮，关闭该对话框，回到"图样填充"对话框。

（6）在"图样填充"对话框内将宽度设置为 20mm，高度设置为 20mm，取消选中"镜像填充"复选框。再单击"确定"按钮，将"灯"图像填充到上边的梯形图形内，如图 7-4-5 所示。

图 7-4-4　导入 3 幅图像　　　　　　　　图 7-4-5　将"灯"图像填充到梯形图形内

2．制作两边的透视图像

（1）单击"文件"→"导入"命令，调出"导入"对话框。利用该对话框选择 2 幅鲜花图像文件，单击"导入"按钮，关闭"导入"对话框。然后，在绘图页面外部拖出 2 个矩形，导入 2 幅鲜花图像，如图 7-4-6 所示。

图 7-4-6　导入的 2 幅鲜花图像

（2）使用"选择工具" 将一幅图像移到绘图页面的左边，另一幅图像移到右边。调整它们的高度与绘图页面的高度一样，宽度分别与两边梯形的宽度一样，如图 7-4-7 所示。

（3）选中左边的鲜花图像，单击"位图"→"三维效果"→"透视"命令，调出"透视"对话框，如图 7-4-8 所示，垂直向下拖动右上角的白色控制柄。然后，单击"预览"按钮，观察鲜花图像的透视效果。如果左边鲜花图像的右上角与正面左起第 1 幅鲜花图像的左上角对齐，如图 7-4-9 所示，则单击"透视"对话框内的"确定"按钮，完成图像的透视调整。如果透视效果不理想，可以单击该对话框内的"重置"按钮，重新进行透视调整。

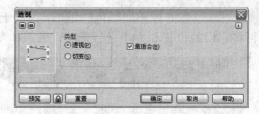

图 7-4-7　2 幅图像分别置于两边梯形之上　　　　图 7-4-8　"透视"对话框

（4）使用工具箱中的"形状工具" 垂直向上拖动透视图像右
下角的节点，移到左边鲜花图像的左下角处；垂直向上拖动透视图
像右上角的节点，移到左边鲜花图像的左上角处，如图 7-4-10 所示。
可以使用"位图颜色遮罩"泊坞窗将鲜花图像的白色背景隐藏。

（5）采用上述方法，将右边的鲜花图像进行透视调整，在"透
视"对话框内垂直向下拖动左上角的白色控制柄。再使用"形状工
具" 调整透视图像，如图 7-4-11 所示。

图 7-4-9　透视效果

3．制作球面文字

（1）单击"文本工具"按钮字，在其"文本"属性栏内设置字
体为华文琥珀，大小为 72pt，单击"垂直文本"按钮，在绘图页面外输入"鲜花摄影"4
个红色文字。

（2）单击"排列"→"拆分美术字"命令，将"鲜花摄影"文字变成 4 个单独的文字。
再分别将它们移到鲜花摄影的右边，垂直排成一列。

（3）使用工具箱中的"选择工具" 选中"鲜"字，单击"位图"→"转换为位图"
命令，调出"转换为位图"对话框，按照如图 7-4-12 所示进行设置。然后，单击"确定"
按钮，即可将选中的文字"鲜"加工成位图。

图 7-4-10　透视调整结果 1　　图 7-4-11　透视调整结果 2　　图 7-4-12　"转换为位图"对话框

（4）单击"位图"→"三维效果"→"球面"命令，调出"球面"对话框，按照如
图 7-4-13 所示进行设置。单击 按钮，再将鼠标指针移到图像之上，此时的鼠标指针添加
了一个加号，单击图像，单击点即为球面变化的中心点，否则图像的中心点为球面变化的
中心点。在"百分比"文本框内输入球面变化的百分数，可从–100%～+100%调整数值。
其值为负数时，表示向中心点内缩小；其值为正数时，表示从中心点向外凸起。此处输入
25。单击"确定"按钮，可将选中的"鲜"字加工成球面效果，如图 7-4-14 左图所示。

（5）使用工具箱中的"椭圆工具" 在页面外边绘制一个圆形图形，其大小比"鲜"
字稍大一些。然后，设置圆形轮廓线"宽度"为 1.4mm，颜色为绿色，如图 7-4-14 中图所
示。再将圆形图形移到"鲜"字之上，如图 7-4-14 右图所示。最后将"鲜"字和其上的圆
形图形一起移到展厅的右上边，如图 7-4-1 所示。

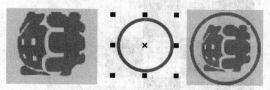

图 7-4-13　"球面"对话框　　　　图 7-4-14　球面文字和圆形轮廓线

（6）按照上述方法，依次将文字"花"、"摄"和"影"加工成球面效果，并复制 3 个圆形图形，分别移到 3 个文字之上，然后将它们移到展厅的右边，如图 7-4-1 所示。

4. 制作黑白相间的大理石地面透视图像

（1）使用工具箱内的"矩形工具" □，在绘图页面下边拖动绘制一幅矩形图形，矩形图形的宽度与鲜花摄影的宽度一样，高度约为绘图页面高度的一半。选中该矩形对象。

（2）单击工具箱中的"图样填充"按钮 ，调出"图样填充"对话框，选中"双色"单选按钮，单击图样样式按钮，调出它的面板。单击该面板内的黑白相间图案，在"宽度"和"高度"数值框内均输入 15.0mm，如图 7-4-15 所示。单击该对话框内的"确定"按钮，即可给矩形图形填充棋盘格图案，如图 7-4-16 所示。

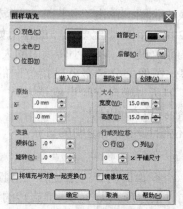

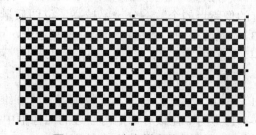

图 7-4-15　"图样填充"对话框　　　　图 7-4-16　填充棋盘格图案

（3）另外，还可以单击"图样填色"对话框内的"创建"按钮，调出"双色图案编辑器"对话框，在"位图尺寸"选项组内选择组成图案的点阵个数"32×32"，在"笔尺寸"选项组内选择笔大小为"8×8"。单击绘图框内合适的位置，绘制一个棋盘格图案，如图 7-4-17 所示。

单击"确定"按钮，完成棋盘格图案的创建。单击图样样式右边的 按钮，调出图案列表框，选中该列表框内的棋盘格图案。然后，单击该对话框内的"确定"按钮，即可给矩形图形填充棋盘格图案，如图 7-4-16 所示。

（4）单击"位图"→"转换为位图"命令，调出"转换为位图"对话框，如图 7-4-12 所示。单击该对话框内的"确定"按钮，即可将选中的矩形图形转换为位图图像。

（5）使用"选择工具" 将矩形图像在垂直方向调小，移到绘图页面的下边。单击"位图"→"三维效果"→"透视"命令，调出"透视"对话框，如图 7-4-18 所示，水平向右拖动左上角的白色控制柄。单击"预览"按钮，观察矩形图像的透视效果，如果矩形图像的左上角与左边鲜花图像的右下角没有对齐，则单击"透视"对话框内的"重置"按钮，重新进行透视调整。

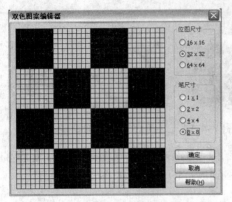

图 7-4-17 "双色图案编辑器"对话框　　　　　图 7-4-18 "透视"对话框

（6）如果矩形图像的左上角与左边鲜花图像的右下角对齐，则单击"透视"对话框内的"确定"按钮，完成图像的透视调整。

【相关知识】

1. 矢量图转换为位图

图形和某些图像不能使用一些滤镜，需将它们转换为位图。单击"位图"→"转换为位图"命令，调出"转换为位图"对话框，如图 7-4-12 所示。其中主要选项的作用如下。

（1）"颜色模式"下拉列表框：可以选择一种合适的颜色模式，以减小转换中的失真。

（2）"分辨率"下拉列表框：可以选择一种分辨率。图像的分辨率就是指位图的每英寸长度的像素点的个数，分辨率越高，位图质量越好，但所占磁盘空间也就越大。

（3）"光滑处理"复选框：选中该复选框，可以改善颜色之间的过渡。

（4）"透明背景"复选框：选中该复选框，可以使位图具有一个透明的背景。

2. 三维旋转滤镜

（1）单击"位图"→"三维效果"→"三维旋转"命令，调出"三维旋转"对话框，如图 7-4-19 所示。在该对话框内左边的图像框中拖动立体正方形，以产生三维旋转的设置，也可以修改图像框右边数值框内的数据。

（2）设置完后，单击"预览"按钮，可以看到位图的三维旋转效果。单击"三维旋转"对话框内左上角的回按钮，可以展开该对话框，同时在该对话框内显示源图像和三维旋转后的效果图。单击"确定"按钮，即可完成位图的三维旋转特效处理，如图 7-4-20 所示。

图 7-4-19 "三维旋转"对话框　　　　　图 7-4-20 位图的三维旋转

3. 卷页滤镜

单击"位图"→"三维效果"→"卷页"命令，调出"卷页"对话框，如图 7-4-21 所示。单击"卷页"对话框左上角的回按钮，可以展开该对话框，同时在该对话框内显示源图像和加工后的效果图。该对话框内主要选项的作用如下。

（1）"定向"选项组：用来设定卷页的方向。

（2）"纸张"选项组：用来设置卷页图像的背面是否透明。

（3）"颜色"选项组：用来设置卷页图像卷边和背景图像的颜色。

（4）"宽度"和"高度"选项组：用来设置卷页的形状与大小。

单击该对话框内的□按钮，产生卷页效果后的图像如图 7-4-22 所示。

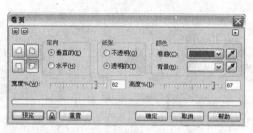

图 7-4-21　"卷页"对话框

图 7-4-22　产生卷页效果

 思考与练习7-4

1．参考本案例图像的制作方法，制作一幅"中华名胜摄影展厅"图像。

2．制作一幅"翻页风景图像"。

3．导入一幅图像，依次对该图形进行各种滤镜处理，调整并观察滤镜处理的效果。

7.5 【案例28】日月同辉和水中倒影

【案例效果】

"日月同辉"图像如图 7-5-1 所示，该图像展现的是，刚刚升起的明月和正在落山的太阳同时照耀着大海，天空中漂浮着一层层淡淡的云彩，3 只小鸟在空中飞翔，形成海上日月同辉的景象。

"水中倒影"图像如图 7-5-2 所示，由图可以看出，背景图像是湖边的两座别墅，湖水中有形成的倒影。

通过制作这两幅图像，可以掌握"动态模糊"、"高斯模糊"滤镜，KPT6 和 Flood 外挂滤镜的安装与使用方法等。

图 7-5-1　"日月同辉"图像

图 7-5-2　"水中倒影"图像

 【操作步骤】

1．制作海洋和飞鸟

（1）新建一个图形文档，设置绘图页面的宽为 600px，高为 400px，背景为棕色。导入一幅"海洋"图像和一幅"飞鸟"图像，如图 7-5-3 所示。

（2）使用工具箱中的"矩形"工具□在绘图页面外边拖动，绘制一幅宽为 600px，高为 80px 的矩形图形，给矩形填充浅棕色，设置无轮廓线。

（3）将"飞鸟"图像移到绘图页面内，如图 7-5-4 左图所示。单击"位图"→"位图颜色遮罩"命令，调出"位图颜色遮罩"泊坞窗。拖动"容限"滑块，调整容差度为 20；单击"颜色选择"按钮，再单击"飞鸟"图像的白色背景，将其隐藏，如图 7-5-4 右图所示。然后，复制 2 份"飞鸟"图像。

图 7-5-3 "海洋"图像和"飞鸟"图像　　　图 7-5-4 "飞鸟"图像和隐藏背景

（4）将"海洋"图像移到绘图页面的下边，调整"海洋"图像的宽度与绘图页面的宽度一样，高度与绘图页面高度的 1/4 左右一样。

（5）选中隐藏白色背景后的"飞鸟"图像，2 次按【Ctrl】键，复制 2 份选中的"飞鸟"图像。调整 3 幅"飞鸟"图像的位置，如图 7-5-5 所示。

（6）使用工具箱中交互式展开工具栏中的"透明度"工具，再在绘图页面内的"海洋"图像上从下边中间处向上边拖动，松开鼠标按键后，即可产生逐渐透明的效果。将调色板内的黑色色块拖动到上边的方形控制柄处，再将调色板内的白色色块拖动到下边的方形控制柄处，如图 7-5-6 所示。将加工的图像以名称"【案例 28】日月同辉.cdr"保存。

图 7-5-5 "海洋"和"飞鸟"图像　　　图 7-5-6 创建透明效果

2．制作落日和明月

（1）安装 KPT6 滤镜程序，再按照本节【相关知识】内介绍的方法进行设置，然后，重新启动 CorelDRAW X5 软件，打开"【案例 28】日月同辉.cdr"图像文件。

（2）选中绘图页面外边的矩形图形，单击"位图"→"转换为位图"命令，调出"转换为位图"对话框。在该对话框的"颜色"下拉列表框内选择"RGB 颜色（24 位）"选项，单击"确定"按钮，将矩形图形转换成位图图像。

（3）单击"位图"→"插件"→KPT6→KPT SkyEffects 命令，调出 KPT 6 外挂滤镜中的 KPT SkyEffects 对话框，如图 7-5-7 所示。这是一个可以设计有太阳、月亮和彩虹的天空图像的滤镜。

（4）单击该对话框上边的■按钮，调出 Presets 对话框，如图 7-5-8 所示。该对话框用来选择天空的类型，选中 Sunrise 选项，可以切换到日月类型，此时的 Presets 对话框如图 7-5-9 所示。此处选中图 7-5-9 中第 4 行第 3 列的一种类型。

图 7-5-7　KPT SkyEffects 对话框

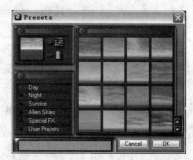

图 7-5-8　Presets 对话框 1

（5）单击 OK 按钮，关闭 Presets 对话框，回到 KPT SkyEffects 对话框，如图 7-5-10 所示。在该对话框中将鼠标指针移到一些图像之上，如果在该对话框的下边提示栏中有相应的提示信息出现，即说明此时拖动可以进行相应的调整。将鼠标指针移到 Moon 栏内的圆形图像之上，提示栏中会显示 Set moon Position（HH：MM,，X）提示信息，此时拖动可以调整月亮的位置。将鼠标指针移到 Sun 栏内的圆形图像之上，提示栏中会显示 Set Sun Position（HH：MM,，X）提示信息，此时拖动可以调整太阳的位置。

图 7-5-10　KPT SkyEffects 对话框

图 7-5-9　Presets 对话框 3

（6）单击 Sun 栏内的▭按钮，调出用来确定太阳颜色的颜色板，选中其内的浅红色，设置太阳颜色为浅红色。按照相同的方法设置月亮的颜色为白色。

（7）还可以调整的内容有 Camera Focal（相机焦距），Sun Position（太阳位置），Sky Color（天空颜色），Aura Sun Color（太阳光晕颜色），moon Position（月亮位置）等。在 KPT SkyEffects 对话框中进行调整，最后效果如图 7-5-10 所示，其中左上角的显示框中的矩形虚线表示图像的范围。单击 OK 按钮，即可获得如图 7-5-11 所示的图像。

图 7-5-11　滤镜处理效果

（8）将该图像移到绘图页面内，使它刚好将绘图页面完全覆盖，并将该图像移到其他图像的后面，效果如图 7-5-1 所示。

3. 制作颠倒的别墅图像

（1）新建一个图形文档，设置绘图页面的宽为 150mm，高为 80mm，背景色为浅蓝色。

（2）单击"文件"→"导入"命令，调出"导入"对话框。在该对话框中选择一幅"别墅.jpg"图像文件，单击"导入"按钮，关闭该对话框，然后在绘图页面内拖出一个矩形，导入"别墅.jpg"图像，如图 7-5-12 所示。

（3）使用工具箱中的"选择工具" ⬚ 选中"别墅.jpg"图像，在其"位图或 OLE 对象"属性栏内调整该图像的宽为 75mm，高为 40mm，位置位于绘图页面的左上角，如图 7-5-13 所示。

图 7-5-12　"别墅"图像　　　图 7-5-13　调整"别墅"图像的大小和位置

（4）按【Ctrl+D】组合键，复制一份"别墅.jpg"图像，将复制的图像移到原"别墅"图像的右边。选中这两幅"别墅"图像，两次按【Ctrl+D】组合键，复制两份"别墅.jpg"图像。单击其属性栏内的"垂直镜像"按钮 ⬚，将选中的两幅"别墅"图像上下颠倒，形成倒影图像，如图 7-5-15 所示。

图 7-5-14　复制水平翻转图像　　　图 7-5-15　别墅和它的倒影图像

（5）选中下边两幅垂直颠倒的"别墅"图像，单击"滤镜"→"模糊"→"动态模糊"命令，调出"动态模糊"对话框，设置"间距"为 12，方向为 0°，如图 7-5-16 所示。

（6）单击"确定"按钮，将倒影图像模糊。拖一个矩形，将所有的图像全部选中，单击"排列"→"群组"命令，将选中的四幅图像组成一个群组。将加工的图像以名称"【案例 28】水中倒影.cdr"保存。

（7）按照本节【相关知识】内介绍的方法，将"Flood-114_ch.8bf"滤镜复制到指定的位置，再进行设置。然后，重新启动 CorelDRAW X5 软件，打开"【案例 28】水中倒影.cdr"图像文件。

（8）选中所有图像组成的群组对象，单击"位图"→"转换为位图"命令，调出"转换为位图"

图 7-5-16　"动态模糊"对话框

对话框，在"颜色模式"下拉列表框内选中"RGB（24 位）"选项，单击该对话框内的"确定"按钮，即可将选中的群组转换为位图图像。再适当调整该图像的大小和位置，使画面刚好将整个绘图页面完全覆盖。

（9）单击"位图"→"插件"→Flaming Pear→Flood 1.14 命令，调出 Flood 1.14 对话框，如图 7-5-17 所示（还没有进行设置）。单击 Flood 1.14 对话框内右边显示框下边的◄按钮，使显示框内显示的图像变大一些，选中"自动预览"复选框，拖动调整"视野"、"波浪"和"波纹"栏内的滑块，同时观察显示框内图像的变化；单击"随机"按钮，可以使各参数随机变化；单击"种子"按钮，可以使显示框内的图像整体随机变化，设置的各参数不会改变。最后设置如图 7-5-17 所示。单击"确定"按钮，完成倒影波纹的处理。

（10）单击"结合"按钮，会调出它的"结合"菜单，如图 7-5-18 所示，用来设置与背景结合的方式，选择不同的结合方式可以获得不同的效果，此处选择"正常"选项。

图 7-5-17　"Flood 1.14 汉化版"对话框

图 7-5-18　"结合"菜单

单击"确定"按钮，关闭"Flood 1.14 汉化版"对话框，完成水中倒影的制作，效果如图 7-5-2 所示。

【相关知识】

1. 加入和删除外挂式的过滤器

过滤器也叫滤镜，它是一类加工图像程序的统称。CorelDRAW X5 自带有许多过滤器，还可以通过外部加入新的过滤器，使用外挂式过滤器可以获得各种特效的图像。许多外部滤镜都可以在网上下载。滤镜有两类，一类滤镜有它自己的安装程序，另一类是由扩展名为".8BF"的滤镜文件组成的，例如，Flaming Pear 滤镜组中的 Flood 1.14 滤镜的名称是Flood-114_ch.8bf。

对于前一类滤镜，按照安装要求运行安装程序，安装滤镜文件时，选择存放滤镜文件的路径文件夹是"C:\Program Files\Corel\CorelDRAW Graphics Suite X5\Plugins"。例如，安装 KPT6.0 滤镜时，可以将该滤镜文件保存在"C:\Program Files\Corel\CorelDRAW Graphics Suite X5\Plugins\KPT6"文件夹中。

对于后一类滤镜，只要将扩展名为".8BF"的滤镜文件和有关文件复制到 CorelDRAW X5 系统所在文件夹的滤镜文件夹中即可。例如，"C:\Program Files\Corel\CorelDRAW Graphics Suite X5\Plugins\Digimarc"文件夹。

然后，需要在 CorelDRAW X5 中进行插件的设置，设置完后，重新启动 CorelDRAW X5 软件，即可在"位图"→"插件"菜单中找到新安装的外部滤镜了。设置方法如下。

（1）单击"工具"→"选项"命令，调出"选项"对话框。该对话框左边列表框内的

"插件"选项，此时的对话框如图 7-5-19 所示。

（2）单击"添加"按钮，调出"浏览文件夹"对话框，如图 7-5-20 所示。选择外挂式过滤器安装的文件夹，再单击"确定"按钮，即可将选定的文件夹名称填入"选项"对话框右边的栏内。然后单击"选项"对话框内的"确定"按钮，关闭"选项"对话框，完成添加外挂式过滤器的任务。

（3）如果要删除外挂式过滤器，可在"选项"对话框内选择此外挂式过滤器所在的文件夹的名称（选中文件夹名称左边的复选框），再单击"移除"按钮即可。

图 7-5-19 "选项"（插件）对话框

图 7-5-20 "浏览文件夹"对话框

2. 使用外挂式过滤器

外挂式过滤器的类型不一样，其使用方法也不一样，但一般操作起来均很简单、方便。下面仅举一例。

（1）选中一幅图像。单击"位图"→"外挂式过滤器"→KPT Effects→KPT FraxFlame II 命令，调出 KPT FRAXFLAMEII 窗口，如图 7-5-21 所示。

（2）利用 KPT FRAXFLAMEII 窗口内的各个工具和各菜单命令进行加工，在它的中间显示框内会及时地显示出加工的结果。

（3）单击 KPT FRAXFLAMEII 窗口内右下角的按钮，可以关闭该窗口，完成对选中图像的特效加工。

图 7-5-21 KPT FRAXFLAMEII 窗口

思考与练习7-5

1. 制作一幅"海上升明月"图像，如图 7-5-22 所示。图中展现的是一片被刚刚升起的明月照亮的海洋，天空中漂浮着一层层淡淡的云彩，3 只小鸟在云中飞翔。

2. 在 CorelDRAW X5 中导入如图 7-5-23 所示的图像，然后使用 KPT6 外挂滤镜中的 KPT LensFlare 滤镜，给该图像添加一串彩色灯光效果，如图 7-5-24 所示。

图 7-5-22 "海上升明月"图像

图 7-5-23 图像

图 7-5-24 滤镜处理效果

3. 利用如图 7-5-25 所示的"别墅"图像制作一幅"水中倒影"图像，如图 7-5-26 所示。由图可以看出，湖边有两座别墅，湖水中有别墅的倒影。

图 7-5-25 "别墅"图像

图 7-5-26 "水中倒影"图像

4. 安装 KPT7 外挂滤镜，然后在 CorelDRAW X5 中添加 KPT Effects 外挂滤镜。在 CorelDRAW X5 中导入一幅图像，然后使用 KPT Effects 外挂滤镜中的 "KPT FraxFlame II..." 滤镜，将该图像加工成如图 7-5-27 所示的图像。

5. 在 CorelDRAW X5 中导入一幅图像，然后使用 KPT Effects 外挂滤镜中的 "KPT Hypertiling..." 滤镜，将该图像加工成如图 7-5-28 所示的图像。

图 7-5-27 "KPT FraxFlame II..." 滤镜处理效果　图 7-5-28 "KPT Hypertiling..." 滤镜处理效果

第8章　综合案例

本章通过介绍 7 个综合案例，来帮助读者提高综合应用的能力，以及应用中文 CorelDRAW X5 设计作品的能力。

8.1 【案例 29】洗衣机广告

"洗衣机广告"图像如图 8-1-1 所示。它的背景是一片带漩涡的海水，上面绘制了一个红色的圆弧形，下面有一个手画的洗衣机造形。除此之外，还绘制了一只鸭子的卡通画，这只鸭子正在被海水冲下来，体现了小鸭洗衣机"强力喷洗，净劲十足"的广告主题。画面上还出现了洗衣机的型号、特点和厂家的名称。制作方法如下。

1. 绘制前景和制作文字

（1）新建一个图形文档，设置绘图页面的宽为 220mm，高为 290mm。使用"矩形工具" □ 在绘图页面内绘制一幅洗衣机框架图形，以及洗衣机上的按钮和门的轮廓图形，如图 8-1-2 所示。

（2）在屏幕上绘制一个鸭子卡通形象图像，如图 8-1-3 所示。

图 8-1-1　"洗衣机广告"效果图

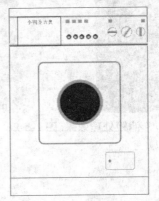
图 8-1-2　洗衣机图形

图 8-1-3　小鸭图形

（3）输入标题"全能冠军"，单击工具箱中的"立体化"按钮 ，将其制作成立体字，如图 8-1-4 所示。在屏幕上绘制一幅椭圆图形并填充纹理，然后在其中输入洗衣机的型号"866K"，并调整其字体和大小，如图 8-1-5 所示。

![全能冠军]
图 8-1-4　"全能冠军"立体字

图 8-1-5　"866K"文字

（4）绘制两个椭圆，并填充颜色。在椭圆上输入广告的主题，单击"效果"→"透视"命令，将这几个字透视变形，如图 8-1-6 所示。

（5）在绘图页面内绘制一个正方形。选择工具箱中的"变形"工具 ，单击其属性栏中的"拉链"按钮 ，将正方形变成一个多边形，如图 8-1-7 所示。

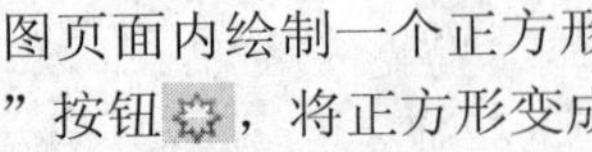

强力 喷洗　净劲十足
图 8-1-6　广告的主题文字

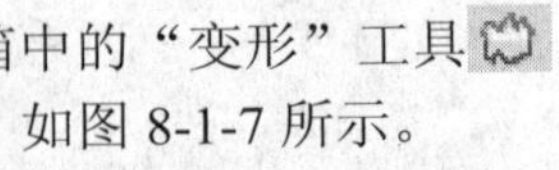

图 8-1-7　多边形和文字

（6）单击"排列"→"转换为曲线"命令，将多边形转换为曲线，并自由调节各顶点的位置。将多边形填充黄色，并复制成一个黑色的阴影。在多边形的中央输入一个"超"字，创建一个爆炸效果。再在其右面输入洗衣机的优点，并将其填充成红色，如图 8-1-7 所示。

（7）制作 7 幅圆形图形，并填充不同的颜色，在它的右边输入文字，如图 8-1-8 所示。

2. 制作背景

（1）在屏幕上绘制一幅宽 220mm、高 290mm 的矩形，如图 8-1-9 所示。

（2）导入一幅大海图像，调整宽为 220mm，高为 290mm。在大海图像之上绘制一幅宽 220mm、高 290mm 的白色矩形，使用"透明度"工具 在矩形上由左上向右下拖动，制作透明效果，如图 8-1-9 所示。

（3）在屏幕的上方绘制一个椭圆，填充红色并取消外框，如图 8-1-9 所示。

（4）单击"效果"→"精确裁剪"→"放置在容器中"命令，将大海图像填充到矩形背景中。单击"效果"→"精确裁剪"→"编辑内容"命令，将图框中的图像进行移动并调整大小，如图 8-1-10 所示。单击"效果"→"精确裁剪"→"结束编辑"命令，显示裁剪后的效果，这就是背景图像，如图 8-1-10 所示。

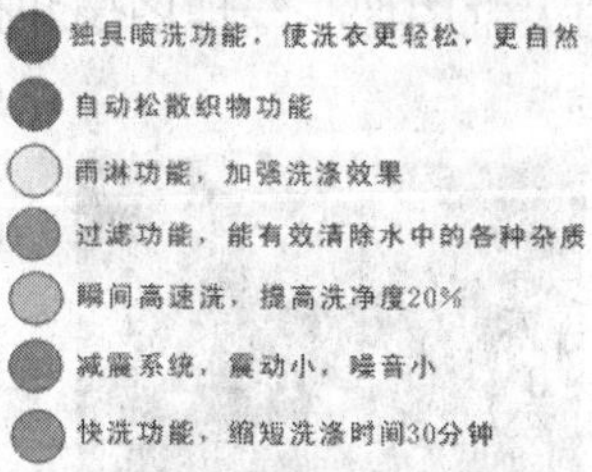

图 8-1-8　7 个圆形图形和说明文字 　　图 8-1-9　绘制一个矩形和椭圆 　　图 8-1-10　裁剪效果

（5）输入所有的文字，并将所绘图形和文字进行移动，最后组成一幅洗衣机广告画。

8.2 【案例 30】庄园销售广告

"庄园销售广告"图像如图 8-2-1 所示。它分为背景和前景两部分，背景的左上角为淡黄色，右下角有一幅鑫港庄园的图像，中间为鑫港庄园大堂、绿地、会议中心、大楼入口图像和上下两条彩带。前景的左上角是鑫港庄园的标志及相关说明，中间有图像的说明文字，下面有鑫港庄园的地理位置示意图，右边是广告词。制作方法如下。

图 8-2-1　"庄园销售广告"效果图

1. 绘制背景

（1）新建一个图形文档，设置绘图页面的宽度为 280 像素，高度为 180 像素。

（2）导入一幅鑫港庄园住宅的图像，如图 8-2-2 所示。在图像的上面绘制一个矩形，并填充左上角淡黄色，右下角白色的线性渐变颜色。使用"透明度"工具 将矩形的右下角变成圆形透明效果，显示出鑫港庄园的图像，如图 8-2-1 所示。

（3）导入一幅鑫港庄园会议中心的图像，如图 8-2-3 所示。单击"位图"→"三维效果"→"卷页"命令，将图像的右下角卷页，如图 8-2-4 所示。

图 8-2-2　鑫港庄园住宅　　　　图 8-2-3　会议中心　　　图 8-2-4　图像卷页

（4）以同样的方法再导入 3 幅图像，它们分别是住宅的大堂图像、绿地图像和住宅入口处图像，如图 8-2-5 所示，并将这 3 幅图像的右下角卷页。

图 8-2-5　三幅图像

（5）将这 4 幅卷页图像移到背景上面并做相应的旋转，形成一个扇形，如图 8-2-1 所示。在扇形的上方绘制一条弧线，并创建一个金黄色的阴影。单击"排列"→"拆分"命令，将阴影与弧线分离，并删除弧线，形成一条金黄色的彩虹。

（6）以同样的方法在扇形的下方也绘制一条黄色的阴影，如图 8-2-1 所示。

2. 绘制前景

（1）绘制一个鑫港庄园标志，并输入相关的文字，如图 8-2-6 所示。绘制一个鑫港庄园的地理位置示意图，并输入相关的文字，如图 8-2-7 所示。

 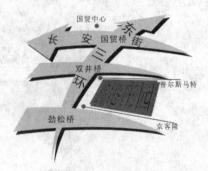

图 8-2-6　鑫港庄园标志　　　　　　图 8-2-7　地理位置示意图

（2）绘制一个金黄色的圆球，并将其外框填充成白色。在其中输入英文单词 NEW，使用工具箱内的"封套"工具 🔲 将英文单词变成球形，并移到圆球上。

（3）绘制两个圆角矩形，一个填充白色，一个填充金黄色。将金黄色矩形转换为曲线，并变形成带箭头的说明框，再复制并创建其阴影。然后，在白色的圆角矩形中输入说明文字，形成第一个说明图形，如图 8-2-8 所示。

（4）复制 3 个说明图形，并修改说明文字，如图 8-2-8 所示。

（5）在背景的右边输入鑫港庄园住宅销售的广告词，将其中的"完美"两个字分离出来，使用"轮廓图"工具 🔲 创建这两个字的白色外轮廓，如图 8-2-1 所示。

（6）将输入的文字和绘制的图形移到背景上，并调整其大小和位置，形成鑫港庄园住宅的销售广告，如图 8-2-1 所示。

图 8-2-8　金黄色的圆球和说明文字

8.3 【案例 31】花园广告

"花园广告"图像如图 8-3-1 所示。它是一个万科城市花园广告，分为花园标志、文字和扇形三部分，广告的中央为扇形图形，上面有万科花园的 6 幅图像及说明文字，中间还有一个万科城市花园的标志。广告的左上角是万科城市花园的标志，右上角是金黄色的广告词及花园名称。整个广告以一个扇子的形式将广告的主要内容展示出来。制作方法如下。

图 8-3-1　"花园广告"效果图

（1）新建一个图形文档，设置绘图页面的宽度为 297 像素，高度为 210 像素。

（2）使用工具箱中的"手绘"工具 在屏幕上绘制一个鑫港花园的标志，并填充颜色。在标志中输入"城市花园"四个字，并填充成紫色，如图 8-3-2 所示。

（3）在画面的右上角输入广告词，填充金黄色，并创建其阴影。在广告词的右边绘制一条垂直竖线，并输入花园名称，如图 8-3-3 所示。

（4）使用工具箱中的"多边形"工具 绘制一个 52 边形。使用工具箱中的"椭圆形"工具 绘制一个扇形。单击"排列"→"造形"→"相交"命令，将多边形和扇形交叉，形成一个多边形的扇面。

（5）再次创建一个扇形，并单击"排列"→"造形"→"修剪"命令，将这个扇形从扇面中剪去，形成中间是圆形的扇面，并将扇面填充白色。再绘制一个小一些的扇面，放在大扇面的外围。然后，绘制一个扇子的龙骨，并复制多个这样的龙骨，将旋转中心移到下面进行旋转，形成扇形的龙骨组，如图 8-3-4 所示。

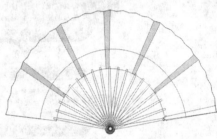

图 8-3-2　鑫港花园标志　　　图 8-3-3　广告词　　　图 8-3-4　扇子图形

（6）绘制一个扇子的外龙骨，并将其移到扇子的右下角。绘制五个扇子的折叠阴影，并将其填充成 50% 的标准透明效果，如图 8-3-1 所示。

（7）选中扇子外龙骨图形，使用"图样填充"工具将外龙骨填充成红木材质，将内龙骨线填充成深棕色，并创建扇子的阴影，如图 8-3-1 所示。

（8）导入 6 幅鑫港花园的图像，如图 8-3-5 所示。单击"位图"→"三维效果"→"透视"命令，调整这 6 图像的透视点，使其变成上大下小的梯形。

图 8-3-5　鑫港花园的图像

（9）单击"效果"→"精确裁剪"→"置于容器中"命令，分别将 6 幅图像置于扇形中，并调整 6 幅图像的位置和旋转角度，形成扇面，如图 8-3-1 所示。

（10）输入扇面上的文字，并复制一个城市花园的标志，将标志缩小，移到扇子的中央，这样一幅鑫港花园广告图像就制作完成了。

8.4 【案例32】服装广告

"服装广告"图像如图 8-4-1 所示。这是一幅服装广告画，为了突出服装的保暖性，它的背景是一幅雪山图形，上面有两个穿着贝罗服装的年轻人和一个金色的礼盒。广告画的左上角有服装的品牌和商标，中间有贺词和广告词，左下角有电话和公司名称，右下角有一个爆炸图形，上面有送礼的说明文字。整个广告层次清晰，所绘的图形突出地表现出了贝罗服装的防寒性和新春送礼两大主题。制作方法如下。

图 8-4-1 "服装广告"图像

1. 制作礼盒和品牌商标

（1）新建一个图形文档，设置绘图页面的宽为 370mm，高为 300mm。在绘图页面中绘制第一幅矩形，取消其轮廓线，填充金黄色和淡黄色相间的圆锥形渐变效果。

（2）在矩形的上面输入服装品牌文字，使用工具箱中的"立体化"按钮 ⬛，将输入的品牌文字转换成仅显示修饰斜角的立体字，并加上光源，如图 8-4-2 所示。单击"排列"→"群组"命令，将第一个矩形图形及其上面的所有文字组成一个整体。

（3）在绘图页面上绘制第 2 个矩形，取消其外框，并将其填充成由金黄色向黄色过渡的直线渐变效果。绘制一个蓝色椭圆形和一个带黄边的椭圆形，在椭圆的中央绘制一个黄色的服装商标。然后，在椭圆的下面输入服装的英文品牌，并将其填充成黄色，如图 8-4-3 所示。

（4）选中服装商标和英文品牌，使用工具箱中的"立体化"工具 ⬛ 将所选的物件转换成仅显示修饰斜角的立体效果，并加上光源。然后，将第 2 个矩形及其上面的所有图形组成一个整体，如图 8-4-3 所示。

（5）绘制第 3 个矩形，取消其外框，并填充成由黄色向淡黄色过渡的直线渐变效果。单击"效果"→"透视"命令，调整这三个矩形的透视点，组成一个盒子，如图 8-4-4 所示。

图 8-4-2　服装品牌

图 8-4-3　英文品牌

图 8-4-4　盒子图形

（6）在礼盒的上面绘制一个丝绸打成的节，取消外框，并填充成黄褐相间的渐变光影效果，如图 8-4-5 所示。

（7）绘制一个金黄色的椭圆形，在其上面绘制服装的商标，并填充成红色。选中椭圆和商标，再使用工具箱中的“立体化”工具将选中的物件转换成仅显示修饰斜角的立体图形，并加上光源，如图 8-4-6 所示。

（8）在椭圆的两侧输入品牌，并将其填充成金黄色。创建椭圆形商标和品牌文字的阴影，并将阴影填充成白色，如图 8-4-6 所示。

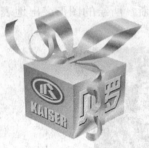

KAISER
贝罗

图 8-4-5　丝绸带

贝
罗

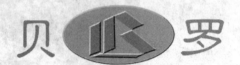

图 8-4-6　椭圆形商标和品牌文字

2. 输入文字

（1）输入贺词“恭贺新喜”文字，将其填充成红色，并创建一个白色的阴影，如图 8-4-7 所示。输入“贝罗送礼”广告词，将其填充成黄色，并创建一个红色阴影，如图 8-4-8 所示。

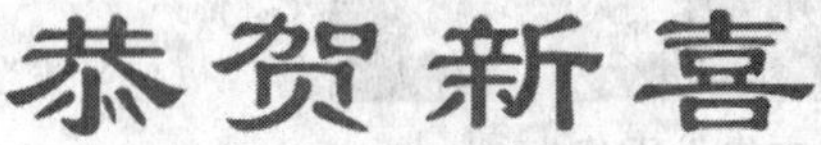

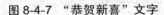

恭贺新喜

图 8-4-7 “恭贺新喜”文字

贝罗送礼

图 8-4-8 “贝罗送礼”广告词

（2）绘制一个椭圆形的爆炸图形，填充黄色，并输入送礼的说明文字，如图 8-4-9 所示。输入红色的广告词，并输入联系电话和公司名称，如图 8-4-10 所示。

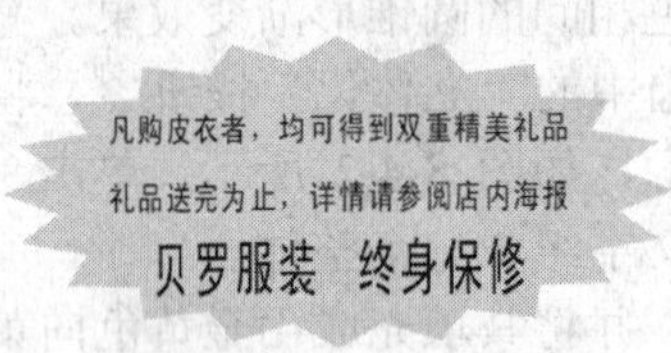

凡购皮衣者，均可得到双重精美礼品
礼品送完为止，详情请参阅店内海报
贝罗服装　终身保修

图 8-4-9　说明文字

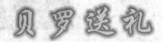

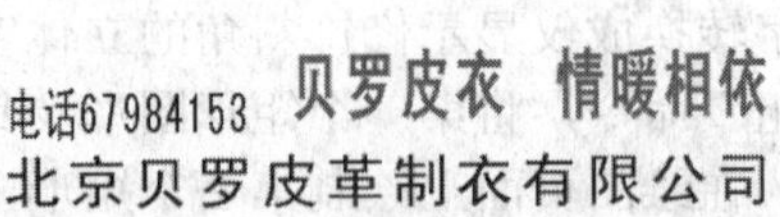

电话67984153
贝罗皮衣　情暖相依
北京贝罗皮革制衣有限公司

图 8-4-10　联系电话和公司名称

（3）导入一幅“雪山”图像，如图 8-4-11 所示。再导入一幅穿着贝罗服装的青年“男女”图像，如图 8-4-12 所示。

（4）将“男女”图像移到“雪山”图像上面，并调整其大小，共同组成背景，如图 8-4-1 所示。

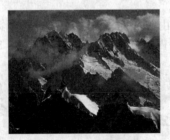

图 8-4-11　雪山图像

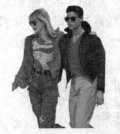

图 8-4-12　青年男女图像

（5）将绘制的所有对象移到背景图形上，并调整它们的大小和位置，组成一幅服装广告画，如图 8-4-1 所示。

8.5 【案例 33】房地产广告

"房地产广告"图像如图 8-5-1 所示。它是一则新荣家园房地产广告，它分为背景、钟表和前景三部分。背景是四幅房间图像，展示出新荣家园的内部房间构造。上面有一个钟表图案，其中心为一个药片，其秒针为一只注射器，其分针为一瓶药水，其时针为一个医药胶囊，从而表达出新荣家园的主题："让您安享 24 小时服务的私人医生"。前景的右边是新荣家园的标志、名称及说明文字，左下角有新荣家园的地理位置示意图，右下角有新荣家园的室外效果图，下面有销售热线电话及投资商、发展商、策划公司的名称。制作方法如下。

图 8-5-1 "房地产广告"效果图

1. 绘制新荣家园的标志和地理位置示意图等

（1）新建一个图形文档，设置绘图页面的宽为 297mm，高为 210mm。

（2）输入"新荣家园"这四个字，并将其填充成咖啡色。绘制两个正方形的咖啡色外框，一个粗框，一个细框，并在中间填充白色，在方框的中间绘制新荣家园的标志。然后绘制一个长方形黑框，并在黑框中绘制一个咖啡色的长方形，如图 8-5-2 所示。然后再输入项目名称，将其填充成白色，并设置成斜体字。

（3）绘制浅绿色的街道，创建街道阴影，并输入深绿色的街道名称，如图 8-5-3 所示。在左上角复制一个新荣家园标志，表示新荣家园所在地。在右上角绘制一个方向标志，如图 8-5-3 所示，这样一个新荣家园的地理位置示意图就绘制完成了。

图 8-5-2 "新荣家园"文字及其标志

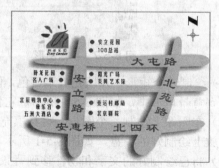

图 8-5-3 街道和街道名称

（4）输入销售热线电话号码及咖啡色的新荣家园英文名称。然后绘制一个咖啡色的长方形，并在其上面输入白色的投资商、发展商及策划公司的名称，如图 8-5-4 所示。

销售热线：64808899 **Glory Garden**

投资商／中国新荣国际投资集团　　　发展商／北京新荣房地产开发有限公司　　　全案策划／华鑫行

图 8-5-4　销售热线电话号码及咖啡色的新荣家园英文名称

（5）输入广告标题，并将"私人医生"四个字填充成咖啡色。输入说明文字，并将其中的服务设施的内容填充成咖啡色，如图 8-5-5 所示。

（6）导入一幅新荣家园的室外效果图，如图 8-5-6 所示。

让您安享24小时服务的

私人医生

新荣家园注重物业管理的质量，关心您生活的每一个细节，特聘新加坡专业物业人士加盟社区的管理与服务，全方位推出了九项配套服务设施：医院、超市、健身房、电影厅、美容院、茶道院、汽车养护中心、小时工服务中心、洗衣房。尤其是您和家人的健康能得到专业医护人员24小时的关心和照顾，更体现了新荣家园全面优质的小区服务理念。做好一切，让您舒心、顺心、安心、开心，享受健康生活。

图 8-5-5　说明文字　　　　　　**图 8-5-6　新荣家园的室外效果图**

2．绘制一个钟表和背景

（1）绘制一个药品胶囊，并将其上半部分填充成渐变的红色，下半部分填充成渐变的黄色，如图 8-5-7 第 1 幅图所示。

（2）绘制一瓶药水，并填充成咖啡色，如图 8-5-7 第 2 幅图所示。绘制一个淡蓝色的注射器，并绘制一个深黄色的针头及黑色的针尖，如图 8-5-7 第 3 幅图所示。

（3）绘制一片白色的药片，并填充成灰白色渐变效果，如图 8-5-7 第 4 幅图所示。

（4）绘制一个圆形，在圆形的上面输入钟点数字，并填充成绿色。

（5）单击"排列"→"拆分"命令，将文字和圆形分离，并删除圆形，形成表盘。

（6）以药片为中心，胶囊为时针，药水瓶为分针，注射器为秒针，组成一个时钟，如图 8-5-8 所示。

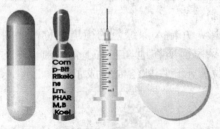

图 8-5-7　4 幅图形　　　　　　**图 8-5-8　时钟图形**

（7）绘制一个矩形，并填充成米黄色，作为背景。导入 4 幅新荣家园室内装饰图图像，并填充到背景矩形中，如图 8-5-1 所示，它们分别是不同的起居室图像。

（8）在图像上绘制一个圆形，将其填充成 50%透明的白色，并创建白色的阴影。在圆形上面放上绘制好的表盘，如图 8-5-1 所示。

（9）将已绘制好的文字和物件移到背景上，并调整其大小和位置，形成房地产广告，如图 8-5-1 所示。

8.6 【案例 34】苹果牛奶广告

　　"苹果牛奶广告"图像是一幅苹果牛奶广告,如图 8-6-1 所示。它由背景、文字和前景三部分组成,背景是一个深紫色矩形,上面有两条花纹。前景是由从两个杯子里流出的牛奶组成的一个心形,中间还镶着一幅 2 岁的哥哥给小弟弟喂奶的图像,如图 8-6-2 所示。下面是苹果图像,上面有苹果的中英文名称。中间有"倾注心意一刻"广告词,左下角是说明文字。整个广告以心形图案为主,充分体现了"倾注心意一刻"的意境。制作方法如下。

图 8-6-1　"苹果牛奶广告"效果图　　　　　图 8-6-2　"宝宝"图像

1. 绘制前景

　　(1)新建一个图形文档,设置绘图页面的宽为 90mm,高为 130mm。导入"宝宝.jpg"和"苹果.jpg"图像,如图 8-6-2 和图 8-6-3 所示。

　　(2)绘制一个深紫色的矩形,作为广告的背景。绘制两个玻璃杯,并在杯中绘制牛奶图形,如图 8-6-4 所示。

　　(3)将杯子调整成倾斜状态,绘制两股白色的牛奶流淌的图形,再绘制一个由白色奶液形成的蝴蝶结。然后,绘制一个水滴形状的图形,填充灰色,在水滴形状图形的中间再绘制一个白色小水滴图形,使用工具箱中的"调和"工具 在两个水滴之间创建渐变效果,形成立体水滴图形。

　　(4)复制几份立体水滴图形,分别调整它们的大小、位置和旋转角度,如图 8-6-5 所示。绘制一个心形图形,再绘制一个螺旋形图形,并创建它们的内轮廓。单击"排列"→"造形"→"合并"命令,将心形图形和螺旋形图形合并在一起,形成心形图案。

图 8-6-3　"苹果"图像　　　　图 8-6-4　玻璃杯和牛奶　　　　图 8-6-5　奶流和水滴

　　(5)创建心形图案的内轮廓,并分离和打散这些对象,再单击"排列"→"群组"命令,将内轮廓和外轮廓组合在一起,形成心形图案的内框和外框。

　　(6)将内框图形填充成白色,将外框图形填充成灰色,创建内框的阴影,并将阴影填充成白色,形成立体心形图案。创建外框的阴影,并将阴影填充成深紫色,如图 8-6-1 所示。

（7）单击"效果"→"精确裁剪"→"置于容器中"命令，将人物图像填充到心形图案中，如图 8-6-6 所示，这样前景图像就制作完成了。

（8）输入金黄色的苹果的中英文名称，将它转换为曲线后变形，如图 8-6-7 所示。输入广告词"倾注心意一刻"，并将其填充成白色，将"心"字转换为曲线并变形，再创建深紫色阴影，如图 8-6-8 所示。然后输入广告说明，并填充成白色，如图 8-6-1 所示。

2. 绘制背景

（1）绘制一个紫色的波浪形矩形，在上面绘制一条金色波浪线，并创建白色阴影，然后将其填入深紫色矩形中，如图 8-6-1 所示。

图 8-6-6　心形图案　　　　　　图 8-6-7　苹果中英文名称　　　图 8-6-8　广告词文字

（2）选中"苹果"图像，单击"位图"→"位图颜色遮罩"命令，调出"位图颜色遮罩"泊坞窗。选中"隐藏颜色"单选按钮，选中颜色列表框内的第 1 个色条，拖动"容限"滑块，调整容差度为 20；单击"颜色选择"按钮，再单击图像的白色背景，选定要隐藏的颜色。

（3）单击"位图颜色遮罩"泊坞窗内的"应用"按钮，将"苹果"图像的白色背景隐藏，如图 8-6-1 所示。

（4）将绘制好的对象和文字移到背景上，并调整其大小，效果如图 8-6-1 所示。

8.7 【案例 35】奶粉包装

"奶粉包装"图像如图 8-7-1 所示。它是一个东辰牌豆奶粉包装袋封面，其背景为一个黄色的矩形，上面有田野、树木、房屋和一头奶牛。右上角有豆奶粉的商标及品牌，右下角有一个说明图案，说明内部的包装规格及使用大豆为原料。背景的上方有豆奶粉的中英文名称，下面有豆奶粉的中英文说明及生产厂家的中英文名称。整个包装图形简洁，色彩鲜艳，它不仅将豆奶与牛奶进行比较，还突出了绿色食品这个概念。制作方法如下。

（1）绘制一个宽 180mm、高 210mm 的矩形，并填充黄色。

（2）绘制一个矩形，将其转换为曲线，并将上边的中间部分修改成一个弧形。再在上边和下边各绘制一条红色的边线。然后，绘制蓝天、白云、小山、田野、树木、房屋和一头奶牛，如图 8-7-1 所示。这样背景图形就绘制完成了。

（3）在背景的右上方绘制东辰豆奶的商标及品牌的中英文名称。绘制一个红色的椭圆形，复制并创建其阴影，输入"即溶"两字及其英文单词，将其填充成白色，并旋转一定的角度，如图 8-7-2 所示。

（4）绘制两个同心圆，并将它们进行组合，形成一个圆环。将圆环填充成白色，并在其上面输入弧形的中英文包装说明，如图 8-7-2 所示。

（5）在圆环的中间绘制一个绿色的底色，并在上面绘制大豆、一个盛满大豆的棕色竹筐和一个盛满豆奶的咖啡色陶罐，如图 8-7-2 所示，这样一个说明图案就制作完成了。

（6）在背景的上边绘制两个白色的矩形，并在其中分别输入豆奶的中英文名称。再在背景的下边输入豆奶的中英文说明，如图 8-7-1 所示。

图 8-7-1 "奶粉包装"图像

图 8-7-2 说明图案

（7）在中英文说明的下面输入生产厂家的中英文名称，并填充红色，如图 8-7-1 所示。这样一个豆奶粉包装袋的封面就绘制完成了。

思考与练习 8-1

1．制作一幅"网站"广告图像，如图 8-7-3 所示。它的背景是一幅海滨椰树图形，上面有一个冲浪的年轻人和一个使用电脑的上网者。图中还有三张卡片，最上面有网站的名称及其网址，接下来是广告词，最下面有公司地址、营业地点和联系电话。

2．制作一幅"联想电脑"广告图像，如图 8-7-4 所示。它分为背景、前景和文字三部分。背景是一个深红色的矩形，上面有由五条曲线组成的五线谱，四周几个小的音符衬托出中间一个大的高音谱号，表现出"欢腾世纪 4 重奏"这样一个广告主题。前景为计算机、打印机、扫描仪、音箱、摄像头等电脑外部设备，下面有电脑中央处理器的商标和联想公司最新推出的三种电脑的型号及款式。背景上面有广告的主题词和联想公司的新年贺词，下面有联想电脑的销售说明、联系电话和地址。

3．制作一幅"中友百货"广告图像，如图 8-7-5 所示。它是用来庆祝中友百货公司开业的，其背景为一幅粉红色、白色及紫色相间的花纹的模糊图形，其上面有中友百货公司的名称、标志及营业时间，中间有代表中友百货的梅花图案、中友开幕庆的日期、电影开拍牌、优惠购物说明及赠奖中心的地点。整个广告构思新颖，给人一种耳目一新的感觉。

图 8-7-3 "网站"广告

图 8-7-4 "联想电脑"广告

图 8-7-5 "中友百货"广告

4．制作一幅"天缘公寓的现房销售"广告图像，如图 8-7-6 所示。其背景为一幅橘红色的风景图像，其左面是一幅妇女的图像，代表爱人。右上角是一幅天缘公寓的规划图，右下角是一幅天缘公寓的效果图、一封丈夫写的信和天缘公寓的地理位置示意图。上面还有天缘公寓的标志、售楼广告词、开发商及代理商的名称和热线电话。整个广告内容丰富，创意独特，突出地表达了"天缘"两字的意义。

5．制作一幅"邮政周报"图像，如图 8-7-7 所示。它分为刊头和刊物内容两部分。刊头分为两部分，左边是由阴影字组成的报刊名称，右边是以裁剪字组成的"生活周刊"这几个字。刊物的内容是喜迎新春，中间一个"春"字，两边各有一个灯笼，并且还有一副对联。在灯笼的下面是一条龙和主题"龙年吉祥"这四个字。最下面是本报的导读和启事。

6．制作一幅"巧克力广告"图像，如图 8-7-8 所示。它是一个吉百利巧克力广告，分为背景、文字和前景三部分。背景是一个深紫色矩形，上面有两条花纹。前景为由从两个杯子里流出的牛奶组成的一个心形，中间还镶着一对恋人的图像。下面是该公司生产的巧克力图像。最上面有巧克力的中英文名称，中间有广告词，下面有巧克力礼盒的说明。整个广告以心形图案为主，充分体现了广告词"倾注心意一刻"的意境。

图 8-7-6 "天缘公寓的现房销售"广告

图 8-7-7 "邮政周报"图像

7．制作一幅"纸巾包装"图像，如图 8-7-9 所示。它是一个洁云牌纸巾的包装设计，由正面、侧面和背面三部分组成。背景为上边是淡红色，下边是紫红色的矩形，上面有几只红色、蓝色和金黄色的蜻蜓。前景的上边有一排绿色的矩形，中间有"洁云"品牌的名称及商标，下边是洁云纸巾的说明文字。侧面的背景与正面一样，上面有纸巾的生产厂家、地址、服务热线、规格、卫生许可证号码、产品标准号、条形码及有效期等内容。背面与正面基本相同，只是中文变成了英文。

8．制作一幅"冰箱贴画"图像，如图 8-7-10 所示。它是一幅贴在冰箱门上的不干贴画。其背景是一幅地球的抽象画，上面有一个噪音指数的直方图，给出了新飞与其他冰箱噪音的比较情况，直方图的上方有一个箭头，指示出噪音降低的幅度。前景的右边为一个女孩图像、鲜花图案、一只蝴蝶和冰箱的广告词。下面有新飞冰箱的噪音指数，左边是冰箱的名称、型号和各种认证说明。整个画面色彩绚丽，内容丰富，并强调了新飞冰箱静音的特点。

图 8-7-8 "巧克力广告"图像   图 8-7-9 "纸巾包装"图像

9. 制作一幅"电视机广告"图像，如图 8-7-11 所示。其背景为一幅大海的图像，中间为一台电视机，前景为一座桥和一个站在桥上的人。全图以仰视的角度充分体现出了"想更远，就要站在更高处。康佳彩霸与您登上视觉更高峰"这一广告词的内涵。

图 8-7-10 "冰箱贴画"效果图   图 8-7-11 "电视机广告"图像